新工科系列基础教材

大数据导论

主　编　余战秋　蔡政策　钱春阳

副主编　赵小龙　王　嫱　张　平

电子工业出版社

Publishing House of Electronics Industry

北京·BEIJING

内 容 简 介

本书是学习大数据技术的入门教材，深入浅出地介绍了什么是大数据、大数据的价值及应用、大数据的架构、大数据的采集及预处理、大数据的存储、大数据分析、大数据可视化等，为学生提供在实践中解决大数据相关问题的思路和方法。

本书贯彻理论精简的原则，注重科普性，突出实用性，可作为职业院校相关专业的选修课教材，也可供大数据技术初学者及有关技术人员阅读。

图书在版编目（CIP）数据

大数据导论 / 余战秋，蔡政策，钱春阳主编. —北京：电子工业出版社，2019.10（2025.7 重印）

ISBN 978-7-121-36731-1

Ⅰ . ①大… Ⅱ . ①余… ②蔡… ③钱… Ⅲ . ①数据处理－职业教育－教材 Ⅳ . ①TP274

中国版本图书馆 CIP 数据核字（2019）第 111799 号

责任编辑：白　楠　　　特约编辑：王　纲

印　　刷：北京盛通数码印刷有限公司

装　　订：北京盛通数码印刷有限公司

出版发行：电子工业出版社

　　　　　北京市海淀区万寿路 173 信箱　邮编：100036

开　　本：787×1092　1/16　印张：15.75　字数：403.2 千字

版　　次：2019 年 10 月第 1 版

印　　次：2025 年 7 月第 11 次印刷

定　　价：48.50 元

凡所购买电子工业出版社图书有缺损问题，请向购买书店调换。若书店售缺，请与本社发行部联系，联系及邮购电话：(010)88254888，88258888。

质量投诉请发邮件至 zlts@phei.com.cn，盗版侵权举报请发邮件至 dbqq@phei.com.cn。

本书咨询联系方式：（010）88254591，bain@phei.com.cn。

新工科系列基础教材编委会

前　言

　　计算机信息技术的发展造就了数字媒体，5G 时代的到来改变了人、媒体、信息之间的关系。在互联网的普及和影响下，人们的社会生活发生了巨大而深刻的变化。国内互联网三巨头 BAT（百度公司、阿里巴巴集团、腾讯公司）的崛起和壮大，让我们的生活更安全、更便利，人们收发邮件、拍照、录像、撰写文稿、计算机绘图、编程、购物、交易、聊天等，每天都在源源不断地产生大量的数据。随着数据规模的急剧增长，大数据时代已悄然来临。近年来，大数据在政府决策部门、行业、企业、研究机构、医疗、教育等机构和领域得到了广泛的应用，并实际创造了价值。

　　数据作为人类活动的痕迹，就像金矿等待发掘。但是首先你得明确自己的业务需求，数据才可能为你所用。大数据真正重要的是新用途和新见解，而非数据本身。大数据的核心目标是数据驱动的智能化，是要解决具体的问题（可以是科学研究问题，也可以是商业决策问题，还可以是政府管理问题）。正如党的十九大报告中所提出的，要"推动互联网、大数据、人工智能和实体经济深度融合"。

　　世界上的一些大数据应用的成功案例，给我们最大的启示是让我们对数据有完全不同于以往的观点，特别是对数据的认知主动性。在此基础上，逐步培养我们的数据调用能力，包括数据获取能力、数据存储能力、数据预处理能力、数据呈现能力和数据决策能力。学生若具备了这些方面的能力与素养，并且能够较熟练地运用计算机进行大数据分析与处理，将来在工作中必定会如虎添翼，为基于具体业务场景下的数据分析提供支撑。

　　本书旨在为"数据科学与大数据技术专业"之外的其他专业的学生打开一扇了解大数据的窗户，深入浅出地介绍了什么是大数据、大数据的价值及应用、大数据的架构、大数据的采集及预处理、大数据的存储、大数据分析、大数据可视化等内容，为同学们提供在实践中解决大数据问题的思路和方法。

　　本书贯彻理论精简的原则，注重科普性，突出实用性，适合职业院校不同专业的学生学习。

　　本书由余战秋、蔡政策、钱春阳担任主编，由赵小龙、王嫱、张平担任副主编，朱晓彦、刘云、陈静、凌勇参与了编写。

　　限于编者的学识和水平，加之时间仓促，书中难免有所疏漏甚至错误，敬请各位专家学者及读者批评指正，提出宝贵意见！

编　者

目　　录

第1章　大数据概述

随着物联网、云计算、移动互联网的迅猛发展，大数据（Big Data）吸引了越来越多的关注，正成为信息社会的重要财富，也给数据的处理与管理带来了巨大挑战。本章将从大数据概念入手，阐述大数据的来源、主要挑战、关键技术、处理工具和应用等知识。

1.1　大数据是什么

大数据泛指大规模、超大规模的数据集，因可从中挖掘出有价值的信息而备受关注，但利用传统方法无法进行有效分析和处理。《华尔街日报》将大数据、智能化生产和无线网络革命称为引领未来繁荣的三大技术变革。"世界经济论坛"报告指出大数据为新财富，价值堪比石油。因此，目前世界各国纷纷将开发利用大数据作为夺取新一轮竞争制高点的重要举措。

1.1.1　大数据是怎么来的

布拉德·皮特主演的《点球成金》是一部美国奥斯卡获奖影片，讲述的是皮特扮演的棒球队总经理利用计算机数据分析技术，对球队进行了翻天覆地的改造，使一支不起眼的小球队取得了巨大的成功，如图1-1所示。其成功的秘诀：一是基于历史数据，利用数据建模定量分析不同球员的特点，合理搭配，重新组队；二是打破传统思维，通过分析比赛数据，寻找"性价比"最高的球员。

图1-1　电影《点球成金》剧照

1．数据及其价值

数据是所有能输入计算机并被计算机程序处理的符号的总称。人们通过观察现实世界中的自然现象、人类活动，都可以形成数据，如图1-2所示。

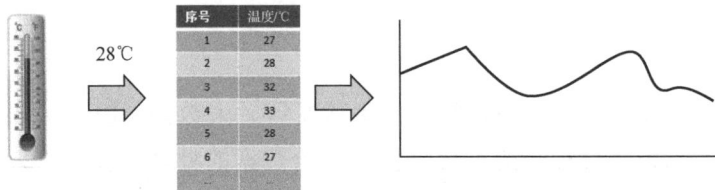

图1-2　数据的形成

如何从数据中获取价值呢？如图1-3所示是北京市出租车运行数据，基础数据来源于北京市交通委。从图1-3中可看出，北京出租车总量保持不变，载客率逐年上升。相比于2007年、2008年，2012年、2013年载客率上升了10%～20%，高峰时段载客率超过60%。由此发现规律，进而进行预测：以前是司机苦于没活，现在是乘客在高峰时段打不到车，主管部门有必要采取调控措施。

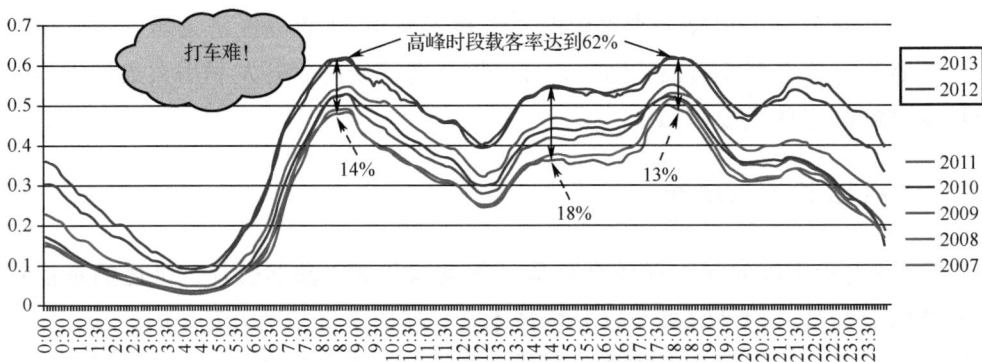

图1-3　北京市出租车运行数据

2．大数据概念的起源

大数据概念起源于美国，是由思科、威睿、甲骨文、IBM等公司倡议发展起来的。当前，从IT技术到数据积累，都已经发生重大变化。

"大数据"的名称来自未来学家托夫勒所著的《第三次浪潮》。尽管"大数据"这个词直到最近才受到人们的高度关注，但早在1980年，著名未来学家托夫勒在其所著的《第三次浪潮》中就热情地将"大数据"称颂为"第三次浪潮的华彩乐章"。《自然》杂志在2008年9月推出了名为"大数据"的封面专栏。从2009年开始，"大数据"才成为互联网技术行业中的热门词汇。

最早应用"大数据"的是麦肯锡（McKinsey）公司对"大数据"进行收集和分析

的设想，他们发现各种网络平台记录的个人海量信息具备潜在的商业价值，于是投入大量人力物力进行调研，在 2011 年 6 月发布了关于"大数据"的报告，该报告对"大数据"的影响、关键技术和应用领域等都进行了详尽的分析。该公司在《大数据：创新、竞争和生产力的下一个前沿领域》报告中称："数据，已经渗透到当今每一个行业和业务职能领域，成为重要的生产因素。人们对于海量数据的挖掘和运用，预示着新一波生产率增长和消费者盈余浪潮的到来。"麦肯锡公司的报告得到了金融界的高度重视，而后逐渐受到了各行各业的关注。

数据不再是社会生产的"副产物"，而是可被二次乃至多次加工的原料，从中可以探索更大的价值，数据变成了生产资料。大数据技术是以数据为本质的新一代革命性信息技术，在数据挖潜过程中，能够带动理念、模式、技术及应用实践的创新。

3．大数据的来源

大数据通常是大小在 PB 或 EB 级的数据集。这些数据集有各种各样的来源，如图 1-4 所示。

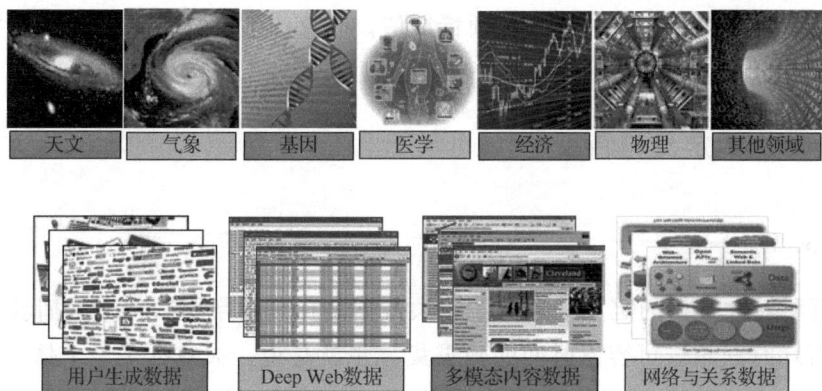

图 1-4　大数据的来源

1）来自人类活动

人们通过社会网络、互联网、健康、金融、经济、交通等活动过程所产生的各类数据，包括微博、病人医疗记录、文字、图形、视频等信息，呈现出爆炸式增长的趋势，如图 1-5 所示。到 2020 年，预计地球上每个人每秒会产生 1.7MB 数据。

2）来自计算机

各类计算机信息系统产生的数据，以文件、数据库、多媒体等形式存在，也包括审计、日志等自动生成的信息。例如，全球数据总量 2000 年为 800TB，2010 年为 600EB，2011 年为 1.8ZB，2012 年为 2.7ZB，2020 年预计为 35ZB。全球每天产生大量数据，如 Twitter 为 7TB，Facebook 为 10TB。IDC 预计全球数据量年增 50 倍。

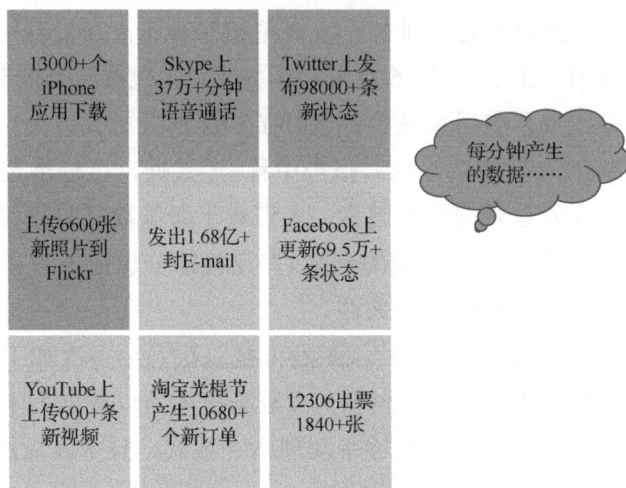

图 1-5 数据爆炸式增长

3) 来自物理世界

这包括各类数字设备、科学实验与观察所采集的数据,如摄像头不断产生的数字信号,医疗物联网不断产生的人的各项特征值,气象业务系统采集设备所采集的海量数据等。

1.1.2 大数据的定义与特征

1. 定义 1

维基百科对大数据的定义简单明了:大数据是指利用常用软件工具捕获、管理和处理数据所耗时间超过可容忍时间的数据集。也就是说,大数据是一个体量特别大、数据类别特别多的数据集,并且这样的数据集无法用传统数据库工具对其内容进行抓取、管理和处理。

2. 定义 2

Gartner 的定义(3V 定义)如下:大数据是大容量、高速度和多种类的信息资产,需要新的处理形式来实现增强的决策、洞察力发现和流程优化。

3. 定义 3

当数据的规模和性能要求成为数据管理分析系统的重要设计和决定因素时,这样的数据就被称为大数据。

该定义不是简单地以数据规模来界定大数据,而是考虑数据查询与分析的复杂程度。从目前计算机硬件的发展水平看,针对简单查询(如关键字搜索),数据量在 TB

至 PB 级时可称为大数据；针对复杂查询（如数据挖掘），数据量在 GB 至 TB 级时可称为大数据。

4．定义 4

大数据有两个不同于传统数据集的基本特征。

（1）大数据不一定存储于固定的数据库，而是分布在不同地方的网络空间。

（2）大数据以半结构化或非结构化数据为主，具有较高的复杂性。

5．大数据的特征

大数据的 5V 特征如图 1-6 所示。

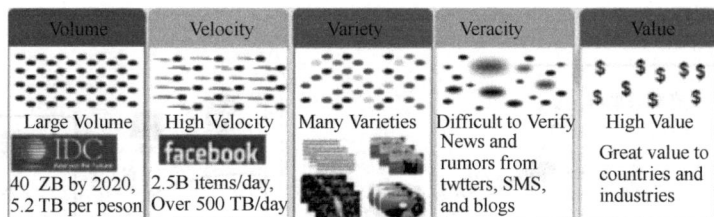

图 1-6　大数据的 5V 特征

（1）数据体量（Volume）巨大。

这是指收集和分析的数据量非常大，从 TB 级跃升到 PB 级。在实际应用中，很多企业用户把多个数据集放在一起，已经形成了 PB 级的数据量。

（2）处理速度（Velocity）快。

需要对数据进行近实时的分析，以视频为例，在连续不间断的监控过程中，可能有用的数据仅仅有一两秒。这一点和传统的数据挖掘技术有着本质的不同。

（3）数据类别（Variety）多。

大数据来自多种数据源，数据种类和格式日渐丰富，包含结构化、半结构化和非结构化等多种数据形式，如网络日志、视频、图片、地理位置信息等。

（4）数据真实性（Veracity）。

大数据的内容与真实世界息息相关，研究大数据就是从庞大的网络数据中提取出能够解释和预测现实事件的信息的过程。

（5）价值密度低，商业价值（Value）高。

通过分析数据可以得出如何抓住机遇及实现价值。

1.1.3　大数据与云计算、物联网、互联网之间的关系

大数据的产生有其必然性，主要归结于互联网、移动设备、物联网和云计算等快

速崛起，全球数据量大幅提升。要真正了解大数据的概念，就必须了解大数据与云计算、物联网、互联网之间的关系。

《互联网进化论》一书中提出"互联网的未来功能和结构将与人类大脑高度相似，也将具备互联网虚拟感觉、虚拟运动、虚拟中枢、虚拟记忆神经系统"，并绘制了一幅互联网虚拟大脑结构图，形象生动地描绘了大数据、物联网、云计算等之间的关系，如图1-7所示。从图1-7中可以看出，物联网对应互联网的感觉和运动神经系统，是数据的采集端；云计算是互联网核心硬件层和软件层的集合，对应互联网的中枢神经系统，是数据的处理中心；大数据代表互联网信息层（数据海洋），是互联网智慧和意识产生的基础。物联网、传统互联网和移动互联网在源源不断地汇聚数据和接收数据。

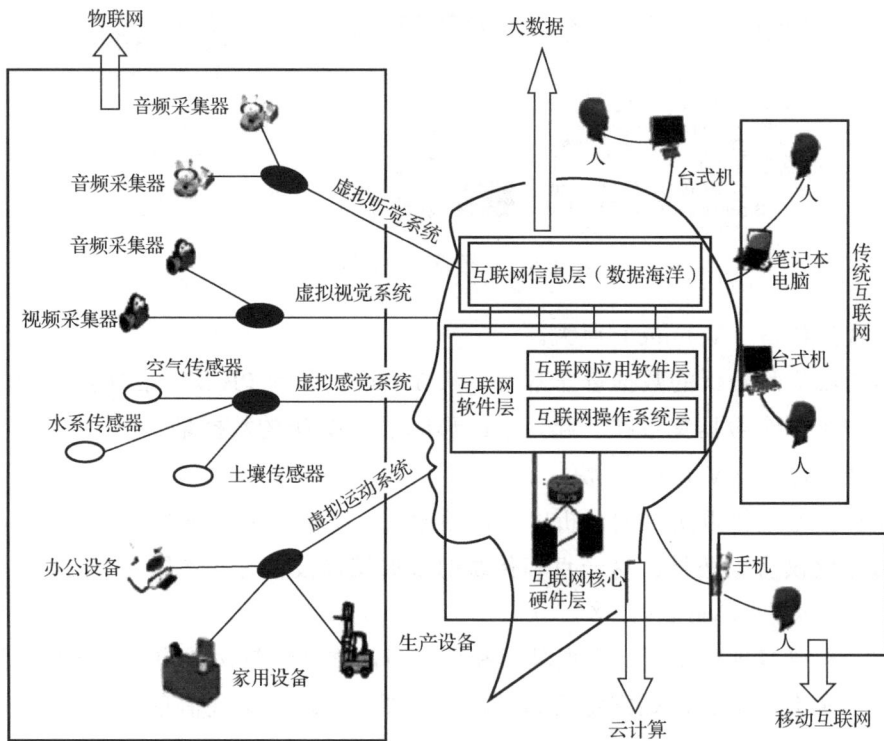

图 1-7　大数据、云计算、物联网和互联网之间的关系

大数据着眼于"数据"，关注实际业务。云计算着眼于"计算"，关注 IT 解决方案，提供 IT 基础架构，看重数据处理能力。云计算为大数据提供有力的工具和途径，大数据为云计算提供用武之地。

物联网作为新一代信息技术的重要组成部分，是互联网的应用拓展，广泛应用于智能交通、环境保护、政府工作、公共安全、平安家居、智能消防、气象灾害预报、工业监测、个人健康、照明管控、情报收集等诸多领域。物联网、移动互联网和传统互联网每天都产生海量数据，为大数据提供数据来源，而大数据则通过云计算的形式，对这些数据进行分析处理，提取有用的信息，即大数据分析。

1.2 大数据的意义及挑战

在大数据时代，数据存在多源异构、分布广泛、动态增长、先有数据后有模式等诸多特点。正是这些与传统数据不同的特点，使得大数据时代的数据管理面临新的挑战。目前大数据处理和分析工具相当落后，问题很严重：在大数据背景下，传统的数据分析软件都是失效的。利用目前的主流软件工具，无法在合理的时间内撷取数据、管理数据、处理数据，并整理成帮助企业经营或为主管部门决策提供支持的数据。

1.2.1 研究大数据的意义

大数据可分成大数据技术、大数据工程、大数据科学和大数据应用等领域。目前人们谈论最多的是大数据技术和大数据应用，大数据工程和大数据科学尚未得到重视。大数据工程指大数据规划、建设、运营、管理的系统工程。大数据科学关注大数据网络发展和运营过程中发现和验证大数据的规律及其与自然和社会活动之间的关系。

1. 经济方面

生产者是有价值的，消费者是价值的意义所在。有意义的才有价值，消费者不认同的产品就卖不出去，就实现不了价值；只有消费者认同的产品才卖得出去，才能实现价值。大数据帮助我们从消费者这个源头识别意义，从而帮助生产者实现价值。这就是启动内需的原理。

构建面向海量数据的管理与分析能力、实现数据的价值正逐渐成为提高企业竞争力的核心要素之一。大数据的价值体现在以下几个方面：

（1）对大量消费者提供产品或服务的企业可以利用大数据进行精准营销。

（2）采取小而美模式的中长尾企业可以利用大数据做服务转型。

（3）在互联网压力之下必须转型的传统企业需要与时俱进，充分利用大数据的价值。

大数据可为企业获得更为深刻、全面的洞察能力提供前所未有的空间与潜力，各行各业的决策正在从"业务驱动"转变为"数据驱动"，如图 1-8 所示。借助大数据及相关技术，可针对具有不同行为特征的客户进行营销，甚至能从"将一个产品推荐给一些合适的客户"到"将一些合适的产品推荐给一个客户"，进行个性化精准营销。例如，抓住用户短期兴趣带来的即时行为和消费机会，累积用户长期兴趣，激发用户可能的行为和消费。个性化推荐是大数据应用的最典型价值体现。

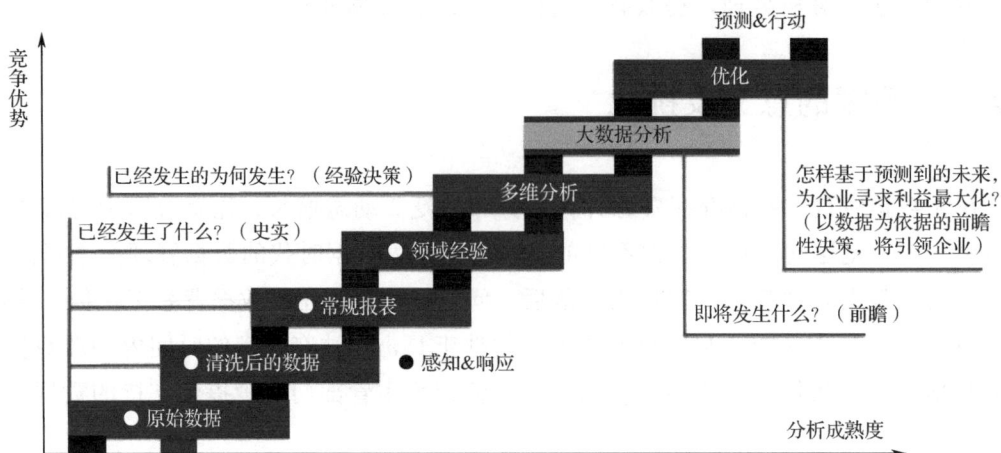

图 1-8　决策的数据驱动

企业组织利用相关数据和分析可以降低成本、提高效率、开发新产品、做出更明智的业务决策等。例如，通过结合大数据和高性能的分析，可实现下面这些对企业有益的情况：

（1）及时解析故障、问题和缺陷的根源，每年可为企业节省数十亿美元。

（2）为成千上万的快递车辆规划实时交通路线，躲避拥堵。

（3）分析所有 SKU，以利润最大化为目标来定价和清理库存。

（4）根据客户的购买习惯，为其推送他可能感兴趣的优惠信息。

（5）在大量客户中快速识别出金牌客户。

（6）利用点击流分析和数据挖掘来规避欺诈行为。

2．社会方面

大数据无疑是近年来最时髦的词汇之一。不管是云计算、社交网络，还是物联网、移动互联网和智慧城市，都要与大数据扯上关系。大数据已经成为有特别含义的专用词汇，不再单指数据体量大。

2015 年 12 月 16 日，习近平在第二届世界互联网大会开幕式上讲话时指出："'十三五'时期，中国将大力实施网络强国战略、国家大数据战略、'互联网+'行动计划，发展积极向上的网络文化，拓展网络经济空间，促进互联网和经济社会融合发展。我们的目标，就是要让互联网发展成果惠及 13 亿多中国人民，更好造福各国人民。"

2016 年 10 月 9 日，在主持中共中央政治局第三十六次集体学习时，习近平指出："我们要深刻认识互联网在国家管理和社会治理中的作用，以推行电子政务、建设新型智慧城市等为抓手，以数据集中和共享为途径，建设全国一体化的国家大数据中心，推进技术融合、业务融合、数据融合，实现跨层级、跨地域、跨系统、跨部门、跨业务的协同管理和服务。要强化互联网思维，利用互联网扁平化、交互式、快捷性优势，推进政府决策科学化、社会治理精准化、公共服务高效化，用信息化手段更好感知社会态势、畅通沟通渠道、辅助决策施政。"

大数据可以让人们实现预约量体裁衣、在线选择款式和工艺、手机支付货款等。以大数据为支撑的"互联网+私人定制"模式改变了传统制衣模式。大数据能让人们吃得更安全、更放心。"扫一下二维码就可以知道农产品是哪里生产出来的、产地环境如何等，视频、图片等溯源技术展现一目了然。"

在健康应用方面，基于大数据技术的血糖仪具有 24h 实时监测与历史数据记录整理功能。使用者可以就监测结果通过相关系统咨询医生，还可以实时上传分享监测数据。

在出行方面，大数据为城市管理能力现代化进行了技术赋权，智慧城市大数据可视化决策平台集成了包括地理信息、GPS 数据、建筑物三维数据、统计数据、摄像头采集画面等多类数据，可以实现市政、警务、消防、交通、通信、商业等各部门各类型的数据融合。将大数据用于事故分析，有助于提高政府部门的决策能力和管理水平，如图 1-9 所示。

图 1-9 将大数据用于事故分析

3．科学研究方面

大数据一方面给人类的科研数据信息存储和管理带来了巨大挑战，另一方面给人类创造了数据挖掘和利用的巨大价值和机遇。科研的真理尽在数据中。

科技查新是一项集信息获取、信息分析于一体的信息咨询工作，是运用手工检索及计算机检索等手段，对某一领域国内外同类研究的情况进行全面了解，通过对比分析，对待查的科研成果或专题、专利发明的新颖性得出基于文献对比性结论的过程。科技查新已成为我国科技创新体系中不可缺少的重要组成部分，科技查新作为科研创新的重要前提，在科研创新中起着重要的引领和支撑作用。在大数据时代，科研创新对科技查新提出了更高的要求，促使科技查新工作顺应时代的发展，与时俱进，不断创新，改变原有的思维模式和运作方式，提高科技查新质量。

1.2.2　大数据的异构性和不完备性

大数据的广泛存在和来源的多样性使各种数据分散在不同的数据管理系统中。如图 1-10 所示，目前采集到的 85%以上是非结构化和半结构化数据，不能用已有的简单数据结构来描述它们，而传统关系型数据库无法高效处理复杂的数据结构表示的数据，但处理同质的数据则非常有效。因此，如何将数据组织成合理的结构，进行数据集成是大数据处理面临的一个重要挑战。

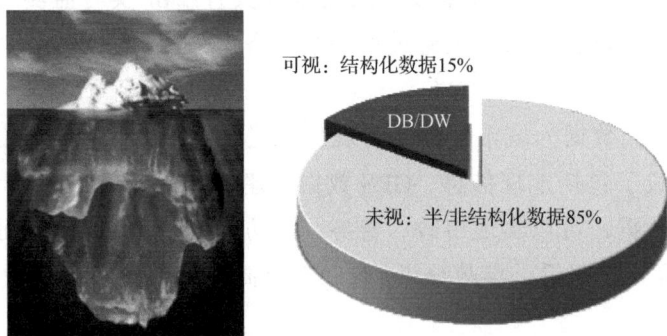

可视：结构化数据15%

DB/DW

未视：半/非结构化数据85%

图 1-10　可视和未视数据对比

数据的不完备性是指在大数据条件下所获取的数据常常包含一些不完整的信息和错误的数据。在进行大数据分析处理之前必须对数据的不完备性进行有效处理，这通常在数据采集与预处理阶段完成。例如，某医疗过程数据一致且准确，但遗失某些患者既往病史，从而存在不完备性，可能导致不正确的诊断甚至严重医疗事故。由于大数据的 5V 特征，对不完备性的处理是人们面临的一项挑战。为表述信息，有关文献提出了一种关系型数据库的扩展模型，给出了封闭世界假设和开放世界假设的概念，提出了"open null"的概念，以及在封闭世界假设下数据库缺失属性值的表示方法。

另外，在概率数据管理方面的一些研究成果为未来不确定、不完备的数据管理提供了新的方法。工业界在多种数据清洗和质量控制方面开发出了多种工具，如美国 SAS 公司的 Data Flux、美国 IBM 公司的 Data Stage、美国 Informatica 公司的 Informatica Power Center 等。可以说，大数据异构性和不完备性处理即数据集成问题是大数据时代面临的首要挑战。

1.2.3　数据处理的时效性

数据处理的时效性是大数据时代面临的最大挑战。传统的数据分析主要针对结构化数据，利用数据库技术来存储结构化数据，并在此基础上构建数据仓库进行联机分析处理（Online Analytical Processing，OLAP）。现有方法在处理相对较少的结构化数据时极为高效，但对于大数据而言，半结构化和非结构化数据迅猛增长，给传统数据分析处理带来了巨大冲击和挑战。

随着时间的流逝，数据中所蕴含的知识价值不断衰减，因此，大数据处理的速度非常重要。一般来讲，数据规模越大，分析处理的时间就会越长，而在许多情况下，用户要求立即得到数据的分析结果。大数据则要求为复杂结构的数据建立合适的索引结构，这就要求索引结构的设计简单、高效，能够在数据模式发生变化时很快进行调整。在数据模式变更的假设前提下设计新的索引方案是大数据处理面临的主要挑战之一。

1.2.4 数据安全与隐私保护

隐私问题由来已久。互联网技术的发展使数据的传输、共享更加便利，而数据隐私问题则越来越严重，如前几年爆发的"棱镜门"事件。该事件加剧了人们对大数据安全与隐私的担忧，人们在互联网上的一言一行都掌握在互联网商家手中，如淘宝知道用户的购物习惯、腾讯知道用户的好友联络情况、百度知道用户的检索习惯等。大数据的隐私保护与安全是大数据分析处理的一个重要方面。大数据的隐私保护既是技术问题，也是社会学问题，需要学术界、商业界和政府部门共同参与。

大数据时代的安全与传统安全相比，变得更加复杂，面临更多挑战。如何在大数据环境下确保信息共享的安全性，如何为用户提供更为精细的数据共享安全控制策略等问题值得深入研究，必须构建一套科学有效的数据安全防护体系，如图 1-11 所示。目前针对上述问题，主要解决方法有文件访问控制技术、基础设备加密、匿名化保护技术、加密保护技术、数据水印技术、数据溯源技术、基于数据失真的技术、基于可逆的置换算法等。

图 1-11 数据安全防护体系

1.2.5 大数据的能耗

随着大数据规模的不断扩大，能源价格持续上涨，以及数据中心存储规模不断扩大，高能耗已逐渐成为制约大数据快速发展的一个主要瓶颈。要实现低成本、低能耗、高可靠性目标，通常要用到冗余配置、分布式和云计算技术，在存储时要按照一定规则对数据进行分类，通过过滤和去重，减少存储量，同时进行索引以便于查询操作。大数据管理系统中，能耗主要由两大部分组成——硬件能耗和软件能耗，二者之中又以硬件能耗为主。《纽约时报》2012 年的调查结果显示，Google 数据中心年电功率约为 $3×10^8$W，而 Facebook 则达 $6×10^7$W 左右。最令人惊讶的是这些巨大能耗中，实际只有 6%～12%真正用于响应用户查询请求，绝大部分电能用来确保系统服务器处于正常待机状态，以应对突如其来的用户查询的网络流量高峰。从已有的一些研究成果来看，可以从以下两个方面来改善大数据能耗问题：第一，采用新型低功耗硬件，建立计算核心与二级缓存的直通通道，从应用、编译器、体系结构等多方面协同优化；第二，引入可再生的新能源。

1.2.6 大数据管理易用性

在大数据时代，数据量和复杂度的提高给数据的处理、分析、理解和呈现带来了极大挑战，大数据与常规数据的对比如图 1-12 所示。从开始的数据集成到数据分析，再到最后的数据解释，易用性贯穿于整个大数据处理流程。易用性面临的挑战突出体现在两个方面：一是大数据的数据量大，分析更复杂，得到的结果更加多样化，其复杂度已远超传统的关系型数据库；二是大数据已广泛渗透到人们生活的方方面面，复杂的分析过程和难以理解的分析结果制约了各行各业从大数据中获取知识的能力，大数据分析结果的可视化呈现是大数据管理易用性面临的又一挑战。

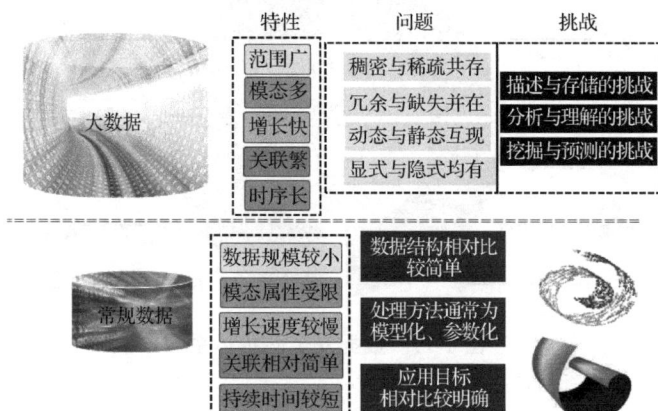

图 1-12　大数据与常规数据的对比

1.3 大数据技术及应用

大数据作为信息金矿，对其进行采集、传输、处理和应用的相关技术就是大数据处理技术，这是使用非传统工具对大量的结构化、半结构化和非结构化数据进行处理，从而获得分析和预测结果的一系列数据处理技术，简称大数据技术。

1.3.1 大数据技术框架

根据大数据处理的生命周期，大数据技术体系涉及大数据采集与预处理、大数据存储与管理、大数据计算模式与系统、大数据分析与挖掘、大数据可视化分析、大数据隐私与安全等几个方面，大数据技术框架如图 1-13 所示。

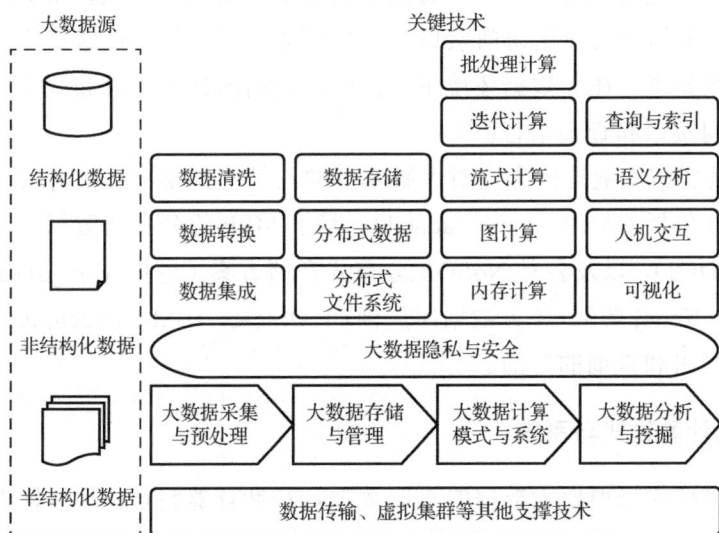

图 1-13 大数据技术框架

1. 大数据采集与预处理

大数据的一个重要特点就是数据源多样化，包括数据库、文本、图片、视频、网页等各类结构化、非结构化及半结构化数据。因此，大数据处理的第一步是从数据源采集数据并进行预处理和集成操作，为后续流程提供统一的高质量的数据集。现有数据抽取与集成方法可分为以下 4 种：基于物化或 ETL 引擎方法、基于联邦数据库引擎或中间件方法、基于数据流引擎方法和基于搜索引擎方法。

常用 ETL 工具负责将异构数据源中的数据如关系数据、平面数据文件等抽取到临时中间层后进行清洗、转换、集成，最后加载到数据仓库或数据集中，成为联机分析处理、数据挖掘的基础。

由于大数据的来源不一，在异构数据源的集成过程中需要对数据进行清洗，以消除相似、重复或不一致数据。针对大数据的特点，数据清洗和集成技术采用了非结构化或半结构化数据的清洗及超大规模数据的集成方案。

2．大数据存储与管理

数据存储与大数据应用密切相关。大数据给存储系统带来了 3 个方面的挑战：一是存储规模大，通常达到 PB 甚至 EB 级；二是存储管理复杂，需要兼顾结构化、非结构化和半结构化数据；三是数据服务的种类和水平要求高。

大数据存储与管理，需要对上层应用提供高效的数据访问接口，存取 PB 甚至 EB 级的数据，并且对数据处理的实时性、有效性提出了更高要求，传统技术手段根本无法应付。某些实时性要求较高的应用，如状态监控，更适合采用流处理模式，直接在清洗和集成后的数据源上进行分析。而大多数其他应用需要存储，以支持后续更深度数据分析流程。根据上层应用访问接口和功能侧重点的不同，存储和管理软件主要包括文件系统和数据库。在大数据环境下，目前最适用的技术是分布式文件系统、分布式数据库及访问接口和查询语言。

目前，一批新技术被提出来应对大数据存储与管理的挑战，具有代表性的研究包括分布式缓存（包括 CARP、mem-cached）、基于 MPP 的分布式数据库、分布式文件系统（GFS、HDFS），以及各种 NoSQL 分布式存储方案（包括 MongoDB、CouchDB、HBase、Redis、Neo4j 等）。各大数据库厂商如 Oracle、IBM、Greenplum 等都已经推出支持分布式索引和查询的产品。

3．大数据计算模式与系统

大数据计算模式指根据大数据的不同数据特征和计算特征，从多样性的大数据计算问题和需求中提炼并建立的各种高层抽象或模型，它的出现有力地推动了大数据技术和应用的发展。

大数据处理的主要数据特征和计算特征维度有：数据结构特征、数据获取方式、数据处理类型、实时性或响应性能、迭代计算、数据关联性和并行计算体系结构特征。根据大数据处理多样性需求和上述特征维度，目前已有多种典型、重要的大数据计算模式和相应的大数据计算系统及工具。

大数据查询分析计算模式可提供实时或准实时的数据查询分析能力，以满足企业日常的经营管理需求。大数据查询分析计算的典型系统包括 Hadoop 下的 HBase 和 Hive、Facebook 开发的 Cassandra、Google 公司的交互式数据分析系统 Dremel、Cloudera 公司的实时查询引擎 Impala。最适合完成大数据批处理的计算模式是 Google 公司的 MapReduce。MapReduce 执行流程如图 1-14 所示。

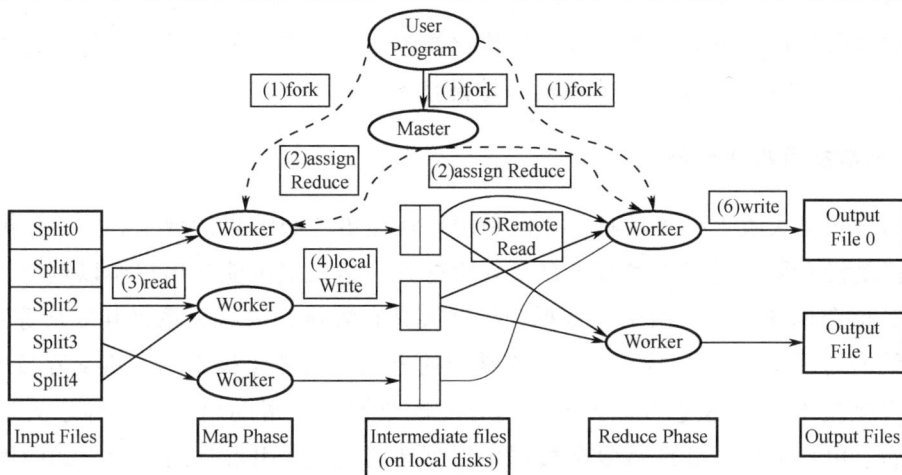

图 1-14　MapReduce 执行流程

流式计算是一种实时性计算模式，需要对一定时间窗口内应用系统产生的新数据完成实时的计算处理，避免数据堆积和丢失。尽可能快地对最新数据做出分析并给出结果是流式计算的目标，其模型如图 1-15 所示。采用流式计算的大数据应用场景有网页点击数实时统计、传感器网络、电力、金融交易、道路监控，以及互联网行业的访问日志处理等，它们同时具有高流量的流式数据和积累的大量历史数据，因而在提供批处理数据模式的同时，系统还需要具备高实时性的流式计算能力。

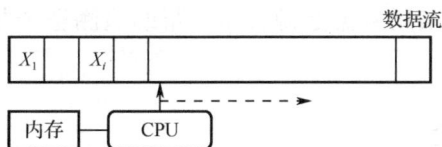

图 1-15　基本流式计算模型

内存计算是指 CPU 直接从内存而不是硬盘上读取数据，并进行计算、分析，它是对传统数据处理方式的一种加速。内存计算非常适合处理海量数据，以及需要实时获得结果的数据。用内存计算完成实时的大数据处理已成为大数据计算的一个重要发展趋势。分布内存计算的典型开源系统是 Spark。SAP 公司的 HANA 则是一个全内存式的基于开放式架构设计的内存计算系统，也是一个高性能大数据管理平台。此外，还有 Oracle 的 TimesTen 和 IBM 的 solidDB。

4．大数据分析与挖掘

由于大数据环境下数据呈现多样化、动态异构，而且比小样本数据更有价值等特点，需要通过大数据分析与挖掘技术来提高数据质量和可信度，帮助理解数据的语义，提供智能的查询功能。

针对大数据环境下非结构化或半结构化数据挖掘问题，业界提出了图片文件的挖掘技术，以及大规模文本文件的检索与挖掘技术。

5．大数据可视化分析

数据分析是大数据处理的核心，但是用户往往更关心结果的展示。如果分析结果正确，但是没有采用适当的解释方法，则所得到的结果很可能让用户难以理解，极端情况下甚至会误导用户。由于大数据分析结果具有海量、关联关系极其复杂等特点，采用传统的解释方法基本不可行。目前常用的方法是可视化技术和人机交互技术。

可视化技术能够迅速和有效地简化与提炼数据流，帮助用户交互筛选大量的数据，有助于用户更快更好地从复杂数据中得到新的发现。用形象的图形方式向用户展示结果，已作为最佳结果展示方式之一率先被科学与工程计算领域采用。常见的可视化技术有原位分析（In Situ Analysis）、标签云（Tag Cloud）、历史流（History Flow）、空间信息流（Spatial Information Flow）、不确定性分析等。可以根据具体的应用需要选择合适的可视化技术。例如，通过数据投影、维度降解和电视墙等方法来解决大数据显示问题。

以人为中心的人机交互技术也是解决大数据分析结果展示的一种重要技术，能够让用户在一定程度上了解和参与具体的分析过程。既可以采用人机交互技术，利用交互式的数据分析过程来引导用户逐步进行分析，使用户在得到结果的同时更好地理解分析结果的由来；也可以采用数据起源技术，帮助追溯整个数据分析过程，有助于用户理解结果。

6．大数据隐私与安全

近年来，手机应用、智能摄像头、Wi-Fi 等泄露用户隐私现象时有发生。如今，支撑智能时代的大数据、云计算、人工智能等技术，既是创新发展的助推器，也是滋生网络安全问题的催化剂。在智能时代，新技术是帮凶，也是克星。信息安全的这场攻防战永无止境。

国家密码行业标准化技术委员会主任委员徐汉良建议，将密码技术与数据标识相结合，通过信任管理、访问控制、数据加密、可信计算、密文检索等措施，构建集传输、分析、应用于一体的数据安全体系，解决隐私保护、数据源真实、防身份假冒等问题。

英国励讯集团全球副总裁 Flavio Villanustre 认为，在数据流通方面，建议通过匿名化，让脱敏数据去掉标签；也可通过"差别隐私"机制，在数据中加入一些"噪声"，以保护数据的外部识别。

在用户数据保护方面，企业作为数据的收集者、控制者，既做"运动员"又做"裁判员"，显然难以解决问题。因此不能光靠企业自律，要让法律推动内生机制生成。

尤其是通过以个人信息保护法为核心的一整套机制作为保障，形成有效的外部威慑。

1.3.2　大数据处理工具和技术发展趋势

1．大数据处理工具

现有的大数据处理工具大多是对开源的 Hadoop 平台进行改进并将其应用于各种场景。Hadoop 完整生态系统中各子系统都有相应大数据处理的改进产品。常用大数据处理工具见表 1-1，这些工具有的已经投入商业应用，有的是开源软件。在已经投入商业应用的产品中，绝大部分也是在开源 Hadoop 平台的基础上进行功能扩展，或者提供与 Hadoop 的数据接口。

表 1-1　常用大数据处理工具

种　类		工　具　示　例
平台	Local	Hadoop、MapR、Cloudera、Hortonworks、BigInsights、HPCC
	Cloud	AWS、Google Compute Engine、Azure
数据库	SQL	MySQL（Oracle）、MariaDB、PostgreSQL、TokuDB、Aster Data、Vertica
	NoSQL	HBase、Cassandra、MongoDB、Redis
	NewSQL	Spanner、Megastore、F1
数据仓库		Hive、HadoopDB、Hadapt
数据收集		ScraperWiKi、Needlebase、bazhuayu
数据清洗		DataWrangler、Google Refine、OpenRefine
数据处理	批处理	MapReduce、Dyrad
	流式计算	Storm、S4、Kafka
	内存计算	Drill、Dremel、Spark
查询语言		HiveQL、Pig Latin、DryadLINQ、MRQL、SCOPE
统计与机器学习		Mahout、Weka、R、RapidMiner
数据分析		Jaspersoft、Pentaho、Splunk、Loggly、Talend
可视化分析		Google Chart API、Flot、D3、Processing、Fusion Tables、Gephi、SPSS、SAS、R、Modest Maps、OpenLayers

2．基于云的数据分析平台

目前大部分企业所分析的数据量在 TB 级。按照目前数据的发展速度，很快将会进入 PB 时代。企业希望能将自己的各类应用程序及基础设施转移到云平台上。就像其他 IT 系统那样，大数据的分析工具和数据库也将走向云计算。基于云的数据分析平台框架如图 1-16 所示。云计算能为大数据带来哪些变化呢？

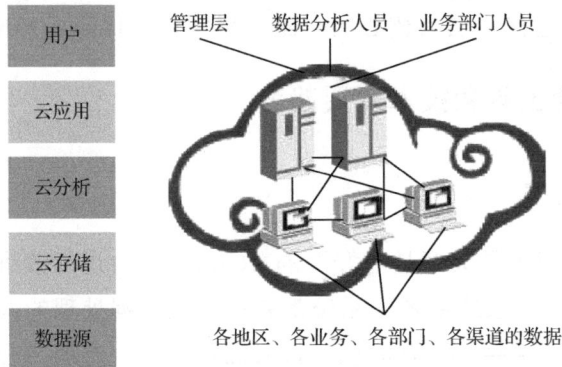

图 1-16　基于云的数据分析平台框架

（1）云计算为大数据提供了可以弹性扩展、相对便宜的存储空间和计算资源，使得中小企业也可以像亚马逊一样通过云计算来完成大数据分析。

（2）云计算 IT 资源庞大、分布较为广泛，是异构系统较多的企业及时准确处理数据的有力方式，甚至是唯一的方式。

当然，大数据要走向云计算，还有赖于数据通信带宽的提高和云资源池的建设，需要确保原始数据能迁移到云环境，以及资源池可以随需弹性扩展。数据分析集逐步扩大，企业级数据仓库将成为主流，未来还将逐步纳入行业数据、政府公开数据等多源数据。

随着政府和行业数据的开放，更多的外部数据将进入企业级数据仓库，使得数据仓库规模更大，数据的价值也更大。

3．大数据技术发展趋势

目前，大数据相关的技术和工具非常多，它们成为大数据采集、存储、处理和呈现的有力武器，给企业提供了更多的选择。随着大数据的不断发展和研究，大数据各个环节的技术发展呈现出新的趋势，见表 1-2。

表 1-2　大数据技术发展趋势

主 要 技 术	发 展 趋 势
采集与预处理	（1）数据源的选择与高质量原始数据的采集方法
	（2）多源数据的实体识别和解析方法
	（3）数据清洗和自动修复方法
	（4）高质量数据的整合方法
	（5）数据演化的溯源管理
存储与管理	（1）大数据索引和查询技术
	（2）实时/流式大数据存储与处理
计算模式与系统	（1）Hadoop 改进后与其他计算模式和平台共存
	（2）混合计算模式成为大数据处理的有效手段

主 要 技 术	发 展 趋 势
数据分析与挖掘	（1）更复杂和大规模分析与挖掘 （2）大数据实时分析与挖掘 （3）大数据分析与挖掘的基准测试
可视化分析	（1）原位分析 （2）人机交互 （3）协同与众包可视分析 （4）可扩展性与多级层次问题 （5）不确定性分析和敏感分析 （6）可视化与自动数据计算挖掘结合 （7）面向领域和大众的可视化工具库
数据隐私与安全	（1）NoSQL 有待进一步完善 （2）APT 攻击研究 （3）社交网络的隐私保护 （4）数字水印技术 （5）风险自适应访问控制 （6）数据采集、存储、分析 3 个过程"三权分立"
其他	（1）大数据高效传输架构和协议 （2）大数据虚拟机集群优化研究

1.3.3　大数据的应用

1. 商品零售大数据

在美国，有一位父亲怒气冲冲地跑到 Target 卖场，质问为何将带有婴儿用品优惠券的广告邮件，寄给他正在念高中的女儿。然而后来证实，他的女儿果真怀孕了。这名女孩搜索商品的关键词，以及在社交网站所显露的行为轨迹，使 Target 捕捉到了她的怀孕信息。相关模型发现，许多孕妇在第二个妊娠期开始时会买许多大包装的无香味护手霜，在怀孕的最初 20 周内会大量购买补充钙、镁、锌的善存片之类的保健品。最后，Target 选出了 25 种典型商品的消费数据构建了"怀孕预测指数"。通过这个指数，Target 能够在很小的误差范围内预测顾客的怀孕情况，因此 Target 就能早早地把孕妇优惠广告寄给顾客。

阿里巴巴公司根据淘宝网上中小企业的交易状况筛选出财务健康和讲究诚信的企业，对它们发放无须担保的贷款。零售企业会监控顾客在店内的走动情况及其与商品的互动，并将这些数据与交易记录相结合来展开分析，从而针对销售哪些商品、如何摆放货品及何时调整售价给出意见。此类方法已经帮助某领先零售企业减少了 17% 的存货，同时在保持市场份额的前提下，增加了高利润率自有品牌商品的比例。

2．消费大数据

亚马逊"预测式发货"的新专利，可以通过对用户数据的分析，在他们正式下单购物前，提前发出包裹。这项技术可以缩短发货时间，从而降低消费者前往实体店的冲动。从下单到收货之间的时间延迟可能会降低人们的购物意愿，导致他们放弃网上购物。所以，亚马逊会根据之前的订单和其他因素，预测用户的购物习惯，从而在他们实际下单前便将包裹发出。根据该专利文件，虽然包裹会提前从亚马逊发出，但在用户正式下单前，这些包裹仍会暂存在快递公司的转运中心或卡车里。

为了确定要运送哪些货物，亚马逊会参考之前的订单、商品搜索记录、愿望清单、购物车，甚至包括用户的鼠标在某件商品上悬停的时间。

3．证监会大数据

回顾"老鼠仓"的查处过程，在马乐一案中，大数据首次介入。深交所此前通过大数据查出的可疑账户多达 300 个。实际上，早在 2009 年，上交所曾经有过利用大数据设置"捕鼠器"的设想。通过建立相关的模型，设定一定的预警指标，即相关指标达到某个预警点时，监控系统会自动报警。

而此次在马乐案中亮相的深交所的大数据监测系统，更是引起了广泛关注。深交所设置了 200 多个指标用于监测估计，一旦出现股价偏离大盘走势的情况，深交所就会利用大数据查探异动背后有哪些人或机构在参与。

4．金融大数据

阿里"水文模型"会按小微企业类目、级别等统计商户的相关"水文数据"。例如，过往每到某个时点，某店铺的销售就会进入旺季，销售额就会增长，其对外投放的资金额度也会上升。结合这些"水文数据"，系统可以判断出该店铺的融资需求；结合该店铺以往资金支用数据及同类店铺资金支用数据，可以判断出该店铺的资金需求额度。

5．金融交易大数据

量化交易、程序化交易、高频交易是大数据应用比较多的领域。全球 2/3 的股票交易量是由高频交易所创造的，参与者总收益每年高达 80 亿美元。其中，大数据算法被用来做出交易决定。现在，大多数股权交易都是通过大数据算法进行的，这些算法越来越多地开始考虑社交媒体网络和新闻网站的信息，从而在几秒内做出买入和卖出的决定。

当一种产品可以在多个交易所交易时，会形成不同的定价。谁能够最快地捕捉到同一种产品在不同交易所之间的显著价差，谁就能捕捉到瞬间套利机会。在这一过程中，大数据技术成为了重要因素。

6．制造业大数据

在摩托车生产商哈雷·戴维森公司位于宾尼法尼亚州约克市新翻新的摩托车制造厂中，软件不停地记录着各种制造数据，如喷漆室风扇的速度等。当软件"察觉"风扇速度、温度、湿度或其他变量偏离规定数值时，它就会自动调节相应的机构。哈雷·戴维森公司还使用软件，寻找制约公司每86s完成一台摩托车制造工作的瓶颈。这家公司的管理者通过研究数据发现，安装后挡泥板的时间过长。通过调整工厂配置，哈雷·戴维森公司提高了安装该配件的速度。

美国一些纺织及化工生产商，根据从不同的百货公司POS机上收集的产品销售速度信息，将原来的18周送货周期缩短到3周。如此一来，百货公司分销商能以更快的速度拿到货物，减少仓储。对生产商来说，积攒的材料仓储也能减少很多。

7．医疗大数据

谷歌基于每天来自全球的30多亿条搜索指令设立了一个系统，这个系统在2009年甲流爆发之前就开始对美国各地区进行"流感预报"，并推出了"谷歌流感趋势"服务。

谷歌在这项服务的产品介绍中写道：搜索流感相关主题的人数与实际患有流感的人数之间存在着密切的关系。虽然并非每个搜索"流感"的人都患有流感，但谷歌发现了一些检索词条的组合并用特定的数学模型对其进行了分析，这些分析结果与传统流感监测系统监测结果的相关性高达97%。这就表示，谷歌公司能做出与疾控部门同样准确的传染源位置判断，并且在时间上提前了1～2周。

继世界杯、高考、景点和城市预测之后，百度又推出了疾病预测产品。目前可以就流感、肝炎、肺结核、性病这4种疾病，对全国每个省份及大多数地级市和区县的活跃度、趋势图等情况，进行全面的监控。未来，百度疾病预测监控的疾病种类将从目前的4种增加到30多种，覆盖更多的常见病和流行病。用户可以根据当地的预测结果进行针对性预防。

Seton Healthcare 是采用 IBM 最新沃森技术医疗保健内容分析预测的首个客户。该技术允许企业找到大量病人相关的临床医疗信息，通过大数据处理，更好地分析病人的信息。在加拿大多伦多的一家医院，针对早产儿，每秒钟有超过3000次的数据读取。通过数据分析，医院能够提前知道哪些早产儿可能出现问题，并且有针对性地采取措施，避免早产儿夭折。

大数据让更多的创业者更方便地开发产品，如通过社交网络来收集数据的健康类App，也许在数年后，它们收集的数据能让医生的诊断变得更为精确。社交网络为许多慢性病患者提供了临床症状交流和诊治经验分享平台，医生借此可获得在医院通常得不到的临床效果统计数据。基于对人体基因的大数据分析，可以实现对症下药的个性化治疗。公共卫生部门可以通过全国联网的患者电子病历库，快速检测传染病，进行全面疫情监测，并通过集成的疾病监测和响应程序，快速进行响应。

8．交通大数据

UPS 最新的大数据来源是安装在公司 4.6 万多辆卡车上的远程通信传感器，这些传感器能够传回车速、方向、刹车和动力性能等方面的数据。收集到的数据流不仅能反映车辆的日常性能，还能帮助公司重新设计物流路线。大量的在线地图数据和优化算法，最终能帮助 UPS 实时地调整驾驶员的收货和配送路线。该系统为 UPS 减少了 8500 万英里的物流里程，由此节省了 840 万加仑的汽油。

可基于用户和车辆的 LBS 定位数据，分析人车出行的个体和群体特征，进行交通行为的预测。交通部门可预测不同时点不同道路的车流量，进行智能的车辆调度或应用潮汐车道。用户则可以根据预测结果选择拥堵概率更低的道路。百度基于地图应用的 LBS 预测涵盖范围更广。春运期间预测人们的迁徙趋势，指导火车线路和航线的设置。节假日预测景点的人流量，指导人们进行景区选择。平时通过百度热力图来告诉用户城市商圈、动物园等地点的人流情况，指导用户进行出行选择和商家选点选址。

9．公安大数据

大数据挖掘技术的底层技术最早是英国军情六处研发用来追踪恐怖分子的技术。利用大数据技术可筛选犯罪团伙，如与锁定的罪犯乘坐同一班列车、住同一酒店的人可能是其同伙。过去，刑侦人员要证明这一点，需要通过把不同线索拼凑起来排查疑犯。

通过对越来越多数据的挖掘分析，可显示某一区域的犯罪率及犯罪模式。大数据可以帮助警方定位最易受到不法分子侵扰的区域，创建一张犯罪高发地区热点图和时间表。这不但有利于警方精准分配警力、预防打击犯罪，也能帮助市民了解情况、提高警惕。

10．文化传媒大数据

与传统电视剧有别，《纸牌屋》是一部根据"大数据"制作的作品。制作方 Netflix 是美国最具影响力的影视网站之一，在美国本土有约 2900 万名订阅用户。Netflix 成功之处在于其强大的推荐系统 Cinematch，该系统将用户视频点播的基础数据如评分、播放、快进、时间、地点、终端等存储在数据库中，然后通过数据分析，推断出用户可能喜爱的影片，并为他提供定制化的推荐。

Netflix 发布的数据显示，用户在 Netflix 上每天产生 3000 多万个行为，如暂停、回放或快进；同时，用户每天还会给出 400 万个评分，发出 300 万次搜索请求。Netflix 遂决定用这些数据来制作一部电视剧，投资过亿美元制作出《纸牌屋》。

Netflix 发现，其用户中有很多人仍在点播 1991 年的 BBC 经典老片《纸牌屋》，这些观众中许多人喜欢大卫·芬奇，而且观众大多爱看奥斯卡奖得主凯文·史派西的电影。由此 Netflix 邀请大卫·芬奇作为导演，凯文·史派西作为主演，翻拍了《纸牌屋》这一政治题材剧。2013 年 2 月《纸牌屋》上线后，用户数增加了 300 万，达到 2920 万。

11．航空大数据

Farecast 已经拥有惊人的约 2000 亿条飞行数据记录，用来推测当前网页上的机票价格是否合理。作为一种商品，同一架飞机上每个座位的价格本来不应该有差别。但实际上，价格却千差万别，其中缘由只有航空公司自己清楚。

Farecast 预测当前的机票价格在未来一段时间内会上涨还是下降。这个系统需要分析所有特定航线机票的销售价格，并确定票价与提前购买天数的关系。

Farecast 票价预测的准确度已经高达 75%。使用 Farecast 票价预测工具购买机票的旅客，平均每张机票可节省 50 美元。

12．人体健康大数据

中医可以通过望闻问切发现人体内隐藏的一些慢性病，甚至看体质便可知晓一个人将来可能会出现什么症状。人体体征变化有一定规律，而慢性病发生前人体会有一些持续性异常。从理论上来说，如果大数据掌握了这样的异常情况，便可以进行慢性病预测。

结合智能硬件，慢性病的大数据预测变为可能。可穿戴设备和智能健康设备可帮助网络收集人体健康数据，如心率、体重、血脂、血糖、运动量、睡眠量等。如果这些数据足够精确且全面，并且有可以形成算法的慢性病预测模式，或许未来你的设备就会提醒你的身体罹患某种慢性病的风险。KickStarter 上的 My Spiroo 便可收集哮喘病人的吐气数据来指导医生诊断其未来的病情趋势。

13．体育赛事大数据

世界杯期间，谷歌、百度、微软和高盛等公司都推出了比赛结果预测平台。百度预测结果最为亮眼，预测全程 64 场比赛，准确率为 67%，进入淘汰赛后准确率为 94%。现在互联网公司取代章鱼保罗试水赛事预测也意味着未来的体育赛事会被大数据预测所掌控。

谷歌世界杯预测基于 Opta Sports 的海量赛事数据来构建其最终的预测模型。百度则是搜索过去 5 年内全世界 987 支球队（含国家队和俱乐部队）的 3.7 万场比赛数据，同时与中国彩票网站乐彩网、欧洲必发指数数据供应商 Spdex 进行数据合作，导入博彩市场的预测数据，建立了一个囊括 199972 名球员和 1.12 亿条数据的预测模型，并在此基础上进行结果预测。

从互联网公司的成功经验来看，只要有体育赛事历史数据，并且与指数公司进行合作，便可以进行其他赛事的预测，如欧冠、NBA 等赛事。

14．灾害大数据

气象预测是最典型的灾害预测。地震、洪涝、高温、暴雨这些自然灾害如果可以利用大数据进行预测，便有助于减灾、防灾、救灾、赈灾。过去的数据收集方式存在着死角、成本高等问题，物联网时代可以借助廉价的传感器、摄像头和无线通信网络，进行实时的数据监控收集，再利用大数据预测分析，做到更精准的自然灾害预测。

以气象卫星数据为例，虽然气象卫星是用来获取与气象要素相关的各类信息的，然而在森林草场火灾、船舶航道浮冰分布等方面，气象卫星也能发挥出跨行业的实时监测服务价值。气象卫星、天气雷达等非常规遥感遥测数据中包含的信息十分丰富，有可能挖掘出新的应用价值，从而拓展气象行业新的业务领域和服务范围。例如，可以利用气象大数据为农业生产服务。美国硅谷有家专门从事气候数据分析处理的公司，它从美国气象局等数据库中获得数十年来的天气数据，然后将各地降雨、气温、土壤状况与历年农作物产量的相关度做成精密图表，可预测各地农场来年产量和适宜种植品种，同时向农户提供个性化保险服务。气象大数据应用还可在林业、海洋、气象灾害等方面拓展新的业务领域。

15．环境变迁大数据

大数据除进行短时间微观的天气、灾害预测之外，还可以进行长期和宏观的环境和生态变迁预测。森林和农田面积缩小、野生动植物濒危、海岸线上升、温室效应等问题是地球面临的"慢性问题"。如果人类知道越多地球生态系统及天气形态变化数据，就越容易模拟未来环境的变迁，进而阻止不好的转变发生。而大数据能帮助人类收集、存储和挖掘更多的地球数据，并且提供了预测的工具。

除上面列举的 15 个领域之外，大数据还可被应用于房地产预测、就业情况预测、高考分数线预测、选举结果预测、奥斯卡大奖预测、保险投保者风险评估、金融借贷者还款能力评估等，让人类具备可量化、有说服力、可验证的洞察未来的能力。

美国的维克托在《大数据时代》一书中提到："未来，数据将会像土地、石油和资本一样，成为经济运行中的根本性资源。"

总之，未来的信息世界是三分技术、七分数据，得数据者得天下。

【思考题】

1．什么是大数据的 5V 特征？这些特征给大数据计算过程带来了什么样的挑战？

2．大数据现象是怎样形成的？

3．大数据的起源是（　　）。

A．金融　　　　　　B．电信　　　　　C．互联网　　　　　D．公共管理

4．数据清洗的方法不包括（　　）。

A．缺失值处理　　　　　　　　B．噪声数据清除

C．一致性检查　　　　　　　　D．重复数据记录处理

5．大数据最显著的特征是（　　）。

A．数据规模大　　　　　　　　B．数据类型多样

C．数据处理速度快　　　　　　D．数据价值密度高

6．下列关于计算机存储容量单位的说法中，错误的是（　　）。

A．1KB＜1MB＜1GB　　　　　　B．基本单位是字节（Byte）

C．一个汉字需要 1 字节的存储空间　　D．1 字节能够容纳一个英文字符

7．下列关于大数据的说法中，错误的是（　　）。（多选题）

A．大数据具有体量大、结构单一、时效性强的特征

B．处理大数据须采用新型计算架构和智能算法等新技术

C．大数据的应用注重相关分析而不是因果分析

D．大数据的应用注重因果分析而不是相关分析

E．大数据的目的在于发现新的知识与洞察并进行科学决策

8．以下说法中错误的是（　　）。

A．大数据是一种思维方式　　　B．大数据不仅仅是指数据的体量大

C．大数据会带来机器智能　　　D．大数据的英文名称是 large data

9．2011 年，（　　）发布《大数据：创新、竞争和生产力的下一个新领域》报告，大数据开始备受关注。

A．微软公司　　　　　　　　B．百度公司

C．麦肯锡公司　　　　　　　D．阿里巴巴集团

10．判断题。

（1）大数据仅仅是指数据的体量大。　　　　　　　　　　　（　　）

（2）2016 年 9 月，国务院印发《促进大数据发展行动纲要》；同年 10 月，十八届六中全会将大数据上升为国家战略。　　　　　　　　　　　（　　）

第2章 大数据的架构

大数据可通过许多方式来存储、获取、处理和分析。每个大数据来源都有不同的特征，包括数据的频率、量、速度、类型和真实性。处理并存储大数据时，会涉及更多维度，如治理、安全性和策略。大数据必然无法用单台计算机进行处理，必须采用若干台计算机对海量数据进行分布式数据挖掘。选择一种架构并构建合适的大数据解决方案极具挑战性，因为需要考虑非常多的因素。本章将介绍目前数据处理领域应用比较多的几种架构，重点介绍 Hadoop 体系架构。

2.1 大数据平台架构简介

2.1.1 传统计算方式的数据瓶颈

1．单机运算

大数据将带来巨大的技术和商业机遇，大数据分析挖掘和利用将为企业带来巨大的商业价值，而随着应用数据规模急剧增大，传统计算方式面临严峻挑战。

单机运算的特点：小数据+大量复杂的计算和分析。

单机运算的缺点：依赖于单机性能、CPU+RAM（摩尔定律），难以处理海量数据。

2．分布式计算

随着计算技术的发展，有些应用需要巨大的计算能力才能完成，如果采用集中式计算，需要耗费相当长的时间。分布式计算能将这类应用分解成许多小的部分，分配给多台计算机进行处理。这样可以节约整体计算时间，大大提高计算效率。

分布式计算是在两个或多个软件之间共享信息，这些软件既可以在同一台计算机上运行，也可以在通过网络连接起来的多台计算机上运行。分布式计算具有以下几个优点：

（1）稀有资源可以共享。

（2）通过分布式计算可以在多台计算机上平衡计算负载。

（3）可以把程序放在最适合运行它的计算机上。

其中，共享稀有资源和平衡负载是分布式计算的核心思想之一。

缺点：开发困难（类似于项目管理，需要协调和处理各种异常），任务依赖关系复杂，容易出现死锁，数据交换时需要同步，系统的局部故障难以处理。

项目（资源）管理的困难：任务分工；参与人员之间的协调、同步（共同完成一项子任务）；异常情况，如成员缺席（生病、事假等）。

3．分布式计算系统

目前得到广泛应用的三大分布式计算系统是 Hadoop、Spark 和 Storm。

1）Hadoop 系统

Hadoop 系统采用 MapReduce 分布式计算框架，并根据 GFS 开发了 HDFS 分布式文件系统，根据 BigTable 开发了 HBase 数据存储系统。尽管和 Google 内部使用的分布式计算系统原理相同，但是 Hadoop 在运算速度上依然达不到 Google 论文中的标准。

Hadoop 的开源特性使其成为了分布式计算系统的事实上的国际标准。Yahoo、Facebook、Amazon 以及国内的百度、阿里巴巴等众多互联网公司都以 Hadoop 为基础搭建了自己的分布式计算系统。

2）Spark 系统

Spark 系统也是 Apache 基金会的开源项目，它由加州大学伯克利分校的实验室开发，是另外一种重要的分布式计算系统。它在 Hadoop 的基础上进行了一些架构上的改良。Spark 与 Hadoop 最大的不同点在于，Hadoop 使用硬盘来存储数据，而 Spark 使用内存来存储数据，因此 Spark 可以提供超过 Hadoop 100 倍的运算速度。但是，由于内存断电后会丢失数据，Spark 不能用于处理需要长期保存的数据。

3）Storm 系统

Storm 系统是 Twitter 主推的分布式计算系统，它由 BackType 团队开发，是 Apache 基金会的孵化项目。它在 Hadoop 的基础上提供了实时运算的特性，可以实时处理大数据流。不同于 Hadoop 和 Spark，Storm 不进行数据的收集和存储工作，它直接通过网络实时地接收数据并且实时地处理数据，然后直接通过网络实时地传回结果。

Hadoop、Spark 和 Storm 是目前最重要的三大分布式计算系统，Hadoop 常用于离线的复杂的大数据分析处理，Spark 常用于离线的快速的大数据处理，Storm 常用于在线的实时的大数据处理。

2.1.2　大数据处理平台的技术架构

1．大数据处理平台的特点

1）通过分布式计算框架来实现

数据分析计算是大数据处理平台的核心功能，主要通过分布式计算框架来实现。

2）提供高效的计算模型和简单的编程接口

针对数据分析计算的分布式计算框架要提供高效的计算模型和简单的编程接口。

3）可扩展性强

可扩展性是指系统能够通过增加资源以满足不断增加的对性能和功能的需求。计算框架的可扩展性决定了其可计算规模和计算并发度等重要指标。

4）容错能力强

容错能力是指系统考虑底层硬件和软件的不可靠性，支持出现错误后自动恢复的能力。

5）高效可靠的 I/O

高效可靠的输入/输出（I/O）能够缓解数据访问的瓶颈问题，以提高任务的执行效率和计算资源的利用率。

2. 大数据处理平台的一般技术架构

要完成数据工程需要大量的资源；数据量很大，需要集群；要控制和协调这些资源，需要监控和协调分派；面对大规模的数据，还要考虑部署、日志、安全，还可能要和云端结合起来。这些都是大数据处理的内容，都很重要。大数据处理平台的技术架构如图 2-1 所示。

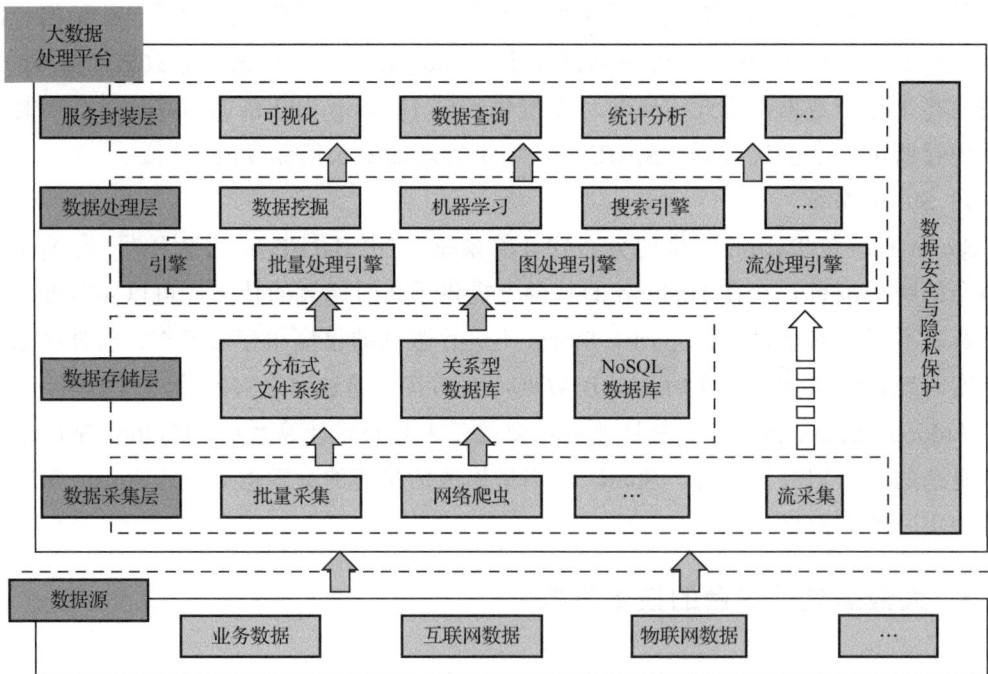

图 2-1　大数据处理平台的技术架构

1）数据采集层

数据采集层主要负责从各种不同的数据源采集数据。数据源的特点决定了数据采集与数据存储的技术选型，数据源的分类见表 2-1。

表 2-1　数据源的分类

序　　号	分 类 方 法	分　　类
1	从来源来分	内部数据，外部数据
2	从结构来分	非结构化数据，结构化数据
3	从可变性来分	不可变、可添加数据，可修改、删除数据
4	从规模来分	大量数据，少量数据

大数据处理平台的第一个要素就是数据源，我们要处理的数据源往往在业务系统中，分析数据的时候可能不会直接对业务的数据源进行处理，而是先经过数据采集、数据存储，之后才是数据分析和数据处理。

常见的数据源包括：业务数据、互联网数据、物联网数据等。对于不同的数据源，通常需要不同的采集方法。

（1）对于存储在业务系统中的数据，一般采用批量采集的方法，一次性导入大数据存储系统。

（2）对于互联网上的数据，一般通过网络爬虫进行抓取。

（3）对于物联网产生的实时数据，一般采用流采集的方式，动态地添加到大数据存储系统中，或直接发送到流处理系统进行处理分析。

2）数据存储层

数据存储层主要负责大数据的存储和管理工作。大数据处理平台中的原始数据通常存放在分布式文件系统（如 HDFS）或云存储系统（如 Amazon S3、Swift 等）中。为了便于对大数据进行访问和处理，大数据处理平台通常会采用一些非关系型（NoSQL）数据库对数据进行组织和管理。

针对不同的数据形式和处理要求，可以选用不同类型的非关系型数据库。

常见的非关系型数据库有键值（Key-Value）存储数据库（如 Redis）、列存储数据库（如 HBase）、文档型数据库（如 MongoDB）、图（Graph）数据库（如 Neo4j）等。

3）数据处理层

数据处理层主要负责大数据的处理和分析工作。针对不同类型的数据，一般需要不同的处理引擎。

（1）对于静态的批量数据，一般采用批量处理引擎（如 MapReduce）。

（2）对于动态的流式数据，一般采用流处理引擎（如 Storm）。

（3）对于图数据，一般采用图处理引擎（如 Giraph）。

基于处理引擎提供的各种基础性的数据计算和处理功能，大数据处理平台中通常会有一些提供复杂数据处理和分析的工具，如数据挖掘工具、机器学习工具、搜索引擎等。

4）服务封装层

服务封装层主要负责根据不同的用户需求对各种大数据处理和分析功能进行封装并对外提供服务。常见的大数据相关服务包括数据的可视化、数据查询分析、数据的统计分析等。

除此之外，大数据处理平台一般还包括数据安全和隐私保护模块，这一模块贯穿大数据处理平台的各个层次。

3．新一代大数据整体技术架构

新一代大数据整体技术架构如图 2-2 所示。将大数据计算分为实时计算与离线计算，在整个集群中，能实时计算的一定要采用实时计算流处理，通过实时计算流来提高数据的时效性及数据价值，同时减轻集群的资源使用率集中现象。

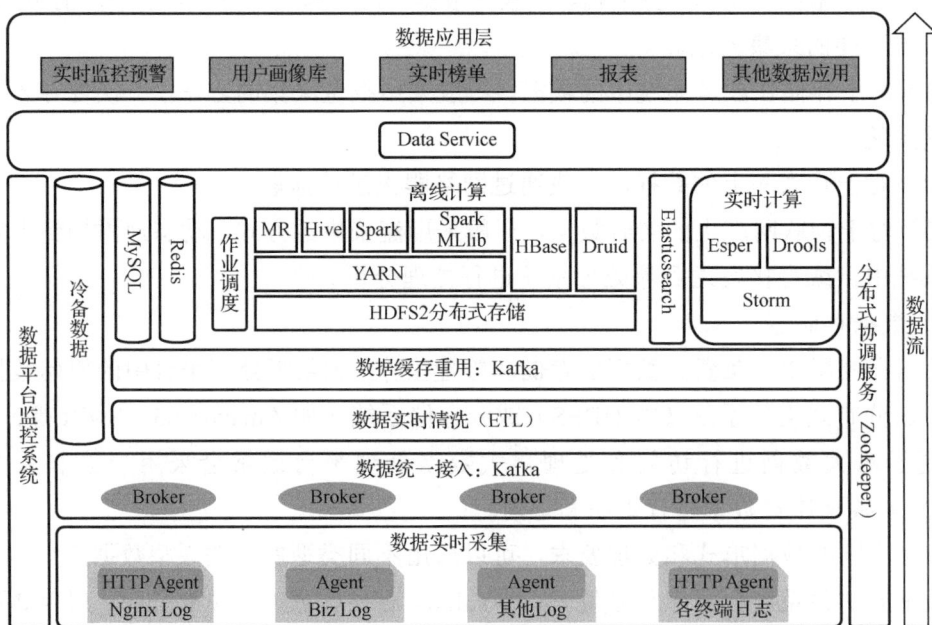

图 2-2　新一代大数据整体技术架构

1）数据实时采集

数据实时采集主要用于数据源采集服务。数据源分为前端日志、服务端日志、业务系统数据。

2）数据统一接入

为了后面数据流环节的处理规范，所有的数据接入数据中心，必须通过数据采集网关转换，并统一上报给 Kafka 集群，避免后端多种接入方式的处理问题。

3）数据实时清洗（ETL）

为了减轻存储计算集群的资源压力及从数据可重用性角度考虑，把数据解压、解密、转义，补全部分简单的数据，异常数据处理等工作前移到数据流中处理，为后面的数据重用打下扎实的基础（实时计算与离线计算）。

4）数据缓存重用

为了避免大量数据流写入 HDFS，导致 HDFS 客户端出现不稳定现象，把经过数据实时清洗后的数据重新写入 Kafka 并保留一定周期，离线计算（批处理）通过 KG-Camus 拉到 HDFS（通过作业调度系统配置相应的作业计划），实时计算基于 Storm/JStorm 直接从 Kafka 消费，有很完美的解决方案（Storm-Kafka 组件）。

5）离线计算（批处理）

通过 Spark/Spark SQL 实现，整体性能比 Hive 提高 5～10 倍，Hive 脚本都被转换为 Spark/Spark SQL；部分复杂的作业通过 Hive/Spark 的方式实现。在离线计算中大都会涉及数据仓库的问题。

大数据平台数据存储模型分为：数据缓冲层（Data Cache Layer，DCL）、数据明细层（Data Detail Layer，DDL）、公共数据层（Common）、数据汇总层（Data Summary Layer，DSL）、数据应用层（Data Application Layer，DAL）、数据分析层（Analysis）、临时提数层（Temp）。

（1）数据缓冲层：存储业务系统或者客户端上报的，经过解码、清洗、转换后的原始数据，为数据过滤做准备。

（2）数据明细层：存储接口缓冲层过滤后的明细数据。

（3）公共数据层：主要存储表数据与外部业务系统数据。

（4）数据汇总层：存储用户行为主题数据、用户行为宽表数据、轻量汇总数据等，为数据应用层统计计算提供基础数据。数据汇总层的数据永久保存在集群中。

（5）数据应用层：包含存储运营分析（Operations Analysis）、指标体系（Metrics System）、线上服务（Online Service）与用户分析（User Analysis）等。需要对外输出的数据都存储在这一层。

（6）数据分析层：存储对数据明细层、公共数据层、数据汇总层关联后经过算法计算的为推荐、广告、榜单等数据挖掘需求提供中间结果的数据。

（7）临时提数层：存储临时提数、数据质量校验等生成的临时数据。

6）实时计算

实时计算基于 Storm/JStorm、Drools、Esper，主要应用于实时监控系统、APM、数据实时清洗平台、实时 DAU 统计等。

（1）HBase/MySQL：用于实时计算、离线计算结果存储服务。

（2）Redis：用于中间计算结果存储或字典数据等。

（3）Elasticsearch：用于明细数据实时查询及 HBase 的二级索引存储。

（4）Druid：目前用于支持大数据集的快速即席查询。

7）数据平台监控系统

数据平台监控系统包括基础平台监控系统与数据质量监控系统。宏观层面的理解就是进程级别、拓扑结构级别，用 Hadoop 举例，如 DataNode、NameNode、JournalNode、ResourceManager、NodeManager，主要就是这五大组件，通过分析这些节点上的监控数据，一般能够定位到慢节点，可能某台机器的网络出问题了，或者说某台机器执行的时间总是大于正常机器等。另一个监控方向是微观层面，就是细粒度化的监控，如基于 User、基于单个 Job、单个 Task 级别的监控，这类监控指标在实际的使用场景中特别重要，一旦集群资源开放给外面的用户使用，用户本身不了解这套机制的原理，可能会乱申请资源，造成严重降低集群整体运作效率的后果，这类监控指标可以防止这样的事情发生。

2.1.3 主流大数据架构

1. 传统 BI 架构

随着大数据技术的发展，数据挖掘、数据探索等专有名词的曝光度越来越高，但是在类似于 Hadoop 系列的大数据分析系统大行其道之前，数据分析工作经历了长足的发展，尤其是以 BI 系统为主的数据分析，已经有了非常成熟和稳定的技术方案和生态系统，BI 系统架构如图 2-3 所示。

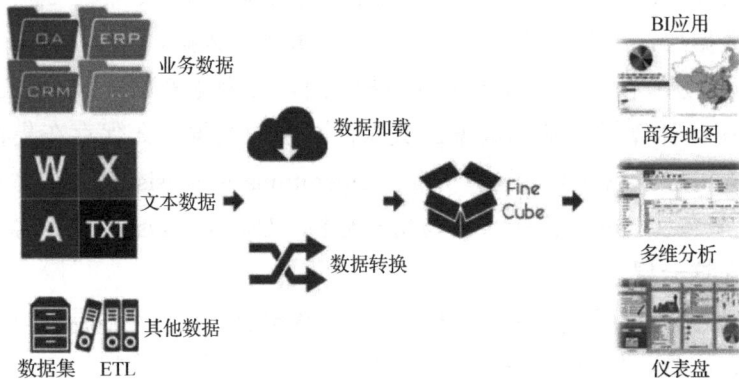

图 2-3　BI 系统架构

在 BI 系统里，核心的模块是 Cube。Cube 是一个更高层的业务模型抽象，在 Cube 之上可以进行多种操作，例如上钻、下钻、切片等操作。其实 Cube 只是一种 MOLAP 的实现，属于数据仓库的一部分，Cube 的结构如图 2-4 所示。

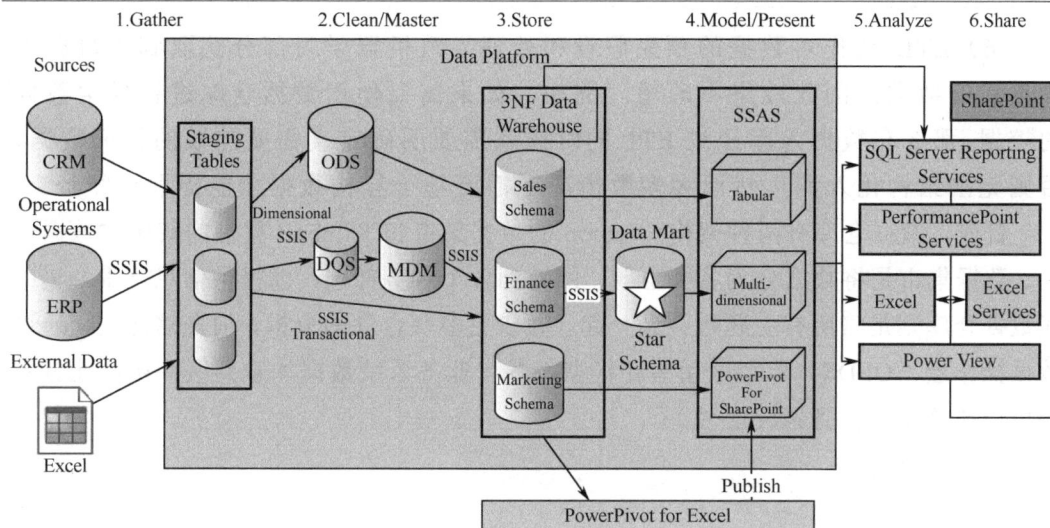

图 2-4　Cube 的结构

大部分 BI 系统都基于关系型数据库，而关系型数据库使用 SQL 语句进行操作，但是 SQL 在多维操作和分析的表示能力上相对较弱，所以 Cube 有自己独有的查询语言 MDX。

MDX 表达式具有更强的多维表现能力，因此以 Cube 为核心的分析系统基本占据着数据统计分析的半壁江山，大多数数据库服务厂商直接提供 BI 套装软件服务，轻易便可搭建出一套 OLAP 分析系统，不过 BI 的一些问题也随着时间的推移逐渐暴露出来。

（1）BI 系统更多以分析业务数据产生的密度高、价值高的结构化数据为主，对于非结构化和半结构化数据的处理非常乏力，例如图片、文本、音频的存储、分析。

（2）由于数据仓库为结构化存储，数据从其他系统进入数据仓库，通常叫作 ETL 过程，ETL 动作和业务进行了强绑定，通常需要一个专门的 ETL 团队去和业务衔接，决定如何进行数据的清洗和转换。

（3）随着异构数据源的增加，如果存在视频、文本、图片等数据源，要解析数据内容，进入数据仓库，则需要非常复杂的 ETL 程序，从而导致 ETL 变得过于庞大和臃肿。

（4）当数据量过大的时候，性能会成为瓶颈，在 TB/PB 级别的数据量上会表现出明显的吃力。

（5）数据库的范式等约束规则可解决数据冗余的问题，也可保障数据的一致性。但是对于数据仓库来说，并不需要对数据做修改和保障一致性，原则上来说，数据仓库的原始数据都是只读的，所以这些约束反而会成为影响性能的因素。

（6）ETL 动作对数据的预先假设和处理导致机器学习部分获取到的数据为假设后的数据，因此效果不理想。例如，如果需要使用数据仓库进行异常数据的挖掘，那么在数据入库经过 ETL 的时候就需要明确定义需要提取的特征数据，否则无法结构化入库，然而大多数情况下需要基于异构数据才能提取出特征。

目前，数据仓库有两种架构：Inmon 的数据集市和 Kimball 提倡的集中式数据仓库。数据集市是将数据分为各类主题，回流到各个业务部门，以提供信息检索。集中式数据仓库则是将所有主题融合到一起，做出更多联合性的分析，而在这之前，通过数据操作层（OPDS）已经采用雪花模型将各个业务系统数据加载到缓冲层，业务系统可以在这里采集到聚合信息。

2．流式架构

在传统大数据架构的基础上，流式架构直接丢弃了批处理，数据全程以流的形式处理，所以在数据接入端没有了 ETL，替换为数据通道。经过流处理加工后的数据，以消息的形式直接推送给消费者。虽然有一个存储部分，但是该存储更多以窗口的形式进行存储，所以该存储并非发生在数据湖（Data Lake），而是在外围系统，流式架构原理图如图 2-5 所示。

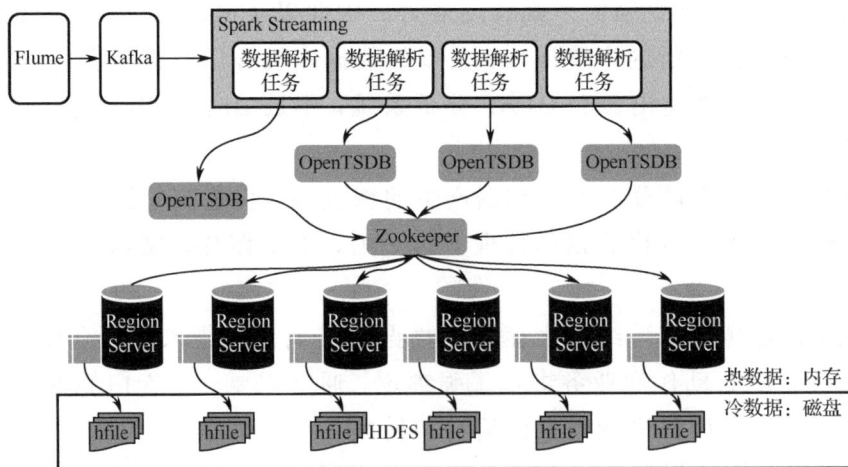

图 2-5　流式架构原理图

数据湖通常存储原始格式数据，比如 blob 对象或文件。这套系统存储了所有企业的数据，不仅仅是原始应用系统数据，还包括用于报表、可视化分析和机器学习的转化后的数据。因此，它包含了各种数据格式，有关系型数据库的结构化数据，有半结构化数据（比如 CSV、Log、XML、JSON），还有非结构化数据（E-mail、Document、PDF）和二进制数据（图片、音频和视频）。

（1）流式架构的优点。

没有臃肿的 ETL 过程，数据的实时性非常高。

（2）流式架构的缺点。

对于流式架构来说，不存在批处理，因此对于数据的重播和历史统计无法很好地支持。对于离线分析仅仅支持窗口之内的分析。

（3）流式架构的适用场景。

流式架构适用于预警、监控、对数据有有效期要求的情况。

3. Lambda 架构

在大数据系统里，大多数架构都是 Lambda 架构或者基于其变种的架构。

Lambda 是充分利用了批（Batch）处理和流处理（Stream-Processing）各自强项的数据处理架构，Lambda 架构原理图如图 2-6 所示。它平衡了延迟、吞吐量和容错。利用批处理生成正确且深度聚合的数据视图，同时借助流处理方法提供在线数据分析。在展现数据之前，可以将两者的结果融合在一起。Lambda 的出现，与大数据、实时数据分析及 MapReduce 是密不可分的。

Lambda 依赖于只增不改的数据源。历史数据在这个模型中是稳定不变的，变化的数据永远是最新进来的，并且不会重写历史数据。任何事件、对象等的状态和属性，都需要从有序的实践中推断出来。因此在这套架构中，我们可以看到即时的数据，也可以看到历史的聚合数据。

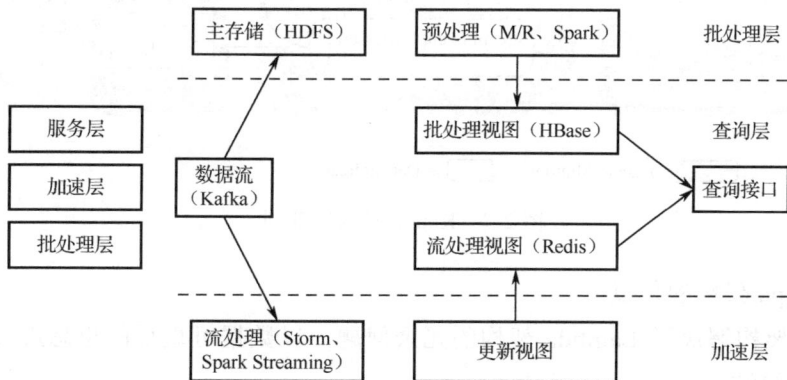

图 2-6　Lambda 架构原理图

Lambda 的数据通道分为两条：实时流和离线。实时流依照流式架构，保障了其实时性；而离线则以批处理方式为主，保障了最终一致性。

流式通道处理为保障实时性更多以增量计算为主，而批处理层则对数据进行全量计算，保障其最终的一致性。因此，Lambda 最外层有一个实时层和离线层合并的动作，此动作是 Lambda 里非常重要的一个动作。

1）Lambda 架构的优点

既有实时又有离线，对于数据分析场景涵盖得非常到位。

2）Lambda 架构的缺点

离线层和实时流虽然面临的场景不相同，但是其内部处理的逻辑相同，因此有大量冗余和重复的模块存在。

3）Lambda 架构的适用场景

Lambda 架构适用于同时存在实时和离线需求的情况。

4．Kappa 架构

Kappa 架构在 Lambda 的基础上进行了优化，将实时和流部分进行了合并，将数据通道以消息队列进行替代，Kappa 架构原理图如图 2-7 所示。因此对于 Kappa 架构来说，依旧以流处理为主，但是数据却在数据湖层面进行了存储，当需要进行离线分析或者再次计算的时候，将数据湖的数据再次经过消息队列重播一次即可。

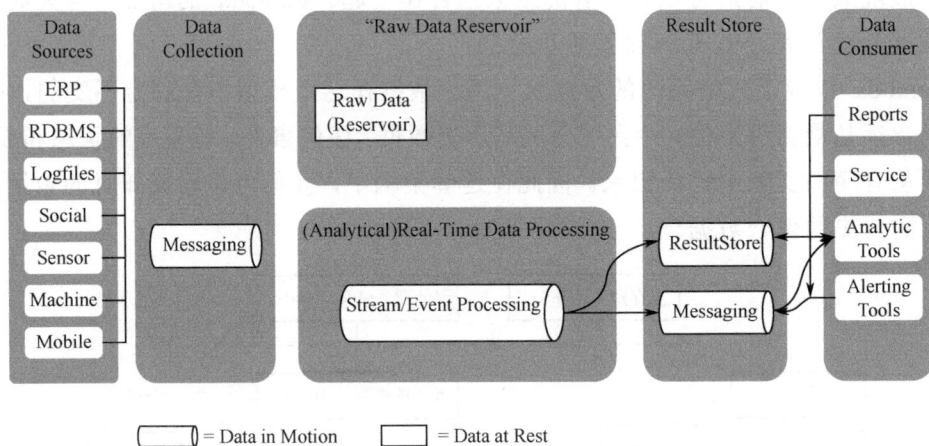

图 2-7 Kappa 架构原理图

1）Kappa 架构的优点

Kappa 架构解决了 Lambda 架构的冗余问题，以数据可重播的思想进行设计，整个架构非常简洁。

2）Kappa 架构的缺点

虽然 Kappa 架构看起来简洁，但是实施难度相对较高，尤其是数据重播部分。

3）Kappa 架构的适用场景

适用场景和 Lambda 类似，该架构是针对 Lambda 的优化。

5．Unifield 架构

Unifield 架构将机器学习和数据处理融为一体，从核心层面来说，Unifield 依旧以 Lambda 为主，不过对其进行了改造，在流处理层新增了机器学习层。在数据经过数据通道进入数据湖后，新增了模型训练部分，并且将其在流式层进行使用。同时流式层不只使用模型，也包含对模型的持续训练。

1）Unifield 架构的优点

Unifield 架构提供了一套数据分析和机器学习结合的架构方案，非常好地解决了机器学习如何与数据平台进行结合的问题。

2）Unifield 架构的缺点

Unifield 架构实施复杂度较高。对于机器学习架构来说，从软件包到硬件部署都和数据分析平台有着非常大的差别，因此实施的难度系数很高。

3）Unifield 架构的适用场景

该架构适用于大量数据需要分析，同时对机器学习有需求或者有规划的情况。

以上为目前数据处理领域使用较多的几种架构，当然还有其他架构，不过其思想类似。数据领域和机器学习领域会持续发展，以上几种架构也会过时，我们只能与时俱进，不断更新自己的知识库。

2.2 Hadoop 体系架构

2.2.1 Hadoop 体系架构简介

1. Hadoop 的产生

Hadoop 源于当年 Google 发布的 3 篇文章，被称为 Google 分布式计算的"三驾马车"。

Google File System 用来解决数据存储的问题，采用多台廉价的计算机，使用冗余（也就是一份文件保存多份副本在不同的计算机上）的方式，来取得读写速度与数据安全并存的结果。MapReduce 就是函数式编程，把所有的操作都分成两类：Map 与 Reduce。Map 用来将数据分成多份，分开处理；Reduce 将处理后的结果进行归并，得到最终的结果，但是在其中解决了容错性的问题。

BigTable 是在分布式系统上存储结构化数据的一个解决方案，解决了巨大的 Table 的管理、负载均衡的问题。

Doug Cutting 之前是一个非常有名的开源社区的人，创造了 Nutch 与 Lucene（现在都是 Apache 基金会的成员），Nutch 之前就实现了一个分布式的爬虫抓取系统。等 Google 的"三驾马车"发布后，Doug Cutting 实现了一个 DFS（Distributed File System），集成进了 Nutch，作为 Nutch 的一个子项目。

2. Hadoop 的发展

2008 年，Hadoop 逐渐成熟。Hadoop 是很多组件的集合，主要包括 MapReduce、

HDFS、HBase、Zookeeper。MapReduce 模仿了 Google MapReduce，HDFS 模仿了 Google File System，HBase 模仿了 Google BigTable，Zookeeper 或多或少模仿了 Google Chubby。下面介绍 MapReduce、HDFS、HBase、Zookeeper。

简单来讲，HDFS 和 HBase 依靠外存（即硬盘）的分布式文件存储实现和分布式表存储实现。HDFS 是一个分布式的"云存储"文件系统，它会把一个文件分块并分别保存，用时再取出、合并。重要的是，这些分块通常会在 3 个节点（即集群内的服务器）上各有 1 个备份，因此即使出现少数节点的失效（如硬盘损坏、掉电等），文件也不会失效。如果说 HDFS 是文件级别的存储，那 HBase 则是表级别的存储。HBase 是表模型，但比 SQL 数据库的表要简单得多，没有连接、聚集等功能。HBase 的表是物理存储在 HDFS 上的，比如把一个表分成 4 个 HDFS 文件并存储。由于 HDFS 可做备份，所以 HBase 不再备份。

MapReduce 是一个计算模型，而不是存储模型，MapReduce 通常与 HDFS 紧密配合。举个例子：假设你的手机通话信息保存在一个 HDFS 的文件 callList.txt 中，你想找到你与同事 A 的所有通话记录并排序。因为 HDFS 会把 callList.txt 分成几块保存，比如 5 块，所以对应的 Map 过程就是找到这 5 块所在的 5 个节点，分别找关于同事 A 的通话记录，对应的 Reduce 过程就是把 5 个节点过滤后的通话记录合并在一起并按时间排序。MapReduce 的计算模型通常把 HDFS 作为数据来源，很少会用到其他数据来源，比如 HBase。

Zookeeper 本身是一个非常可靠的"记事本"，用于记录一些概要信息。Hadoop 依靠这个"记事本"来记录当前哪些节点正在用，哪些已掉线，哪些是备用节点等，以此来管理机群。

相比较而言，Storm 主要是一个分布式环境下的实时数据计算模型，没有外存部分。Storm 的应用场景是数据来得特别快，并且要求随时处理。比如 Twitter 服务器自身每秒收到来自全世界的几千条数据，并且要求收到后立即索引，以供查询。这用传统的方法乃至 Hadoop 都是比较难的，因为外存的使用会带来较大的延迟，这时可以用 Storm。Storm 节点对内存中的数据进行操作，然后流出数据到下一个节点，以此来维系节点间的协作，高速协同处理。Storm 有一个总的控制节点 Nimbus 来与 Zookeeper 交流，进行集群管理。Storm 还没有数据备份，这是它的不足（较新的 Storm 已引入了类事务的概念，会有重做的操作来保证数据的处理）。

所以，Hadoop 和 Storm 都是分布式环境下的计算平台，不过前者依赖外存，适合批处理情形；后者依赖内存，适合实时处理、超低延迟、无须大量存储数据的情况。前者出现的时间较早（2003 年 GFS 的论文），后者出现的时间较晚（2010 年 Yahoo S4 的论文）。

Storm 和 Hadoop 有很多相似之处，也有很多区别，适用的场景是不一样的，主要取决于使用者自己的需求。

3．Hadoop 生态系统完整组件及其在架构中的作用

Hadoop 是一个能够对大量数据进行分布式处理的软件框架，以一种可靠、高效、可伸缩的方式进行数据处理，它由许多组件构成，Hadoop 生态系统的组件如图 2-8 所示。下面简要介绍这些组件在 Hadoop 架构中的作用。

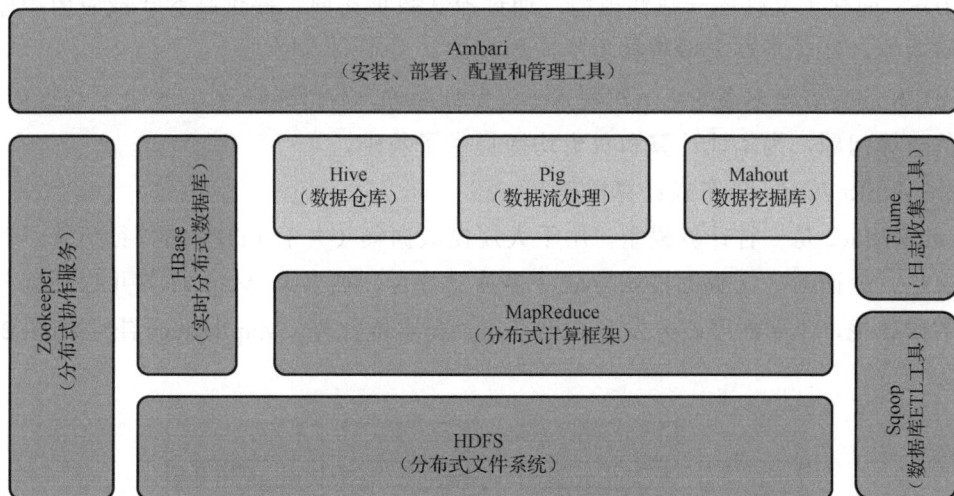

图 2-8　Hadoop 生态系统的组件

1）HDFS（分布式文件系统）

HDFS 是 Hadoop 体系中数据存储管理的基础，它是一个高度容错的系统，能检测和应对硬件故障，在低成本的通用硬件上运行。HDFS 组件如图 2-9 所示，其基本思想是分块（单个文件或数据集太大）、分布（散布）、冗余、存储。

对外部客户机而言，HDFS 就像一个传统的分级文件系统，可以创建、删除、移动或重命名文件等。但是 HDFS 的架构是基于一组特定的节点构建的，这是由它自身的特点决定的。这些节点包括 NameNode（仅一个），它在 HDFS 内部提供元数据服务；DataNode，它为 HDFS 提供存储块。仅存在一个 NameNode，这是 HDFS 的一个缺点（单点失效）。

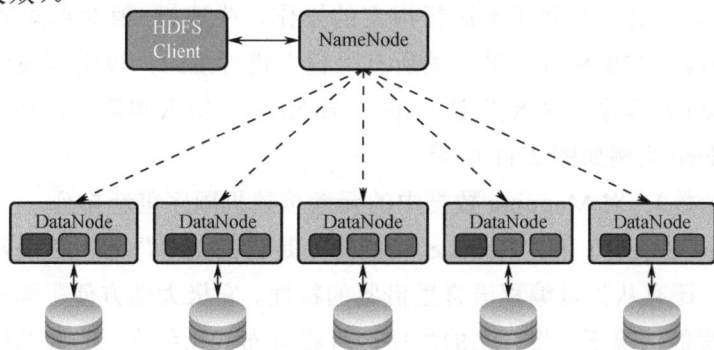

图 2-9　HDFS 组件

存储在 HDFS 中的文件被分成块,然后将这些块复制到多个计算机中(DataNode)。这与传统的 RAID 架构大不相同。块的大小(通常为 64MB)和复制的块数量在创建文件时由客户机决定。NameNode 可以控制所有文件操作。HDFS 内部的所有通信都基于标准的 TCP/IP。

HDFS 简化了文件的一致性模型,通过流式数据访问,提供高吞吐量应用程序数据访问功能,适合带有大型数据集的应用程序。

HDFS 的特点是多备份、一次写入(只允许添加,不允许修改),解决了数据同步、单点故障等问题,为本地计算和负责均衡提供了基础。

2)MapReduce(分布式计算框架)

MapReduce 是一种计算模型,用于大规模数据集(大于 1TB)的并行运算。其基本思想是:分而治之,数据被切分成许多独立分片,被多个 Map 任务并行处理;计算向数据靠拢,计算程序被分发到数据节点,在本地计算。MapReduce 组件如图 2-10 所示。

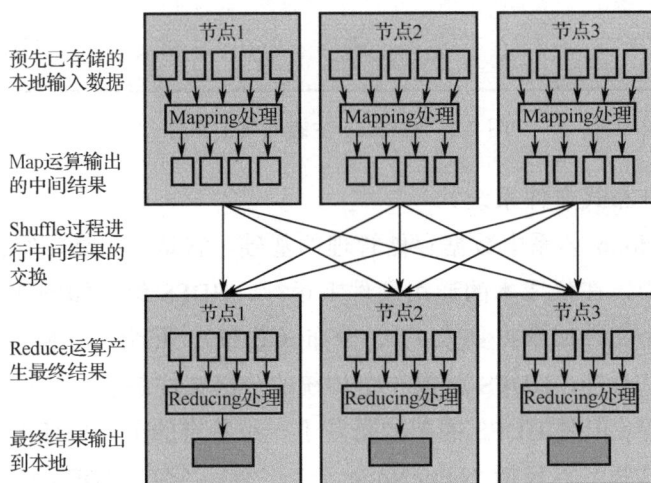

图 2-10 MapReduce 组件

Map 对数据集上的独立元素进行指定的操作,生成键-值对形式的中间结果。Reduce 则对中间结果中相同"键"的所有"值"进行规约,以得到最终结果。一个简单的 MapReduce 程序只需要指定 map()、reduce()、输入和输出,剩下的事由框架搞定,MapReduce 实例如图 2-11 所示。

Shuffle(函数):对 Mapping 数据中的元素按随机顺序重新排列。

概念"Map"(映射)和"Reduce"(归约)是它的主要思想,都是从函数式编程语言里借鉴的,还有从矢量编程语言里借鉴的特性。它极大地方便了编程人员在不会分布式并行编程的情况下,将自己的程序运行在分布式系统上。当前的软件实现是指定一个 Map(映射)函数,用来把一组键-值对映射成一组新的键-值对,指定并发的

Reduce（归约）函数，用来保证所有映射的键-值对中的每一个共享相同的键组。MapReduce 这样的功能划分，非常适合在大量计算机组成的分布式并行环境里进行数据处理。

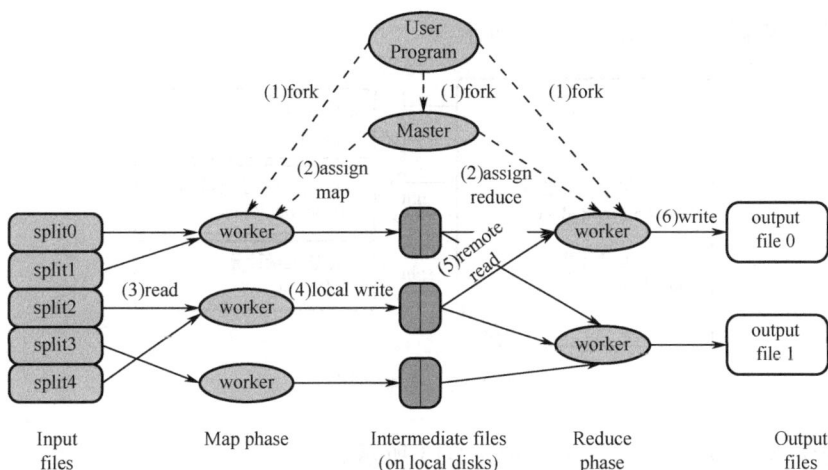

图 2-11　MapReduce 实例

MapReduce 是面向大数据并行处理的计算模型、框架和平台，它有以下三层含义。

（1）MapReduce 是一个基于集群的高性能并行计算平台（Cluster Infrastructure）。它允许用市场上普通的商用服务器构成一个包含数十、数百至数千个节点的分布和并行计算集群。

（2）MapReduce 是一个并行计算与运行软件框架（Software Framework）。它提供了一个庞大但设计精良的并行计算软件框架，能自动完成计算任务的并行化处理，自动划分计算数据和计算任务，在集群节点上自动分配和执行任务，以及收集计算结果，将数据分布存储、数据通信、容错处理等并行计算涉及的很多系统底层的复杂细节交由系统负责处理，大大减轻了软件开发人员的负担。

（3）MapReduce 是一个并行程序设计模型与方法（Programming Model & Methodology）。它借助于函数式程序设计语言 Lisp 的设计思想，提供了一种简便的并行程序设计方法，用 Map 和 Reduce 两个函数编程实现基本的并行计算任务，提供了抽象的操作和并行编程接口，以简单方便地完成大规模数据的编程和计算处理。

在 Google，MapReduce 被用在非常广泛的应用程序中，MapReduce 实现以后，它被用来重新生成 Google 的整个索引，并取代 Ad Hoc 程序去更新索引。MapReduce 会生成大量的临时文件，为了提高效率，它利用 Google 文件系统来管理和访问这些文件。

在 Google，超过一万个不同的项目已经采用 MapReduce 来实现，包括大规模的算法图形处理、文字处理、数据挖掘、机器学习、统计机器翻译等。

实例：微博年度热词统计。

统计某一年度所有微博内容中各个词出现的次数，根据次数进行排序，排名靠前的词为年度热词。

第一步：数据划分，如图 2-12 所示。

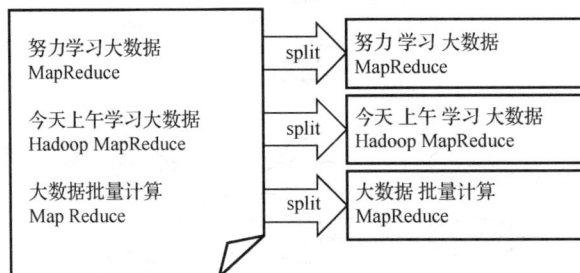

图 2-12　数据划分

第二步：Map 处理（映射），如图 2-13 所示。

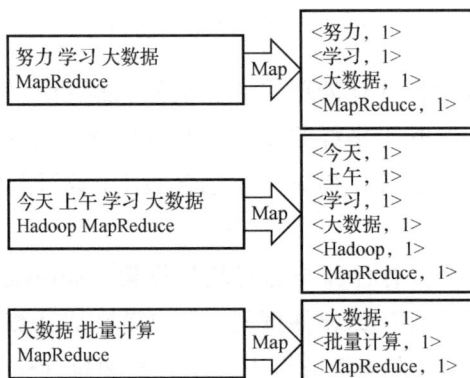

图 2-13　Map 处理（映射）

第三步：Reduce 处理（规约），如图 2-14 所示。

3）Hive（数据仓库）

Hive 是建立在 Hadoop 上的数据仓库基础构架，它提供了一系列的工具，可以用来进行数据提取、转化、加载（ETL），这是一种可以存储、查询和分析存储在 Hadoop 中的大规模数据的机制。Hive 定义了简单的类 SQL 查询语言，称为 HQL，它允许熟悉 SQL 的用户查询数据。同时，这个语言也允许熟悉 MapReduce 的开发者开发自定义的 Mapper 和 Reducer 来处理内建的 Mapper 和 Reducer 无法完成的复杂的分析工作。

Hive 没有专门的数据格式。Hive 可以很好地工作在 Thrift 之上，控制分隔符，也允许用户指定数据格式。

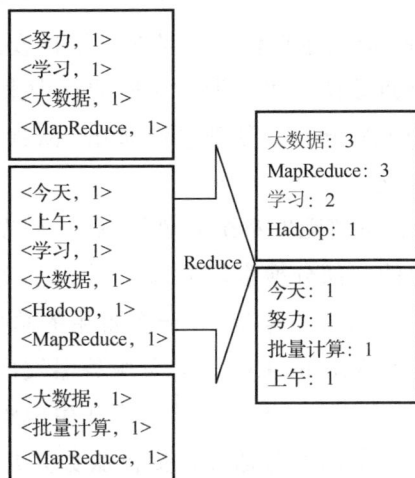

图 2-14 Reduce 处理（规约）

Hive 并不适合那些需要低延迟的应用，例如，联机事务处理（OLTP）。Hive 查询操作过程严格遵守 Hadoop MapReduce 的作业执行模型，Hive 将用户的 HQL 语句通过解释器转换为 MapReduce 作业提交到 Hadoop 集群上，Hadoop 监控作业执行过程，然后返回作业执行结果给用户。Hive 并非为联机事务处理而设计，Hive 并不提供实时的查询和基于行级的数据更新操作。Hive 的最佳使用场合是大数据集的批处理作业及数据仓库的统计分析，通常用于离线分析，如网络日志分析。

4）HBase（实时分布式数据库）

HBase 基于 Hadoop Distributed File System，是一个开源的基于列存储模型的可扩展的分布式数据库，支持大型表的存储结构化数据。

该技术来源于 Fay Chang 所撰写的 Google 论文《BigTable：一个结构化数据的分布式存储系统》。就像 BigTable 利用了 Google 文件系统所提供的分布式数据存储一样，HBase 在 Hadoop 之上提供了类似于 BigTable 的能力。HBase 是 Apache 的 Hadoop 项目的子项目。HBase 不同于一般的关系型数据库，它是一个适合非结构化数据存储的数据库。另一个不同之处是 HBase 采用基于列而不是基于行的模式。

HBase 中保存的数据可以使用 MapReduce 来处理，它将数据存储和并行计算完美地结合在一起。

5）Zookeeper（分布式协作服务）

它是一个针对大型分布式系统的可靠协调系统，可解决分布式环境下的数据管理问题：统一命名、状态同步、集群管理、配置同步等，Zookeeper 的目标就是封装好复杂易出错的关键服务，将简单易用的接口和性能高效、功能稳定的系统提供给用户。

在 Zookeeper 中，Znode 是一个跟 UNIX 文件系统路径相似的节点，可以在这个节点中存储或获取数据。如果在创建 Znode 时 Flag 设置为 EPHEMERAL，那么当创建这个 Znode 的节点和 Zookeeper 失去连接后，这个 Znode 将不再存在于 Zookeeper

里，Zookeeper 使用 Watcher 监测事件信息。当客户端接收到事件信息时，比如连接超时、节点数据改变、子节点改变，可以调用相应的行为来处理数据。Zookeeper 的 Wiki 页面展示了如何使用 Zookeeper 来处理事件通知、队列、优先队列、锁、共享锁、可撤销的共享锁、两阶段提交。

那么 Zookeeper 能做什么事情呢？举个简单的例子：假设我们有 20 个搜索引擎的服务器（每个负责总索引中的一部分搜索任务）、一个总服务器（负责向这 20 个搜索引擎的服务器发出搜索请求、合并结果集）、一个备用的总服务器（负责在总服务器宕机时替换总服务器）、一个 Web 的 CGI（向总服务器发出搜索请求）。搜索引擎服务器中的 15 个服务器提供搜索服务，5 个服务器正在生成索引。这 20 个搜索引擎服务器经常要让正在提供搜索服务的服务器停止提供服务并开始生成索引，或者生成索引的服务器已经生成索引，可以提供搜索服务了。使用 Zookeeper 可以保证总服务器自动感知有多少提供搜索引擎的服务器并向这些服务器发出搜索请求，当总服务器宕机时自动启用备用的总服务器。

6）Sqoop（数据库 ETL 工具）

Sqoop 是 SQL-to-Hadoop 的缩写，是一款开源的工具，主要用于在 Hadoop（Hive）与传统的数据库间进行数据的传递，可以将一个关系型数据库（如 MySQL、Oracle、Postgres 等）中的数据导入 Hadoop 的 HDFS 中，也可以将 HDFS 的数据导入关系型数据库中。

Sqoop 项目开始于 2009 年，最早作为 Hadoop 的一个第三方模块存在，后来为了让使用者能够快速部署，也为了让开发人员能够更快速地迭代开发，Sqoop 独立成为一个 Apache 项目。

Sqoop 是专门为大数据集设计的，支持增量更新，将新记录添加到最近一次的导出的数据源上，或者指定上次修改的时间戳。

7）Pig（数据流处理）

Pig 是一个并行计算的高级的数据流语言和执行框架，设计动机是提供一种基于 MapReduce 的 Ad Hoc（计算在 query 时发生）数据分析工具，通常用于离线分析，用户可以自定义功能。

8）Flume（日志收集工具）

Flume 是 Cloudera 开源的日志收集系统，具有分布式、高可靠、高容错、易于定制和扩展的特点。Flume 数据流提供对日志数据进行简单处理的能力，如过滤、格式转换等。Flume 还具有将日志写往各种数据目标（可定制）的能力。总的来说，Flume 是一个可扩展、适合复杂环境的海量日志收集系统。

Flume 有两个版本，Flume 0.9X 版本统称 Flume-og，Flume 1.X 版本统称 Flume-ng。由于 Flume-ng 经过重大重构，与 Flume-og 有很大不同，使用时请注意区分。

4．有关 Hadoop 生态系统的架构图

Hadoop 不是指具体一个框架或者组件，它是 Apache 软件基金会下用 Java 语言开发的一个开源分布式计算平台，实现在大量计算机组成的集群中对海量数据进行分布式计算，适合大数据的分布式存储和计算。

（1）Hadoop 1.0 和 Hadoop 2.0 的架构如图 2-15 所示。在 Hadoop 1.0 中，NameNode 有且只有一个，虽然可以通过 Secondary NameNode 与 NameNode 进行数据同步备份，但是总会存在一定的延时，如果 NameNode 失效，但是有部分数据还没有同步到 Secondary NameNode 上，还是可能存在数据丢失的问题。

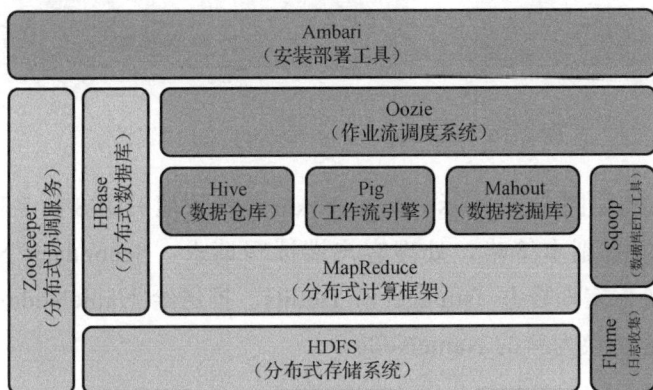

（a）Hadoop 1.0架构

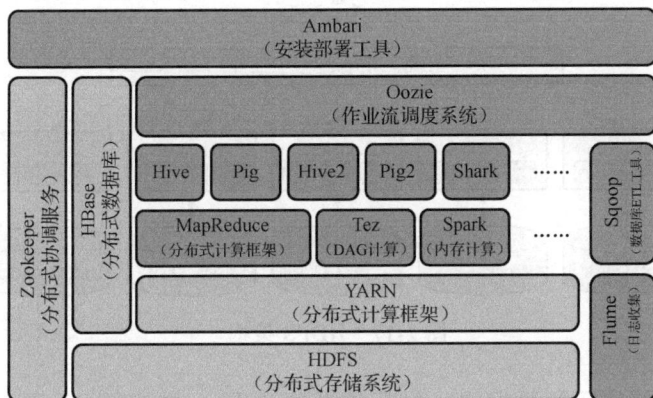

（b）Hadoop 2.0架构

图 2-15　Hadoop 1.0 和 Hadoop 2.0 的架构

Hadoop 2.0 比起 Hadoop 1.0 来说，最大的改进是加入了资源调度框架 YARN，二者比较图如图 2-16 所示。Hadoop 2.0 针对 Hadoop 1.0 中 NameNode 制约 HDFS 的扩展性问题，提出 HDFS Federation 以及高可用 HA。此时 NameNode 间相互独立，也就是说它们之间不需要相互协调。并且多个 NameNode 分管不同的目录，进而实现访问隔离和横向扩展。这样 NameNode 的可拓展性自然增强了，据统计，Hadoop 2.0 中

最多可以实现 10000 个节点同时运行，并且这样的架构改进也解决了 NameNode 单点故障问题。

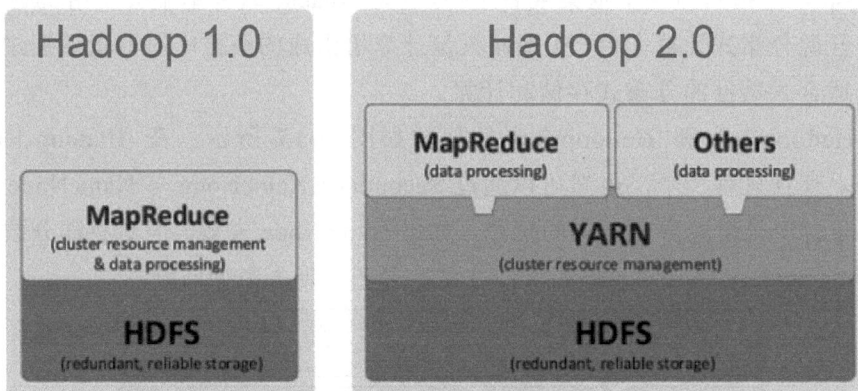

图 2-16 Hadoop 1.0 与 Hadoop 2.0 比较图

（2）HDFS 架构如图 2-17 所示。NameNode 负责管理 HDFS 的名称空间，管理数据块映射信息，配置副本策略，处理客户端读写请求。Secondary NameNode 负责NameNode 的热备，定期合并 fsimage 和 fsedits，推送给 NameNode；当 NameNode出现故障时，快速切换为新的 NameNode。

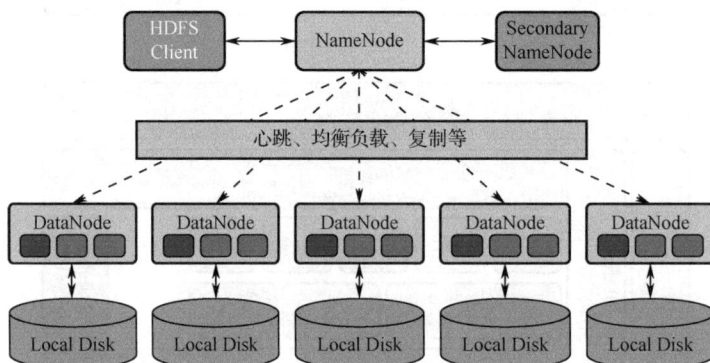

图 2-17 HDFS 架构

DataNode 存储实际的数据块；执行数据块读/写，与 NameNode 交互，获取文件位置信息；与 DataNode 交互，读取或者写入数据；管理 HDFS，访问 HDFS。

（3）YARN 架构如图 2-18 所示。YARN 是 Hadoop 2.0 新增系统，它的基本设计思想是将 MRV1 中的 JobTracker 拆分成两个独立的服务：一个全局的资源管理器ResourceManager 和每个应用程序特有的 ApplicationMaster。其中 ResourceManager负责整个系统的资源管理和分配，而 ApplicationMaster 负责单个应用程序的管理。

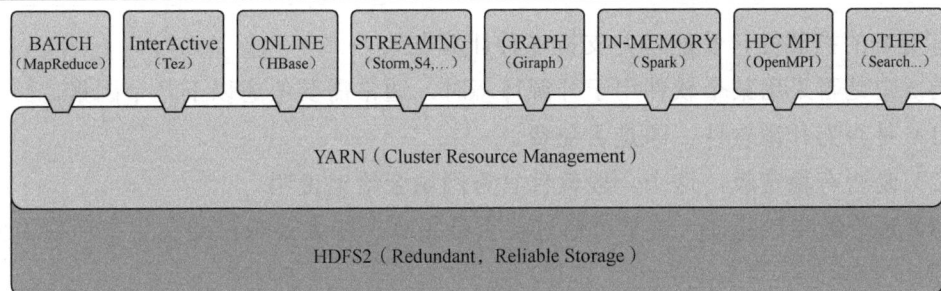

图 2-18　YARN 架构

YARN 具有良好的扩展性、高可用性，可对多种类型的应用程序进行统一管理和调度，自带多种多用户调度器，适合共享集群环境。

YARN 的架构设计使其越来越像一个云操作系统或数据处理操作系统。

（4）Hive（基于 MR 的数据仓库）。

Hive 由 Facebook 开源，最初用于海量结构化日志数据统计，是 ETL（Extraction Transformation Loading）工具构建在 Hadoop 之上的数据仓库，数据计算使用 MapReduce，数据存储使用 HDFS。Hive 定义了一种类 SQL 查询语言——HQL，类似 SQL，但不完全相同。Hive 通常用于离线数据处理（采用 MapReduce），可认为它是一个 HQL→MR 的语言翻译器。

5．Hadoop 的四大特性

1）扩容能力

Hadoop 是在可用的计算机集群间分配数据并完成计算任务的，这些集群可方便地扩展到数千个节点。

2）成本低

Hadoop 通过普通、廉价的机器组成服务器集群来分发以及处理数据，成本很低。

3）高效率

通过并发数据，Hadoop 可以在节点之间动态、并行地移动数据，速度非常快。

4）可靠性

它能自动维护数据的多份副本，并且在任务失败后能自动地重新部署计算任务，所以 Hadoop 的按位存储和处理数据的能力值得人们信赖。

6．如何选择 Hadoop 版本

当前 Hadoop 只有两个版本：Hadoop 1.0 和 Hadoop 2.0，其中，Hadoop 1.0 由一个分布式文件系统 HDFS 和一个离线计算框架 MapReduce 组成，而 Hadoop 2.0 则包含一个支持 NameNode 横向扩展的 HDFS、一个资源管理系统 YARN 和一个运行在 YARN 上的离线计算框架 MapReduce。相比于 Hadoop 1.0，Hadoop 2.0 功能更加强大，

且具有更好的扩展性、性能，并支持多种计算框架。

当决定是否采用某个软件用于开源环境时，通常需要考虑以下几个因素。

（1）是否为开源软件，即是否免费。

（2）是否有稳定版，这个一般软件官方网站会给出说明。

（3）是否经实践验证，这个可通过检查是否有一些大公司已经在生产环境中使用来判断。

（4）是否有强大的社区支持，即当出现一个问题时，是否能够通过社区、论坛等网络资源快速获取解决方法。

2.2.2　Hadoop 的应用

1．Hadoop 能做什么

Hadoop 擅长日志分析，Facebook 就用 Hive 来进行日志分析，2009 年，Facebook 就有 30%的非编程人员使用 HQL 进行数据分析；淘宝搜索中的自定义筛选也使用了 Hive；利用 Pig 还可以做高级的数据处理，包括 Twitter、LinkedIn 上用于发现我们可能认识的人，可以实现类似 Amazon.com 的协同过滤的推荐效果。

设想一下这样的应用场景：你有一个 100MB 的数据库备份的 SQL 文件，想在不导入数据库的情况下直接用 grep 操作通过正则过滤出想要的内容，如某个表中含有相同关键字的记录。有两种方式：一种是直接用 Linux 的命令 grep；另一种就是通过编程来读取文件，然后对每行数据进行正则匹配得到结果。现在是 100MB 的数据库备份文件，上述两种方法都可以轻松应对。那么如果是 1GB、1TB 甚至 1PB 的数据呢？上面两种方法还能行得通吗？答案是不能。毕竟单台服务器的性能总有上限。那么对于这种超大数据文件怎么得到我们想要的结果呢？

有种方法就是分布式计算，分布式计算的核心就在于利用分布式算法把运行在单台机器上的程序扩展到多台机器上并行运行，从而使数据处理能力成倍增加。但是这种分布式计算一般对编程人员要求很高，而且对服务器也有要求，导致了成本变得非常高。

Hadoop 就是为了解决这个问题而诞生的。Hadoop 可以很轻易地把很多 Linux 的廉价 PC 组成分布式节点，编程人员不需要知道分布式算法，只需要根据 MapReduce 的规则定义好接口方法，剩下的就交给 Haddop，它会自动把相关的计算分布到各个节点上去，然后得出结果。

例如上述的例子：Hadoop 要做的是，首先把 1PB 的数据文件导入 HDFS 中，然后编程人员定义好 Map 和 Reduce，也就是把文件的行定义为 Key，每行的内容定义为 Value，然后进行正则匹配，匹配成功则把结果通过 Reduce 聚合起来返回。Hadoop 会把这个程序分布到多个节点去并行操作，那么原本可能需要计算好几天，在有了足够多的节点之后就可以把时间缩短到几小时。

（1）Hadoop 数据特性：大量、多源、复杂；一次写入，多次读取。Hadoop 数据特性如图 2-19 所示。

（2）Hadoop 分析特性：批量、并行计算。

（3）Hadoop 典型问题：客户流失分析、广告（商品）推荐、欺诈（风险识别）等。

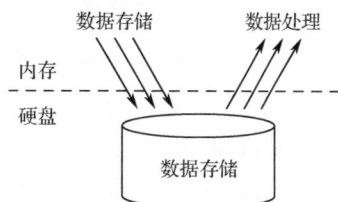

图 2-19　Hadoop 数据特性

2. Hadoop 的应用场景

目前主流的三大分布式计算系统分别为 Hadoop、Spark 和 Storm。Hadoop 是当前大数据管理标准之一，应用于很多商业应用系统，可以轻松地集成结构化、半结构化甚至非结构化数据集。Hadoop 适用于海量数据、离线数据。美国著名科技博客 GigaOM 的专栏作家 Derrick Harris 跟踪云计算和 Hadoop 技术已有多年时间，他在一篇文章中总结了 10 个 Hadoop 的应用场景。

1）在线旅游

目前全球范围内 80%的在线旅游网站都在使用 Cloudera 公司提供的 Hadoop 发行版，SearchBI 网站曾经报道过的 Expedia 也在其中。

2）移动数据

Cloudera 运营总监称，美国有 70%的智能手机数据服务都是由 Hadoop 来支撑的，也就是说，包括数据的存储以及无线运营商的数据处理等，都在利用 Hadoop 技术。

3）电子商务

这一场景应该是非常确定的，eBay 就是最大的实践者之一。国内的电商在 Hadoop 技术上的储备也是颇为雄厚的。

4）能源开采

美国 Chevron 公司是全美第二大石油公司，他们的 IT 部门主管介绍了 Chevron 使用 Hadoop 的经验，他们利用 Hadoop 进行数据的收集和处理，这些数据是海洋的地震数据，以便于他们找到油矿的位置。

5）节能

另外一家能源服务商 Opower 也在使用 Hadoop，为消费者提供节约电费的服务，其中对用户电费单进行了预测分析。

6）基础架构管理

这是一个非常基础的应用场景，用户可以用 Hadoop 从服务器、交换机以及其他的设备中收集并分析数据。

7）图像处理

创业公司 Skybox Imaging 使用 Hadoop 来存储并处理图片数据，从卫星拍摄的高清图像中探测地理变化。

8）诈骗检测

这个场景用户接触得比较少，一般金融服务或者政府机构会用到。利用 Hadoop 来存储所有的客户交易数据，包括一些非结构化数据，能够帮助机构发现客户的异常活动，预防欺诈行为。

9）IT 安全

除企业 IT 基础机构的管理之外，Hadoop 还可以用来处理机器生成数据，以便识别来自恶意软件或者网络的攻击。

10）医疗保健

医疗行业也会用到 Hadoop，像 IBM 的 Watson 就会使用 Hadoop 集群作为其服务的基础，包括语义分析等高级分析技术。医疗机构可以利用语义分析为患者提供医护人员，并协助医生更好地为患者进行诊断。

2.2.3　Hadoop MapReduce 的应用

1．MapReduce 的通俗解释

MapReduce 是一种编程模型，用于大规模数据集的分布式运算。例如，图书馆要清点图书数量，有 10 个书架，管理员为了加快统计速度，找来了 10 个学生，每个学生负责统计一个书架的图书数量。

小张统计　书架 1

小王统计　书架 2

小刘统计　书架 3

……

过了一会儿，10 个学生陆续到管理员这里汇报自己的统计数字，管理员把各个数字加起来，就得到了图书总数。这个过程就可以理解为 MapReduce 的工作过程。

MapReduce 中有两个核心操作：

（1）管理员分配哪个学生统计哪个书架，每个学生都进行相同的"统计"操作，这个过程就是 Map。

（2）对每个学生的统计结果进行汇总，这个过程是 Reduce。

2．MapReduce 的编程思路

例如，有一个文本文件，被分成了 4 份，分别放到了 4 个服务器中存储，现在要统计出每个单词的出现次数。思考一下用代码实现时需要做哪些工作。

在 4 个服务器中启动 4 个 Map 任务；每个 Map 任务读取目标文件；每读一行就拆分一下单词，并记下单词出现次数；目标文件的每一行都处理完成后，需要把单词进行排序；在 3 个服务器上启动 Reduce 任务；每个 Reduce 获取一部分 Map 的处理

结果；Reduce 任务进行汇总统计，输出最终的结果数据。

3．MapReduce 的安装与运行

WordCount 是非常好的入门示例，相当于 Hello World，下面就开发一个 WordCount 的 MapReduce 程序，体验实际开发方式。

1）安装 Hadoop

可以选择自己搭建环境，也可以使用打包好的 Hadoop 环境（版本为 2.7.3）。这个 Hadoop 环境实际上是一个虚拟机镜像，所以需要安装 VirtualBox 虚拟机、Vagrant 镜像管理工具、Hadoop 镜像，然后用这个镜像启动虚拟机即可，下面是具体操作步骤。

（1）安装 VirtualBox。

下载地址为 https://www.virtualbox.org/wiki/Downloads。

（2）安装 Vagrant。

安装完成后，在命令行终端下就可以使用 vagrant 命令了。

（3）下载 Hadoop 镜像。

链接：https://pan.baidu.com/s/1bpaisnd

密码：pn6c

（4）启动。

加载 Hadoop 镜像：vagrantbox add{自定义镜像名称} {镜像所在路径}。

例如想命名为 Hadoop，镜像下载后的路径为 D:\hadoop.box，加载命令就是：

vagrantbox addhadoop D:\hadoop.box

创建工作目录，例如 D:\hdfstest。进入此目录，初始化。

cd d:\hdfstest

vagrant init hadoop

vagrant up

启动完成后，就可以使用 SSH 客户端登录虚拟机了。

IP 为 127.0.0.1，端口为 2222，用户名为 root，密码为 vagrant。

在 Hadoop 服务器中启动 HDFS 和 YARN，之后就可以运行 MapReduce 程序了。

2）创建项目

流程是在本机开发，然后打包，上传到 Hadoop 服务器上运行。新建项目目录 wordcount，其中新建文件 pom.xml，内容如下。

```xml
<project xmlns="http://maven.apache.org/POM/4.0.0" xmlns:xsi="h
ttp://www.w3.org/2001/XMLSchema-instance"
    xsi:schemaLocation="http://maven.apache.org/POM/4.0.0 http:
//maven.apache.org/xsd/maven-4.0.0.xsd">
    <modelVersion>4.0.0</modelVersion>

    <groupId>demo.mr</groupId>
    <artifactId>mapreduce-wordcount</artifactId>
    <version>0.0.1-SNAPSHOT</version>
    <packaging>jar</packaging>

    <name>mapreduce-wordcount</name>
    <url>http://maven.apache.org</url>

    <properties>
        <project.build.sourceEncoding>UTF-8</project.build.sour
ceEncoding>
    </properties>

    <dependencies>
        <!-- https://mvnrepository.com/artifact/commons-beanuti
ls/commons-beanutils -->
        <dependency>
            <groupId>commons-beanutils</groupId>
            <artifactId>commons-beanutils</artifactId>
            <version>1.9.3</version>
        </dependency>

        <!-- https://mvnrepository.com/artifact/org.apache.hado
op/hadoop-common -->
        <dependency>
            <groupId>org.apache.hadoop</groupId>
            <artifactId>hadoop-common</artifactId>
            <version>2.7.3</version>
        </dependency>
        <!-- https://mvnrepository.com/artifact/org.apache.hado
op/hadoop-hdfs -->
        <dependency>
            <groupId>org.apache.hadoop</groupId>
            <artifactId>hadoop-hdfs</artifactId>
            <version>2.7.3</version>
        </dependency>
        <!-- https://mvnrepository.com/artifact/org.apache.hado
op/hadoop-mapreduce-client-common -->
        <dependency>
            <groupId>org.apache.hadoop</groupId>
            <artifactId>hadoop-mapreduce-client-common</artifac
tId>
            <version>2.7.3</version>
        </dependency>
        <!-- https://mvnrepository.com/artifact/org.apache.hado
op/hadoop-mapreduce-client-core -->
        <dependency>
            <groupId>org.apache.hadoop</groupId>
            <artifactId>hadoop-mapreduce-client-core</artifactI
d>
            <version>2.7.3</version>
        </dependency>
        <dependency>
            <groupId>junit</groupId>
            <artifactId>junit</artifactId>
            <version>3.8.1</version>
            <scope>test</scope>
        </dependency>
    </dependencies>
</project>
```

然后创建源码目录 src\main\java，现在的目录结构如下。

```
├── pom.xml
├── src
│   └── main
│       └── java
```

3）代码

Mapper 程序为 src/main/java/WordcountMapper.java，内容如下。

```java
import java.io.IOException;

import org.apache.hadoop.io.IntWritable;
import org.apache.hadoop.io.LongWritable;
import org.apache.hadoop.io.Text;
import org.apache.hadoop.mapreduce.Mapper;

public class WordcountMapper extends Mapper<LongWritable, Text,
 Text, IntWritable> {
    @Override
    protected void map(LongWritable key, Text value, Context co
ntext)
            throws IOException, InterruptedException {

        // 得到输入的每一行数据
        String line = value.toString();

        // 通过空格分割
        String[] words = line.split(" ");

        // 循环遍历 输出
        for (String word : words) {
            context.write(new Text(word), new IntWritable(1));
        }
    }
}
```

这里定义了一个 Mapper 类，其中有一个 map 方法。MapReduce 框架每读到一行数据，就会调用一次这个 map 方法。map 的处理流程就是接收一个键-值对，然后进行业务逻辑处理，最后输出一个键-值对。

Mapper 的 4 个类型分别是输入 key 类型、输入 value 类型、输出 key 类型、输出 value 类型。

MapReduce 框架读到一行数据后以键-值对形式传进来，key 默认情况下是 mr 框架所读到一行文本的起始偏移量（Long 类型），value 默认情况下是 mr 框架所读到的一行的数据内容（String 类型）。输出也是键-值对形式的，用户自己决定用什么作为 key，value 是用户自定义逻辑处理完成后的 value，内容和类型也由用户自己决定。

此例中，输出 key 就是 word（字符串类型），输出 value 就是单词数量（整型）。这里的数据类型和我们常用的不一样，因为 MapReduce 程序的输出数据需要在不同计算机间传输，所以必须是可序列化的，例如 Long 类型，Hadoop 中定义了自己的可序列化类型 LongWritable，String 对应的是 Text，Int 对应的是 IntWritable。

Reduce 程序为 src/main/java/WordCountReducer.java，内容如下。

```java
import java.io.IOException;

import org.apache.hadoop.io.IntWritable;
import org.apache.hadoop.io.Text;
import org.apache.hadoop.mapreduce.Reducer;

public class WordCountReducer extends Reducer<Text, IntWritable
, Text, IntWritable> {
    @Override
    protected void reduce(Text key, Iterable<IntWritable> value
s,
Context context) throws IOException, InterruptedException {

        Integer count = 0;
        for (IntWritable value : values) {
            count += value.get();
        }
        context.write(key, new IntWritable(count));
    }
}
```

这里定义了一个 Reducer 类和一个 reduce 方法。当数据传给 reduce 方法时，就变为 Reducer。4 个类型分别指输入 key 的类型、输入 value 的类型、输出 key 的类型、输出 value 的类型。

需要注意，reduce 方法接收的是一个字符串类型的 key、一个可迭代的数据集。因为 Reduce 任务读取到的 Map 任务处理结果是这样的：

```
(good，1)(good，1)(good，1)(good，1)
```

当传给 reduce 方法时，就变为

```
key:good
value:(1,1,1,1)
```

所以，reduce 方法接收到的是同一个 key 的一组 value。

主程序为 src/main/java/WordCountMapReduce.java，内容如下。

```java
import org.apache.hadoop.conf.Configuration;
import org.apache.hadoop.fs.Path;
import org.apache.hadoop.io.IntWritable;
import org.apache.hadoop.io.Text;
import org.apache.hadoop.mapreduce.Job;
import org.apache.hadoop.mapreduce.lib.input.FileInputFormat;
import org.apache.hadoop.mapreduce.lib.output.FileOutputFormat;

public class WordCountMapReduce {
    public static void main(String[] args) throws Exception{
        // 创建配置对象
        Configuration conf = new Configuration();

        // 创建job对象
        Job job = Job.getInstance(conf, "wordcount");

        // 设置运行job的类
        job.setJarByClass(WordCountMapReduce.class);

        // 设置 mapper 类
        job.setMapperClass(WordcountMapper.class);
```

```
    // 设置 reduce 类
    job.setReducerClass(WordCountReducer.class);

    // 设置 map 输出的 key value
    job.setMapOutputKeyClass(Text.class);
    job.setOutputValueClass(IntWritable.class);

    // 设置 reduce 输出的 key value
    job.setOutputKeyClass(Text.class);
    job.setOutputValueClass(IntWritable.class);

    // 设置输入输出的路径
    FileInputFormat.setInputPaths(job, new Path(args[0]));
    FileOutputFormat.setOutputPath(job, new Path(args[1]));

    // 提交job
    boolean b = job.waitForCompletion(true);

    if(!b){
        System.out.println("wordcount task fail!");
    }
}
}
```

main 方法用来组装一个 job 并提交执行。

4）编译打包

在 pom.xml 所在目录下执行打包命令 mvn package。执行完成后，会自动生成 target 目录，其中有打包好的 JAR 文件。现在项目文件结构为：

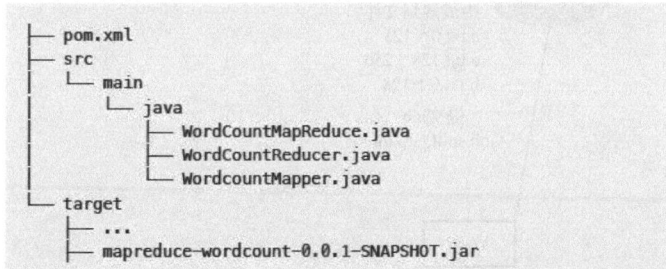

```
├── pom.xml
├── src
│   └── main
│       └── java
│           ├── WordCountMapReduce.java
│           ├── WordCountReducer.java
│           └── WordcountMapper.java
└── target
    ├── ...
    └── mapreduce-wordcount-0.0.1-SNAPSHOT.jar
```

5）运行

先把 target 中的 JAR 文件上传到 Hadoop 服务器，然后在 Hadoop 服务器的 HDFS 中准备测试文件（把 Hadoop 所在目录下的 TXT 文件都上传到 HDFS）：

```
cd $HADOOP_HOME
hdfs dfs -mkdir -p /wordcount/input
hdfs dfs -put *.txt /wordcount/input
```

执行：

```
hadoop jar mapreduce-wordcount-0.0.1-SNAPSHOT.jar WordCountMapReduce/
wordcount/input /wordcount/output
```

执行完成后验证：

```
hdfs dfs -cat /wordcount/output/*
```

可以看到单词数量统计结果。

4．MapReduce 执行过程分析

下面看一下从 job 提交到执行完成这个过程是怎样的。

1）客户端提交任务（图 2-20）

Client 提交任务时会先到 HDFS 中查看目标文件的大小，了解要获取的数据的规模，然后形成任务分配的规划。例如：a.txt 0～128MB 的交给一个 task，128～256MB 的交给另一个 task，形成规划文件 job.split。

然后把规划文件 job.split、JAR 文件、配置文件提交给 YARN（Hadoop 集群资源管理器，负责为任务分配合适的服务器资源）。

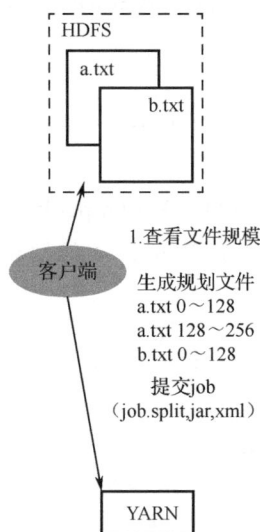

图 2-20　客户端提交任务

2）启动 appmaster（图 2-21）

appmaster 是本次 job 的主管，负责 maptask 和 reducetask 的启动、监控、协调管理工作。

YARN 找一个合适的服务器来启动 appmaster，并把 job.split、JAR 文件、XML 文件交给它。

3）启动 maptask（图 2-22）

appmaster 启动后，根据文件 job.split 中的分片信息启动 maptask，一个分片对应一个 maptask。分配 maptask 时，会尽量让 maptask 在目标数据所在的 DataNode 上执行。

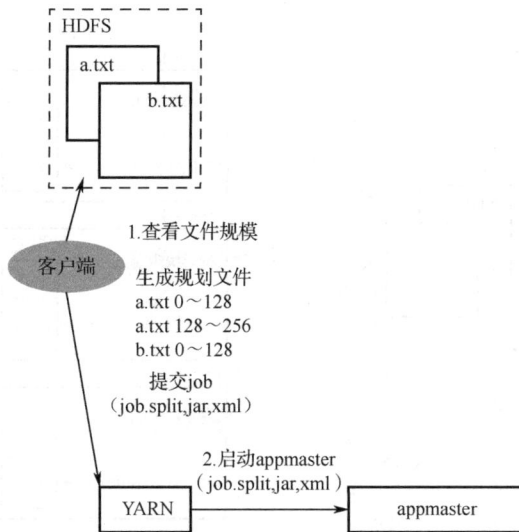

图 2-21　启动 appmaster

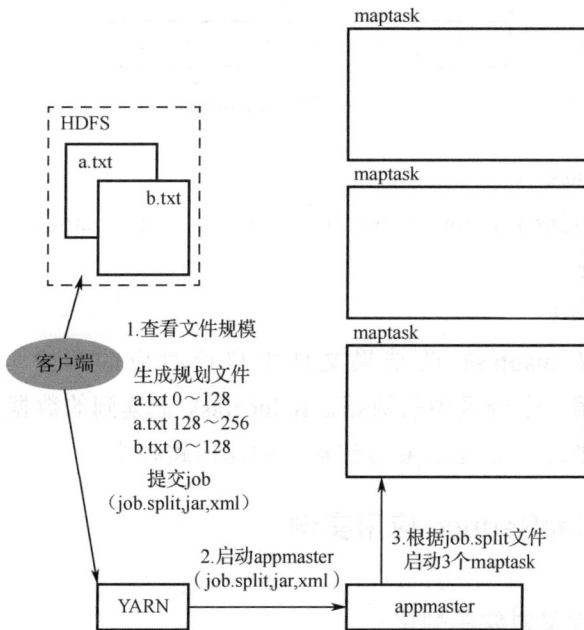

图 2-22　启动 maptask

4）执行 maptask（图 2-23）

maptask 会一行行地读目标文件，交给我们写的 map 方法，读一行就调一次 map 方法，map 调用 context.write 把处理结果写出去，保存到本机的一个结果文件中，这个文件中的内容是分区且有序的。分区的作用就是定义哪些 key 在一组，一个分区对应一个 Reducer。

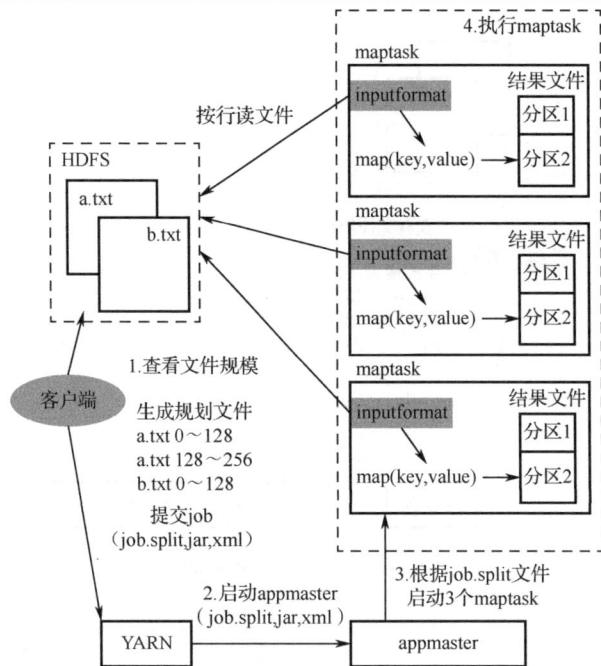

图 2-23　执行 maptask

5）启动 reducetask

maptask 都运行完成后，appmaster 再启动 reducetask，maptask 的结果中有几个分区就启动几个 reducetask。

6）执行 reducetask

reducetask 读取 maptask 的结果文件中自己对应的那个分区数据，例如，reducetask_01 去读第一个分区中的数据。reducetask 把读到的数据按 key 组织好，传给 reduce 方法进行处理，处理结果写到指定的输出路径中。

2.2.4　Hadoop MapReduce 应用实例

1．实例 1：自定义对象序列化

1）需求与实现思路

（1）需求：需要统计手机用户流量日志，日志内容实例见表 2-2。

表 2-2　日志内容实例

手　机　号	上　行　流　量	下　行　流　量
13726230501	200	1100
13396230502	300	1200
13897230503	400	1300
13897230503	100	300

手 机 号	上 行 流 量	下 行 流 量
13597230534	500	1400
13597230534	300	1200

要把同一个用户的上行流量、下行流量进行累加，并计算出总流量。例如表 2-2 中的 13897230503 有两条记录，就要对这两条记录进行累加，计算总和，得到：

13897230503，500，1600，2100

（2）实现思路：接收日志的一行数据，key 为行的偏移量，value 为此行数据。输出时，应以手机号为 key，value 应为一个整体，包括上行流量、下行流量、总流量。

手机号是字符串类型，而这个整体不能用基本数据类型表示，需要我们自定义一个 bean 对象，并且要实现可序列化。

```
key: 13897230503
value: < upFlow:100, dFlow:300, sumFlow:400 >
```

reduce 接收一个手机号标识的 key，以及这个手机号对应的 bean 对象集合。

例如：

```
key: 13897230503
value:< upFlow:400, dFlow:1300, sumFlow:1700 >,< upFlow:100,
dFlow:300, sumFlow:400 >
```

迭代 bean 对象集合，累加各项，形成一个新的 bean 对象。例如：

```
< upFlow:400+100, dFlow:1300+300, sumFlow:1700+400 >
```

最后输出：

```
key: 13897230503
value: < upFlow:500, dFlow:1600, sumFlow:2100 >
```

2）代码实践

（1）创建项目。

新建项目目录 serializebean，在其中新建文件 pom.xml，内容如下。

```xml
<project xmlns="http://maven.apache.org/POM/4.0.0" xmlns:xsi="h
ttp://www.w3.org/2001/XMLSchema-instance"
    xsi:schemaLocation="http://maven.apache.org/POM/4.0.0 http:
//maven.apache.org/xsd/maven-4.0.0.xsd">
    <modelVersion>4.0.0</modelVersion>

    <groupId>demo.mr</groupId>
    <artifactId>mapreduce-serializebean</artifactId>
    <version>0.0.1-SNAPSHOT</version>
    <packaging>jar</packaging>

    <name>mapreduce-serializebean</name>
    <url>http://maven.apache.org</url>
```

```xml
    <properties>
        <project.build.sourceEncoding>UTF-8</project.build.sour
ceEncoding>
    </properties>

    <dependencies>
        <!-- https://mvnrepository.com/artifact/commons-beanuti
ls/commons-beanutils -->
        <dependency>
            <groupId>commons-beanutils</groupId>
            <artifactId>commons-beanutils</artifactId>
            <version>1.9.3</version>
        </dependency>

        <!-- https://mvnrepository.com/artifact/org.apache.hado
op/hadoop-common -->
        <dependency>
            <groupId>org.apache.hadoop</groupId>
            <artifactId>hadoop-common</artifactId>
            <version>2.7.3</version>
        </dependency>
        <!-- https://mvnrepository.com/artifact/org.apache.hado
op/hadoop-hdfs -->
        <dependency>
            <groupId>org.apache.hadoop</groupId>
            <artifactId>hadoop-hdfs</artifactId>
            <version>2.7.3</version>
        </dependency>
        <!-- https://mvnrepository.com/artifact/org.apache.hado
op/hadoop-mapreduce-client-common -->
        <dependency>
            <groupId>org.apache.hadoop</groupId>
            <artifactId>hadoop-mapreduce-client-common</artifac
tId>
            <version>2.7.3</version>
        </dependency>
        <!-- https://mvnrepository.com/artifact/org.apache.hado
op/hadoop-mapreduce-client-core -->
        <dependency>
            <groupId>org.apache.hadoop</groupId>
            <artifactId>hadoop-mapreduce-client-core</artifactI
d>
            <version>2.7.3</version>
        </dependency>
    </dependencies>
</project>
```

然后创建源码目录 src\main\java。现在项目目录的文件结构为：

```
├── pom.xml
└── src
    └── main
        └── java
```

（2）代码。

```java
import java.io.DataInput;
import java.io.DataOutput;
import java.io.IOException;

import org.apache.hadoop.io.Writable;

public class FlowBean implements Writable {
    private long upFlow;
    private long dFlow;
    private long sumFlow;
```

```
    public FlowBean(){

    }

    public FlowBean(long upFlow, long dFlow){
        this.upFlow = upFlow;
        this.dFlow = dFlow;
        this.sumFlow = upFlow + dFlow;
    }

    public long getUpFlow() {
        return upFlow;
    }

    public void setUpFlow(long upFlow) {
        this.upFlow = upFlow;
    }

    public long getdFlow() {
        return dFlow;
    }

    public void setdFlow(long dFlow) {
        this.dFlow = dFlow;
    }

    public long getSumFlow() {
        return sumFlow;
    }

    public void setSumFlow(long sumFlow) {
        this.sumFlow = sumFlow;
    }

    public void write(DataOutput out) throws IOException {
        out.writeLong(upFlow);
        out.writeLong(dFlow);
        out.writeLong(sumFlow);
    }

    public void readFields(DataInput in) throws IOException {
        upFlow = in.readLong();
        dFlow = in.readLong();
        sumFlow = in.readLong();
    }

    @Override
    public String toString() {

        return upFlow + "\t" + dFlow + "\t" + sumFlow;
    }
}
```

MapReduce 程序 src/main/java/FlowCount 代码如下。

```
import java.io.IOException;

import org.apache.hadoop.conf.Configuration;
import org.apache.hadoop.fs.Path;
import org.apache.hadoop.io.LongWritable;
import org.apache.hadoop.io.Text;
import org.apache.hadoop.mapreduce.Job;
import org.apache.hadoop.mapreduce.Mapper;
import org.apache.hadoop.mapreduce.Reducer;
import org.apache.hadoop.mapreduce.lib.input.FileInputFormat;
import org.apache.hadoop.mapreduce.lib.output.FileOutputFormat;
```

```java
public class FlowCount {
    static class FlowCountMapper extends Mapper<LongWritable, T
ext, Text, FlowBean> {
        @Override
        protected void map(LongWritable key, Text value, Mapper
<LongWritable, Text, Text, FlowBean>.Context context)
                throws IOException, InterruptedException {

            // 将一行内容转成string
            String line = value.toString();
            // 切分字段
            String[] fields = line.split("\t");
            // 取出手机号
            String phoneNbr = fields[0];
            // 取出上行流量和下行流量
            long upFlow = Long.parseLong(fields[1]);
            long dFlow = Long.parseLong(fields[2]);

            context.write(new Text(phoneNbr), new FlowBean(upFl
ow, dFlow));
        }
    }

    static class FlowCountReducer extends Reducer<Text, FlowBea
n, Text, FlowBean> {
        @Override
        protected void reduce(Text key, Iterable<FlowBean> valu
es,
                Reducer<Text, FlowBean, Text, FlowBean>.Context
 context) throws IOException, InterruptedException {

            long sum_upFlow = 0;
            long sum_dFlow = 0;

            // 遍历所有bean，将其中的上行流量和下行流量分别累加
            for (FlowBean bean : values) {
                sum_upFlow += bean.getUpFlow();
                sum_dFlow += bean.getdFlow();
            }

            FlowBean resultBean = new FlowBean(sum_upFlow, sum_
dFlow);
            context.write(key, resultBean);
        }
    }

    public static void main(String[] args) throws Exception {

        Configuration conf = new Configuration();
        Job job = Job.getInstance(conf);

        // 指定本程序的JAR包所在的本地路径
        job.setJarByClass(FlowCount.class);

        // 指定本业务job要使用的Mapper/Reducer业务类
        job.setMapperClass(FlowCountMapper.class);
        job.setReducerClass(FlowCountReducer.class);

        //指定Mapper输出数据的类型
        job.setMapOutputKeyClass(Text.class);
        job.setMapOutputValueClass(FlowBean.class);

        //指定最终输出的数据的类型
        job.setOutputKeyClass(Text.class);
        job.setOutputValueClass(FlowBean.class);
```

```
        //指定job的输入原始文件所在目录
        FileInputFormat.setInputPaths(job, new Path(args[0]));
        //指定job的输出结果所在目录
        FileOutputFormat.setOutputPath(job, new Path(args[1]));

        //将job中配置的相关参数，以及job所用的Java类所在的JAR包，提交给
YARN去运行
        /*job.submit();*/
        boolean res = job.waitForCompletion(true);
        System.exit(res?0:1);
    }
}
```

（3）编译打包。

在 pom.xml 所在目录下执行打包命令 mvn package。执行完成后，会自动生成 target 目录，其中有打包好的 JAR 文件。现在项目文件结构如下。

```
├── pom.xml
├── src
│   └── main
│       └── java
│           ├── FlowBean.java
│           └── FlowCount.java
└── target
    ├── ...
    ├── mapreduce-serializebean-0.0.1-SNAPSHOT.jar
```

（4）运行。

先把 target 中的 JAR 文件上传到 Hadoop 服务器，然后下载测试数据文件。

链接：https://pan.baidu.com/s/1skTABlr

密码：tjwy

上传到 HDFS。

```
hdfs dfs -mkdir -p /flowcount/input
hdfs dfs -put flowdata.log /flowcount/input
```

运行：

```
hadoop jar mapreduce-serializebean-0.0.1-SNAPSHOT.jar FlowCount/
flowcount/input /flowcount/output2
```

检查：

```
hdfs dfs -cat /flowcount/output/*
```

2. 实例 2：合并多个小文件

1）需求与实现思路

（1）需求：要计算的目标文件中有大量的小文件，会造成分配任务和资源的开销比实际的计算开销还大，这就产生了效率损耗。需要先把一些小文件合并成一个大文件。

（2）实现思路：文件的读取由 map 方法负责，inputformat 用来读取文件，然后以键-值对形式传递给 map 方法。我们要自定义文件的读取过程，就需要了解其流程，文件读取流程如图 2-24 所示。

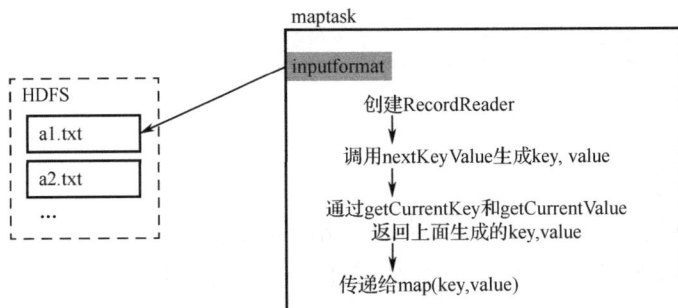

图 2-24　文件读取流程

我们需要自定义 inputformat 和 RecordReader。

inputformat 使用我们自己的 RecordReader，RecordReader 负责实现一次读取一个完整文件，并封装为键-值对。

map 方法接收到文件内容，然后以文件名为 key，以文件内容为 value，向外输出的格式要注意，要使用 SequenceFileOutputFormat。

因为 reduce 方法收到的键-值对都是对象，不是普通的文本，reduce 方法默认的输出格式是 TextOutputFormat，使用它的话，最终输出的内容就是对象 ID，所以要使用 SequenceFileOutputFormat 进行输出。

2）代码实践

（1）创建项目 inputformat，新建文件 pom.xml，内容如下。

```xml
<project xmlns="http://maven.apache.org/POM/4.0.0" xmlns:xsi="http://www.w3.org/2001/XMLSchema-instance"
    xsi:schemaLocation="http://maven.apache.org/POM/4.0.0 http://maven.apache.org/xsd/maven-4.0.0.xsd">
    <modelVersion>4.0.0</modelVersion>

    <groupId>demo.mr</groupId>
    <artifactId>mapreduce-inputformat</artifactId>
    <version>0.0.1-SNAPSHOT</version>
    <packaging>jar</packaging>

    <name>mapreduce-inputformat</name>
    <url>http://maven.apache.org</url>

    <properties>
        <project.build.sourceEncoding>UTF-8</project.build.sourceEncoding>
    </properties>

    <dependencies>
        <!-- https://mvnrepository.com/artifact/commons-beanutils/commons-beanutils -->
        <dependency>
            <groupId>commons-beanutils</groupId>
```

```
            <artifactId>commons-beanutils</artifactId>
            <version>1.9.3</version>
        </dependency>

        <!-- https://mvnrepository.com/artifact/org.apache.hado
op/hadoop-common -->
        <dependency>
            <groupId>org.apache.hadoop</groupId>
            <artifactId>hadoop-common</artifactId>
            <version>2.7.3</version>
        </dependency>
        <!-- https://mvnrepository.com/artifact/org.apache.hado
op/hadoop-hdfs -->
        <dependency>
            <groupId>org.apache.hadoop</groupId>
            <artifactId>hadoop-hdfs</artifactId>
            <version>2.7.3</version>
        </dependency>
            <groupId>org.apache.hadoop</groupId>
            <artifactId>hadoop-mapreduce-client-common</artifac
tId>
            <version>2.7.3</version>
        </dependency>
        <!-- https://mvnrepository.com/artifact/org.apache.hado
op/hadoop-mapreduce-client-core -->
        <dependency>
            <groupId>org.apache.hadoop</groupId>
            <artifactId>hadoop-mapreduce-client-core</artifactI
d>
            <version>2.7.3</version>
        </dependency>
    </dependencies>
</project>
```

然后创建源码目录 src/main/java。现在项目目录文件结构为：

```
├── pom.xml
└── src
    └── main
        └── java
```

（2）代码。

自定义 inputform：src/main/java/MyInputFormat.java，内容如下。

```java
import java.io.IOException;
import java.io.Reader;

import org.apache.hadoop.fs.Path;
import org.apache.hadoop.io.BytesWritable;
import org.apache.hadoop.io.NullWritable;
import org.apache.hadoop.mapreduce.InputSplit;
import org.apache.hadoop.mapreduce.JobContext;
import org.apache.hadoop.mapreduce.RecordReader;
import org.apache.hadoop.mapreduce.TaskAttemptContext;
import org.apache.hadoop.mapreduce.lib.input.FileInputFormat;

public class MyInputFormat extends FileInputFormat<NullWritable
, BytesWritable> {
    @Override
    protected boolean isSplitable(JobContext context, Path file
name) {
        // 设置每个小文件不可分片,保证一个小文件生成一个键-值对
        return false;
    }
```

```
    @Override
    public RecordReader<NullWritable, BytesWritable> createReco
rdReader(InputSplit split, TaskAttemptContext context)
            throws IOException, InterruptedException {

        MyRecordReader recordReader = new MyRecordReader();
        recordReader.initialize(split, context);
        return recordReader;
    }
}
```

createRecordReader 方法中创建了一个自定义的 reader。

自定义 reader：src/main/java/MyRecordReader.java，内容如下。

```
import java.io.IOException;

import org.apache.hadoop.conf.Configuration;
import org.apache.hadoop.fs.FSDataInputStream;
import org.apache.hadoop.fs.FileSystem;
import org.apache.hadoop.fs.Path;
import org.apache.hadoop.io.BytesWritable;
import org.apache.hadoop.io.IOUtils;
import org.apache.hadoop.io.NullWritable;
import org.apache.hadoop.mapreduce.InputSplit;
import org.apache.hadoop.mapreduce.RecordReader;
import org.apache.hadoop.mapreduce.TaskAttemptContext;
import org.apache.hadoop.mapreduce.lib.input.FileSplit;

public class MyRecordReader extends RecordReader<NullWritable,
BytesWritable> {

    private FileSplit fileSplit;
    private Configuration conf;
    private BytesWritable value = new BytesWritable();
    private boolean processed = false;

    @Override
    public void close() throws IOException {
    }

    @Override
    public NullWritable getCurrentKey() throws IOException, Int
erruptedException {
        return NullWritable.get();
    }

    @Override
    public BytesWritable getCurrentValue() throws IOException,
InterruptedException {
        return value;
    }

    @Override
    public float getProgress() throws IOException, InterruptedE
xception {
        return processed ? 1.0f : 0.0f;
    }

    @Override
    public void initialize(InputSplit split, TaskAttemptContext
 context) throws IOException, InterruptedException {
        this.fileSplit = (FileSplit) split;
        this.conf = context.getConfiguration();
    }
```

```
    @Override
    public boolean nextKeyValue() throws IOException, Interrupt
edException {
        if (!processed) {
            byte[] contents = new byte[(int) fileSplit.getLengt
h()];

            Path file = fileSplit.getPath();
            FileSystem fs = file.getFileSystem(conf);
            FSDataInputStream in = null;
            try {
                in = fs.open(file);
                IOUtils.readFully(in, contents, 0, contents.len
gth);

                value.set(contents, 0, contents.length);
            } finally {
                IOUtils.closeStream(in);
            }
            processed = true;
            return true;
        }
        return false;
    }

}
```

其中有 3 个核心方法：nextKeyValue、getCurrentKey、getCurrentValue。nextKeyValue
负责生成要传递给 map 方法的 key 和 value。getCurrentKey、getCurrentValue 是实际
获取 key 和 value 的方法。所以 RecordReader 的核心机制就是：通过 nextKeyValue 生
成 key 和 value，然后通过 getCurrentKey 和 getCurrentValue 来返回构造好的 key 和
value。这里的 nextKeyValue 负责把整个文件内容作为 value。

MapReduce 程序：src/main/java/ManyToOne.java，内容如下。

```
import java.io.IOException;

import org.apache.hadoop.conf.Configuration;
import org.apache.hadoop.fs.Path;
import org.apache.hadoop.io.BytesWritable;
import org.apache.hadoop.io.NullWritable;
import org.apache.hadoop.io.Text;
import org.apache.hadoop.mapreduce.InputSplit;
import org.apache.hadoop.mapreduce.Job;
import org.apache.hadoop.mapreduce.Mapper;
import org.apache.hadoop.mapreduce.lib.input.FileInputFormat;
import org.apache.hadoop.mapreduce.lib.input.FileSplit;
import org.apache.hadoop.mapreduce.lib.output.FileOutputFormat;
import org.apache.hadoop.mapreduce.lib.output.SequenceFileOutpu
tFormat;

public class ManyToOne {
    static class FileMapper extends Mapper<NullWritable, BytesW
ritable, Text, BytesWritable> {
        private Text filenameKey;
        @Override
        protected void setup(Context context)
                throws IOException, InterruptedException {

            InputSplit split = context.getInputSplit();
            Path path = ((FileSplit) split).getPath();
            filenameKey = new Text(path.toString());
        }
        @Override
        protected void map(NullWritable key, BytesWritable valu
e, Context context)
```

```
            throws IOException, InterruptedException {
            context.write(filenameKey, value);
        }
    }

    public static void main(String[] args) throws Exception {
        Configuration conf = new Configuration();
        Job job = Job.getInstance(conf);
        job.setJarByClass(ManyToOne.class);

        job.setInputFormatClass(MyInputFormat.class);
        job.setOutputFormatClass(SequenceFileOutputFormat.class
);

        job.setOutputKeyClass(Text.class);
        job.setOutputValueClass(BytesWritable.class);
        job.setMapperClass(FileMapper.class);

        FileInputFormat.setInputPaths(job, new Path(args[0]));
        FileOutputFormat.setOutputPath(job, new Path(args[1]));

        job.waitForCompletion(true);
    }
}
```

main 程序中指定使用我们自定义的 MyInputFormat，输出使用 SequenceFileOutputFormat。

（3）编译打包。

在 pom.xml 所在目录下执行打包命令 mvn package。执行完成后，会自动生成 target 目录，其中有打包好的 JAR 文件。现在项目文件结构为：

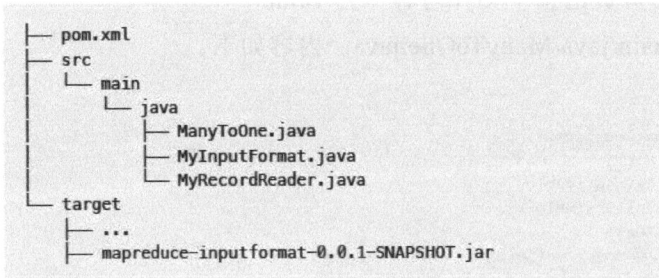

```
├── pom.xml
├── src
│   └── main
│       └── java
│           ├── ManyToOne.java
│           ├── MyInputFormat.java
│           └── MyRecordReader.java
└── target
    ├── ...
    ├── mapreduce-inputformat-0.0.1-SNAPSHOT.jar
```

（4）运行。

先把 target 中的 JAR 文件上传到 Hadoop 服务器。准备测试文件，把 Hadoop 目录中的配置文件上传到 HDFS。

```
hdfs dfs -mkdir /files
hdfs dfs -put $HADOOP_HOME/etc/hadoop/*.xml /files
```

运行：

```
hadoop jar mapreduce-inputformat-0.0.1-SNAPSHOT.jar ManyToOne /
files /onefile
```

检查：

```
hdfs dfs -ls /onefile
```

3．实例 3：计算出用户间的共同好友

1）需求与实现思路

（1）需求：下面是用户的好友关系列表，每一行代表一个用户和他的好友列表。

```
A:B,C,D,F,E,O
B:A,C,E,K
C:F,A,D,I
D:A,E,F,L
E:B,C,D,M,L
F:A,B,C,D,E,O,M
G:A,C,D,E,F
H:A,C,D,E,O
I:A,O
J:B,O
K:A,C,D
L:D,E,F
M:E,F,G
O:A,H,I,J
```

需要求出哪些人两两之间有共同好友，以及他们的共同好友都是谁。例如从前两条记录中可以看出，C、E 是 A、B 的共同好友，最终的形式如下。

```
A-B    E C
A-C    D F
A-D    E F
A-E    D B C
A-F    O B C D E
```

（2）实现思路：之前的示例中只使用了一个 MapReduce，这里我们使用两个 MapReduce 来实现。

第 1 个 MapReduce，找出每个用户都是谁的好友。例如，读一行 A:B,C,D,F,E,O（A 的好友有这几个，反过来，这些人中的每一个都是 A 的好友）。

输出，再读一行 B:A,C,E,K

输出：……

reduce

key 相同的会分到一组，例如：

key:C

value: [A, B, E, F, G]

意义是 C 是这些用户的好友。

遍历 value 就可以得到：

AB 有共同好友 C

AE 有共同好友 C

……

BE 有共同好友 C

BF 有共同好友 C

输出：……

第 2 个 MapReduce，对上一步的输出结果进行计算。读出上一步的结果数据，组织成 key 和 value 直接输出。例如：

读入一行

直接输出

reduce

读入数据，key 相同的在一组

……

输出：A-B C,F,G,…

这样就得出了两个用户间的共同好友列表。

2）代码实践

（1）创建项目，新建项目目录 jointest，新建文件 pom.xml，内容如下。

```xml
<project xmlns="http://maven.apache.org/POM/4.0.0" xmlns:xsi="h
ttp://www.w3.org/2001/XMLSchema-instance"
    xsi:schemaLocation="http://maven.apache.org/POM/4.0.0 http:
//maven.apache.org/xsd/maven-4.0.0.xsd">
    <modelVersion>4.0.0</modelVersion>

    <groupId>demo.mr</groupId>
    <artifactId>mapreduce-friends</artifactId>
    <version>0.0.1-SNAPSHOT</version>
    <packaging>jar</packaging>

    <name>mapreduce-friends</name>
    <url>http://maven.apache.org</url>

    <properties>
        <project.build.sourceEncoding>UTF-8</project.build.sour
ceEncoding>
    </properties>

    <dependencies>
        <!-- https://mvnrepository.com/artifact/commons-beanuti
ls/commons-beanutils -->
        <dependency>
            <groupId>commons-beanutils</groupId>
            <artifactId>commons-beanutils</artifactId>
            <version>1.9.3</version>
        </dependency>

        <!-- https://mvnrepository.com/artifact/org.apache.hado
op/hadoop-common -->
        <dependency>
            <groupId>org.apache.hadoop</groupId>
            <artifactId>hadoop-common</artifactId>
            <version>2.7.3</version>
        </dependency>
        <!-- https://mvnrepository.com/artifact/org.apache.hado
op/hadoop-hdfs -->
        <dependency>
            <groupId>org.apache.hadoop</groupId>
            <artifactId>hadoop-hdfs</artifactId>
            <version>2.7.3</version>
        </dependency>
        <!-- https://mvnrepository.com/artifact/org.apache.hado
op/hadoop-mapreduce-client-common -->
```

```
        <dependency>
            <groupId>org.apache.hadoop</groupId>
            <artifactId>hadoop-mapreduce-client-common</artifac
tId>
            <version>2.7.3</version>
        </dependency>
        <!-- https://mvnrepository.com/artifact/org.apache.hado
op/hadoop-mapreduce-client-core -->
        <dependency>
            <groupId>org.apache.hadoop</groupId>
            <artifactId>hadoop-mapreduce-client-core</artifactI
d>
            <version>2.7.3</version>
        </dependency>
    </dependencies>
</project>
```

然后创建源码目录 src/main/java。现在项目目录的文件结构为：

```
├── pom.xml
└── src
    └── main
        └── java
```

（2）代码。

第一步的 MapReduce 程序为 src/main/java/StepFirst.java，内容如下。

```java
import java.io.IOException;

import org.apache.hadoop.conf.Configuration;
import org.apache.hadoop.fs.Path;
import org.apache.hadoop.io.LongWritable;
import org.apache.hadoop.io.Text;
import org.apache.hadoop.mapreduce.Job;
import org.apache.hadoop.mapreduce.Mapper;
import org.apache.hadoop.mapreduce.Reducer;
import org.apache.hadoop.mapreduce.lib.input.FileInputFormat;
import org.apache.hadoop.mapreduce.lib.output.FileOutputFormat;

public class StepFirst {
    static class FirstMapper extends Mapper<LongWritable, Text,
 Text, Text> {
        @Override
        protected void map(LongWritable key, Text value, Mapper
<LongWritable, Text, Text, Text>.Context context)
                throws IOException, InterruptedException {

            String line = value.toString();
            String[] arr = line.split(":");
            String user = arr[0];
            String friends = arr[1];

            for(String friend : friends.split(",")){
                context.write(new Text(friend), new Text(user))
;
            }
        }
    }

    static class FirstReducer extends Reducer<Text, Text, Text,
 Text> {
        @Override
        protected void reduce(Text friend, Iterable<Text> users
, Context context)
                throws IOException, InterruptedException {
```

```
            StringBuffer buf = new StringBuffer();
            for(Text user : users){
                buf.append(user).append(",");
            }

            context.write(new Text(friend), new Text(buf.toStri
ng()));
        }
    }

    public static void main(String[] args) throws Exception {
        // 创建任务
        Configuration conf = new Configuration();
        Job job = Job.getInstance(conf);
        job.setJarByClass(StepFirst.class);

        // 任务输出类型
        job.setOutputKeyClass(Text.class);
        job.setOutputValueClass(Text.class);

        // 指定 map和reduce
        job.setMapperClass(FirstMapper.class);
        job.setReducerClass(FirstReducer.class);

        // 输入文件路径、输出路径
        FileInputFormat.setInputPaths(job, new Path(args[0]));
        FileOutputFormat.setOutputPath(job, new Path(args[1]));

        // 提交任务
        job.waitForCompletion(true);

    }
}
```

第二步的 MapReduce 程序为 src/main/java/StepSecond.java，内容如下。

```
import java.io.IOException;
import java.util.Arrays;

import org.apache.hadoop.conf.Configuration;
import org.apache.hadoop.fs.Path;
import org.apache.hadoop.io.LongWritable;
import org.apache.hadoop.io.Text;
import org.apache.hadoop.mapreduce.Job;
import org.apache.hadoop.mapreduce.Mapper;
import org.apache.hadoop.mapreduce.Reducer;
import org.apache.hadoop.mapreduce.lib.input.FileInputFormat;
import org.apache.hadoop.mapreduce.lib.output.FileOutputFormat;

public class StepSecond {
    static class SecondMapper extends Mapper<LongWritable, Text
, Text, Text> {
        @Override
        protected void map(LongWritable key, Text value, Mapper
<LongWritable, Text, Text, Text>.Context context)
                throws IOException, InterruptedException {

            String line = value.toString();
            String[] friend_users = line.split("\t");

            String friend = friend_users[0];
            String[] users = friend_users[1].split(",");

            Arrays.sort(users);

            for(int i=0; i<users.length - 1; i++){
                for(int j=i+1; j<users.length; j++){
                    // 这两个人有共同的好友
```

```
                          context.write(new Text(users[i] + "-" + use
rs[j]), new Text(friend));
                    }
                }
            }
        }

        static class SecondReducer extends Reducer<Text, Text, Text
, Text> {
            @Override
            protected void reduce(Text user_user, Iterable<Text> fr
iends, Context context)
                    throws IOException, InterruptedException {

                StringBuffer buf = new StringBuffer();
                for(Text friend : friends){
                    buf.append(friend).append(" ");
                }

                context.write(user_user, new Text(buf.toString()));
            }
        }

        public static void main(String[] args) throws Exception {
            // 创建任务
            Configuration conf = new Configuration();
            Job job = Job.getInstance(conf);
            job.setJarByClass(StepSecond.class);

            // 任务输出类型
            job.setOutputKeyClass(Text.class);
            job.setOutputValueClass(Text.class);

            // 指定 map 和 reduce
            job.setMapperClass(SecondMapper.class);
            job.setReducerClass(SecondReducer.class);

            // 输入文件路径、输出路径
            FileInputFormat.setInputPaths(job, new Path(args[0]));
            FileOutputFormat.setOutputPath(job, new Path(args[1]));

            // 提交任务
            job.waitForCompletion(true);
        }
    }
}
```

（3）编译打包。

在 pom.xml 所在目录下执行打包命令 mvn package。

执行完成后，会自动生成 target 目录，其中有打包好的 JAR 文件。现在项目文件结构为：

```
├── pom.xml
├── src
│   └── main
│       └── java
│           ├── StepFirst.java
│           └── StepSecond.java
└── target
    ├── ...
    └── mapreduce-friends-0.0.1-SNAPSHOT.jar
```

（4）运行。

先把 target 中的 JAR 文件上传到 Hadoop 服务器，下载测试数据文件。

链接：https://pan.baidu.com/s/1o8fmfbG

密码：kbut

上传到 HDFS：

```
hdfs dfs -mkdir -p /friends/input
hdfs dfs -put friendsdata.txt /friends/input
```

运行第一步：

```
hadoop jar mapreduce-friends-0.0.1-SNAPSHOT.jar StepFirst /frie
nds/input/friendsdata.txt /friends/output01
```

运行第二步：

```
hadoop   jar   mapreduce-friends-0.0.1-SNAPSHOT.jar   StepSecond
/friends/output01/part-r-00000 /friends/output02
```

查看结果：

```
hdfs dfs -ls /friends/output02hdfs dfs -cat /friends/output02/*
```

【思考题】

1．大数据处理平台包括哪些部分？有哪些功能？

2．简要说明目前广泛使用的三大分布式计算系统。

3．大数据处理平台的特点有哪些？

4．Lambda 架构的优点和缺点是什么？

5．Kappa 架构的优点和缺点是什么？

6．Hadoop 有哪些典型特性？

7．Hadoop 项目包括（　　）。

A．Hadoop Distributed File System（HDFS）

B．Hadoop MapReduce 编程模型

C．Hadoop Streaming

D．Hadoop Common

第3章 大数据的采集及预处理

任何完整的大数据平台一般包括以下几个部分：数据采集、数据存储、数据处理、数据展现（可视化、报表和监控）。其中，数据采集是所有数据系统必不可少的。随着大数据越来越受重视，数据采集也变得尤为突出，这给我们带来了许多挑战，第一个挑战就是在大量的数据中收集需要的数据。数据源多种多样，数据量大、变化快，如何保证数据采集的可靠性？如何避免重复数据？如何保证数据的质量？

3.1 大数据采集

3.1.1 大数据采集简介

1. 大数据的来源

世上本没有数据，一切数据都是人为的产物。大数据主要来源于现实世界、人类记录和计算机生成三个方面，如图3-1所示。

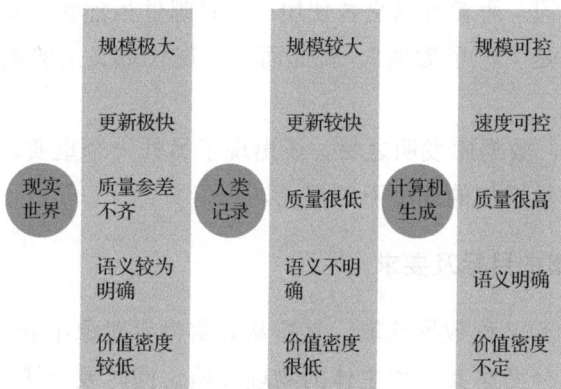

图3-1 大数据的来源

传统意义上的"数据"，是指"有根据的数字"，数字之所以产生，是因为人类在实践中发现，仅仅用语言、文字和图形来描述这个世界是不精确的，也是远远不够的。例如，有人问"姚明有多高"，如果回答说"很高""非常高""最高"，别人听了，只能得到一个抽象的印象，因为每个人对"很""非常"有不同的理解，"最"也是相对的，但如果回答"2.26米"，就一清二楚了。除了描述世界，数据还是我们改造世界的重要工具。人类的一切生产、交换活动，可以说都是以数据为基础展开的，例如度量衡、货币的背后都是数据，它们的发明和出现，都极大地推动了人类文明的进步。

数据最早来源于测量，所谓"有根据的数字"，是指数据是对客观世界测量结果的记录，而不是随意产生的。测量是从古至今科学研究最主要的手段，可以说，没有测量，就没有科学；也可以说，一切科学的本质都是测量。就此而言，数据之于科学的重要性，就像语言之于文学、音符之于音乐、形色之于美术一样，离开数据，就没有科学可言。

除了测量，新数据还可以由老数据经计算衍生而来。测量和计算都是人为的。我们说的"原始数据"，并不是"原始森林"这个意义上的"原始"，原始森林是指天然就存在的，而原始数据仅仅是指第一手的、没有经过人为修改的数据。

传统意义上的数据，和信息、知识也是完全不同的概念。数据是信息的载体，信息是有背景的数据，而知识是经过人类的归纳和整理，最终呈现规律的信息。但进入信息时代之后，"数据"二字的内涵开始扩大，不仅指代"有根据的数字"，还统指一切保存在计算机中的信息，包括文本、图片、视频等。其中的原因是，20世纪60年代软件科学取得了巨大进步，发明了数据库。此后，数字、文本、图片都不加区分地保存在计算机的数据库中，数据也逐渐成为"数字、文本、图片、视频"等的统称，即"信息"的代名词。

文本、音频、视频本身就已经是信息了，而且其来源也不是对世界的测量，而是对世界的一种记录，所以信息时代的数据又多了一个来源：记录。进入信息时代之后，数据成为信息的代名词，两者可以交替使用。一封邮件虽然包含很多信息，但从技术的角度出发，可能还是"一个数据"，就此而言，现代意义上的数据的范畴其实比信息还大。

除了内涵的扩大，数据库发明之后，还出现了另外一个重要现象，那就是数据的总量在不断增加，而且增加的速度不断提高。

2．多源数据采集的目标及要求

数据采集（DAQ）又称数据获取，是指从真实世界对象中获得原始数据的过程。数据采集的过程要充分考虑其产生主体的物理性质，同时要兼顾数据应用的特点。

数据采集的目的是测量电压、电流、温度、压力或声音等物理现象。基于PC的数据采集，通过模块化硬件、应用软件和计算机的结合，进行测量。尽管数据采集系统根据不同的应用需求有不同的定义，但各个系统采集、分析和显示信息的目的都相同。数据采集系统整合了信号、传感器、激励器、信号调理、数据采集设备和应用软件。

数据采集的限制因素：资源有限。

数据采集的目标：有价值数据最大化，无价值数据最小化，和现实对象的偏差最小化。

数据采集的特殊要求：可靠性、时效性。

3．多源数据的采集方式

下面介绍几种针对各种软件系统的数据采集的方式方法，重点关注它们的实现过程、各自的优缺点。

1）软件接口对接方式

各个软件厂商提供数据接口，实现数据汇集，为客户构建业务大数据平台。接口对接方式的数据可靠性较高，一般不存在数据重复的情况，且都是客户业务大数据平台需要的有价值的数据；同时数据通过接口实时传递过来，完全满足了大数据平台对于实时性的要求。

但是接口对接方式须花费大量人力和时间协调各个软件厂商做数据接口对接；同时其扩展性不佳，比如：由于业务需要各软件系统开发出新的业务模块，其和大数据平台之间的数据接口也需要做相应的修改和变动，甚至要推翻以前的所有数据接口编码，工作量很大且耗时长。

2）开放数据库方式

一般情况下，来自不同公司的系统，不太会开放自己的数据库给对方链接，因为这样会有安全问题。为实现数据的采集和汇聚，开放数据库是最直接的一种方式。不同类型的数据库之间的链接就比较麻烦，需要做很多设置才能生效，这里不做详细说明。

开放数据库方式可以直接从目标数据库中获取需要的数据，准确性很高，是最直接、便捷的一种方式，同时实时性也有保证。开放数据库方式需要协调各个软件厂商开放数据库，其难度很大；一个平台如果要同时链接很多个软件厂商的数据库，并且实时获取数据，这对平台本身的性能也是巨大的挑战。

3）基于底层数据交换的数据直接采集方式

异构数据采集的原理是通过获取软件系统的底层数据交换、软件客户端和数据库之间的网络流量包，进行流量包分析，采集到应用数据，同时还可以利用仿真技术模拟客户端请求，实现数据的自动写入。

实现过程如下：使用数据采集引擎对目标软件的内部数据交换（网络流量、内存）进行侦听，再把其中所需的数据分析出来，经过一系列处理和封装，保证数据的唯一性和准确性，并且输出结构化数据。经过相应配置，实现数据采集的自动化。基于底层数据交换的数据直接采集方式的技术特点如下：

（1）独立抓取，不需要软件厂家配合；

（2）实时数据采集，数据端到端的延迟在数秒之内；

（3）兼容 Windows 平台的几乎所有软件（C/S 和 B/S），作为数据挖掘、大数据分析的基础；

（4）自动建立数据间关联；

（5）配置简单、实施周期短；

（6）支持自动导入历史数据。

目前，由于数据采集融合技术的缺失，往往依靠各软件原厂商研发数据接口才能实现数据互通，不仅需要投入大量的时间、精力与资金，还可能因为系统开发团队解体、源代码丢失等原因出现"死局"，导致数据采集融合实现难度极大。在如此急迫的需求环境下基于底层数据交换的数据直接采集方式应运而生，从各式各样的软件系统中开采数据，源源不断获取所需的精准、实时的数据，自动建立数据关联，输出利用率极高的结构化数据，让数据有序、安全、可控地流动到有需要的企业和用户端，让不同系统的数据源实现联动流通，为客户提供决策支持、提高运营效率、产生经济价值。

4．影响数据采集准确性的原因

在进行数据统计时，我们经常会对数据的准确性产生怀疑。我们经常也会发现，用第三方统计工具所得到的数据和业务数据库中的数据对不上。如果出现较大偏差，比如200%的偏差，就很容易发现数据是不对的。但如果数据只有5%的偏差，就可能很难感受到。但是，数据的偏差对分析问题存在潜在的消极影响，下面简要介绍引起数据不准确的原因。

1）网络异常

网络异常是导致数据不准确的直接原因之一。比如我们在使用 App 时，可能因为网络异常，导致用户的操作行为并没有被及时发送到统计服务器端；或者这些服务是公共的 SaaS 服务，在一些网络的高峰期，同时有大批的 App 用户向服务提供商发送行为数据，这样就容易导致网络拥堵，容易导致某些请求丢失，造成数据不准确；再者为了应对网络异常，我们通常会采用重传、间隔上传之类的策略，而这些策略由于标准不统一，也会带来统计的不一致。对于 App 来说，在发送过程中，缓存到本地的数据如果到达上限，可能会造成部分数据丢弃。JS SDK 通过同步发送，更容易出现丢失。

2）统计口径不同

活跃用户应该如何统计？启动 App 就属于活跃？还是首页加载完成才算活跃？用户是否要完成其他关键行为？这里就极易出现偏差。如何定义一个新用户？有多久没有再次应用产品才算新用户？另外，由于用户 Cookie 被清除的处理策略不同等因素，看似同一指标，却会造成实际数值的偏差。

3）代码质量问题

一方面，由于众多的手机生产厂商及手机操作系统的发行版本，以及 App 的开发框架和程序代码质量等问题，可能会导致 SDK 在某些情况下不能被有效调用，或者重复发送，这样也会导致数据的准确性问题。另一方面，负责埋点的工程师，可能因人为失误漏掉某些行为事件的采集。

4）无效请求

比如竞争对手的恶意攻击、Spider 等进行的抓取操作，都会导致数据的异常。总的来说，我们并不能保证数据的绝对准确，毕竟代价太大。对于业务统计分析，没有必要像银行的转账系统那样具有高度的数据准确性，但我们可以采用一系列策略来提升数据准确性，让关键行为可以接近100%的准确率。

5. 如何正确选择数据采集方式

要真正实现精细化运营，企业数据采集所采用的埋点方式不应"千企一面"，而应该"因企而异"。

1）全埋点与代码埋点

如果仅仅为了看看宏观数据，并没有精细化分析需求，并且是对客户端做的分析，这种情况下全埋点是一种比较省事的选择。如阅读类、词典类工具性 App 的企业客户，在其发展初期的产品运营阶段，产品功能较为基础，无明确业务数据、交易数据，仅通过 UV、PV、点击量等基本指标分析即可满足需求。如果全埋点还采集了渠道来源信息，则可以进行不同的渠道来源对比。如图 3-2 所示是某广告企业通过全埋点的方式采集数据后了解用户渠道来源，并分析不同渠道和不同推广方式的投放效果。一旦企业有复杂的分析需求，就必须进行代码埋点，否则数据无法进行灵活下钻。

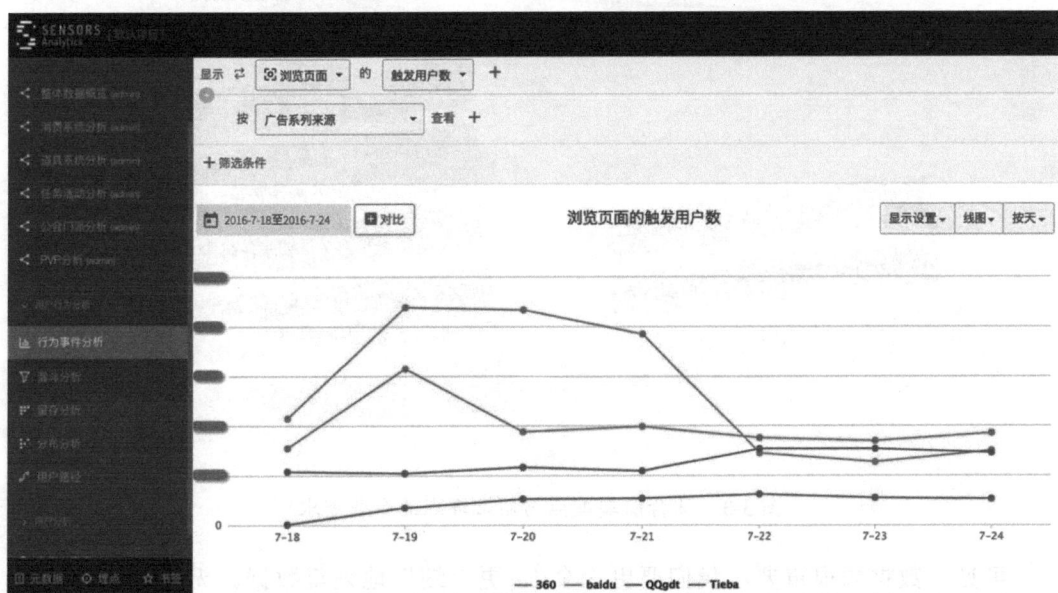

图 3-2　不同渠道和不同推广方式的投放效果分析

2）前端埋点与后端埋点

在产品运营的初期，产品功能比较简单，可以采用前端埋点。或者有些行为没有和后端进行交互操作，比如有些游戏是离线运行的，就比较适合前端埋点。

为了保证核心数据的准确性，我们更推荐后端埋点。当前后端都可以实现数据采集时，应优先考虑后端（代码）埋点，尤其在各行业中有特殊业务需求的数据，更是强烈建议通过后端（代码）埋点方式采集。总的来说，后端（代码）埋点，或者"后端（代码）埋点+全埋点"方案，适合有深度数据分析需求的企业。

比如对于游戏产品来说，有时玩家已经退出游戏，但是链接还在，这时前端采集就不准，无法正确衡量服务器的负载情况、数据库的压力情况等，而后端埋点则可以解决这一问题。再如，NPC（非玩家控制角色）状态、副本状态、经济系统实时状态等统计类数据，这些是前端埋点无法统计到的，而在后端采集数据可根据实际情节灵活完成数据统计工作。所以，包含用户资产数据、用户账户体系相关数据、风控辅助数据等重要业务数据的网站或 App 的企业和对数据安全要求比较高的企业，都更适合后端埋点。

从后端采集数据，例如采集后端的日志，实质上是将数据采集的传输与加密交给了产品本身，认为产品本身的后端数据是可信的。而后端采集数据到分析系统中则通过内网进行传输，这个阶段不存在安全和隐私问题。同时，内网传输基本不会因为网络原因丢失数据，所以传输的数据可以非常真实地反映用户行为。

如图 3-3 所示，总结了适合前端埋点和后端埋点的企业需求。

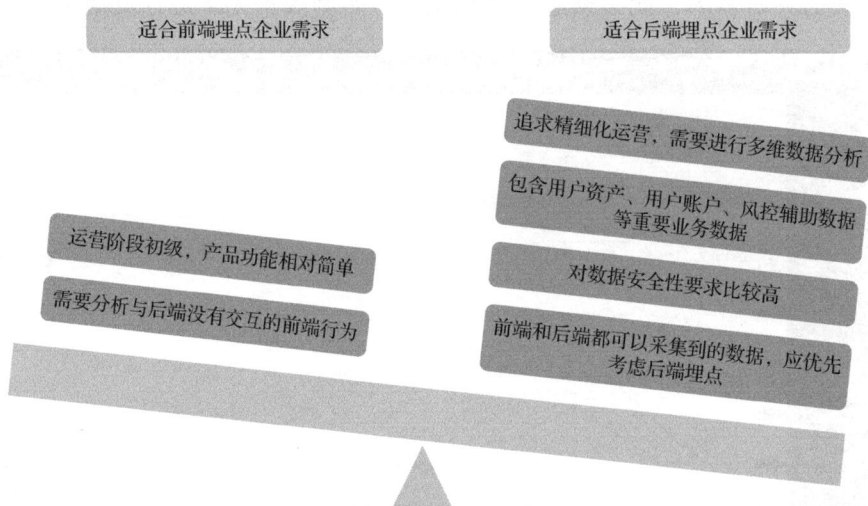

图 3-3　适合前端埋点与后端埋点的企业需求

可见，数据源很重要，我们要更"全"、更"细"地采集数据。无论是埋点还是使用后端实时或批量数据导入工具采集，这些都是手段，需要根据不同的应用场景，灵活设计数据采集方案。

3.1.2　常用大数据采集工具

数据采集最传统的方式是企业自己采集生产系统产生的数据，除上述生产系统中的数据外，企业的信息系统还充斥着大量的用户行为数据、日志式的活动数据、事件信息等，越来越多的企业通过架设日志采集系统来保存这些数据，希望通过这些数据获取商业或社会价值。

下面介绍目前可用的六款数据采集工具，重点关注它们是如何做到数据的高可靠、高性能和高扩展的。

1. Apache Flume

Flume 是 Apache 旗下的一款开源、高可靠、高扩展、容易管理、支持客户扩展的数据采集系统。Flume 使用 JRuby 来构建，所以依赖 Java 运行环境。Flume 最初由 Cloudera 的工程师设计用于合并日志数据的系统，后来逐渐发展用于处理流数据事件，如图 3-4 所示。Flume 设计成一个分布式的管道架构，可以看作在数据源和目的地之间有一个 Agent 的网络，支持数据路由，如图 3-5 所示。

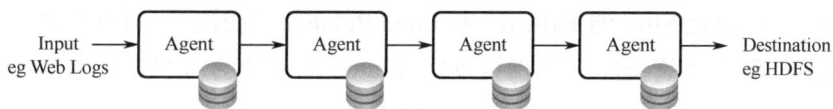

图 3-4　Apache Flume

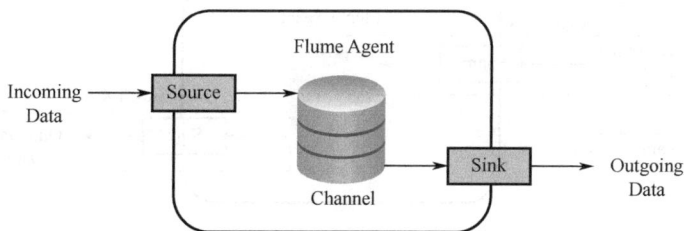

图 3-5　Flume 架构

在 Flume 中，外部输入称为 Source（源），系统输出称为 Sink（接收端）。Channel（通道）把 Source 和 Sink 连接在一起，Flume 体系如图 3-6 所示。

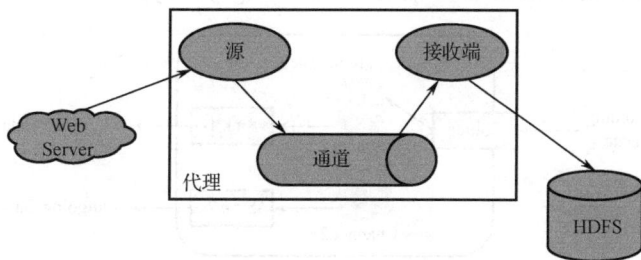

图 3-6　Flume 体系

每一个 Agent 都由 Source、Channel 和 Sink 组成。

1) Source

Source 负责接收输入数据,并将数据写入管道。Flume 的 Source 支持 HTTP、JMS、RPC、NetCat、Exec、Spooling。其中 Spooling 支持监视一个目录或者文件,解析其中新生成的事件。

2) Channel

Channel 缓存从 Source 到 Sink 的中间数据。Channel 可以使用内存、文件、JDBC等。使用内存性能高但不持久,有可能丢失数据。使用文件更可靠,但性能不如内存。

3) Sink

Sink 负责从管道中读出数据并发给下一个 Agent 或者最终的目的地。Sink 支持的不同目的地种类包括 HDFS、HBase、Solr、Elasticsearch、File、Logger 或者其他 Flume Agent。Flume 在 Source 和 Sink 端都使用了 Transaction 机制保证在数据传输中没有数据丢失。Source 上的数据可以复制到不同的通道上。每一个 Channel 也可以连接不同数量的 Sink。这样连接不同配置的 Agent 就可以组成一个复杂的数据收集网络。通过对 Agent 的配置,可以组成一个路由复杂的数据传输网络。配置如图 3-7 所示的 Agent 结构,Flume 支持设置 Sink 的 Failover 和 Load Balance,这样就可以保证在一个 Agent 失效的情况下,整个系统仍能正常收集数据。Flume 中传输的内容定义为事件(Event),事件由 Headers(包含元数据)和 Payload 组成。

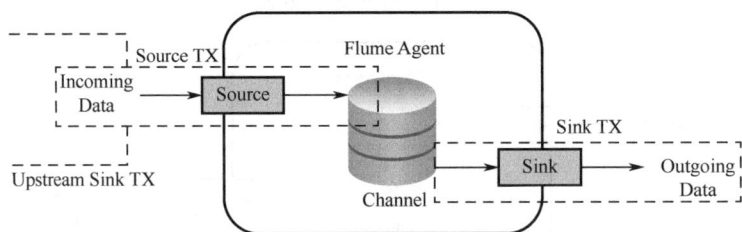

图 3-7　Agent 结构

Flume 提供 SDK,可以支持用户定制开发。Flume 客户端负责在事件产生的源头把事件发送给 Flume 的 Agent,如图 3-8 所示。客户端通常和产生数据源的应用在同一个进程空间。常见的 Flume 客户端有 Avro、Log4j、Syslog 和 HTTP Post。

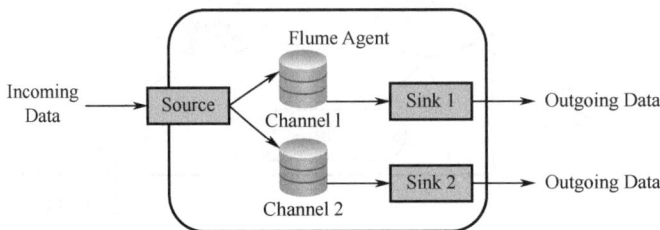

图 3-8　Flume 客户端负责在事件产生的源头把事件发送给 Flume 的 Agent

另外，Exec Source 支持指定一个本地进程的输出作为 Flume 的输入。当然很有可能，以上的这些客户端都不能满足需求，用户可以定制客户端，和已有的 Flume 的 Source 进行通信，或者定制一种新的 Source 类型（图 3-9）。

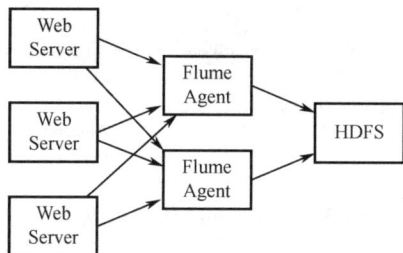

图 3-9　一种新的 Source 类型

同时，用户可以使用 Flume 的 SDK 定制 Source 和 Sink。

2．Fluentd

Fluentd 是另一个开源的数据收集框架，如图 3-10 所示。Fluentd 使用 C/Ruby 开发，使用 JSON 文件来统一日志数据。它的可插拔架构支持各种不同种类和格式的数据源和数据输出。它同时提供了高可靠性和很好的扩展性。Treasure Data 对该产品提供支持和维护。

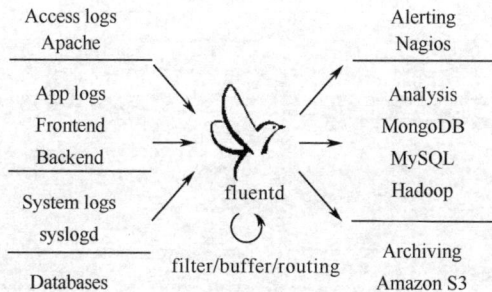

图 3-10　Fluentd

Fluentd 的部署和 Flume 非常相似，如图 3-11 所示。

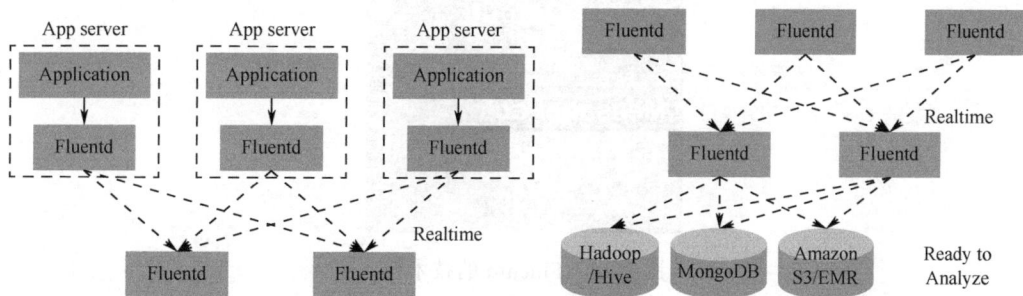

图 3-11　Fluentd 的部署

Fluentd 的架构设计和 Flume 如出一辙，Input/Buffer/Output 非常类似于 Flume 的 Source/Channel/Sink，如图 3-12 所示。

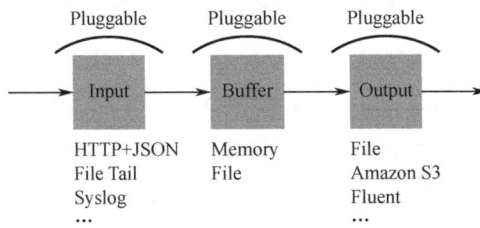

图 3-12　Fluentd 的架构设计

1）Input

Input 负责接收数据或者主动抓取数据，支持 Syslog、HTTP、File Tail 等。

2）Buffer

Buffer 负责数据获取的性能和可靠性，有文件或内存等不同类型的 Buffer 可供配置。

3）Output

Output 负责输出数据到目的地。Fluentd 的配置如图 3-13 所示。Fluentd 的技术栈如图 3-14 所示。

图 3-13　Fluentd 的配置

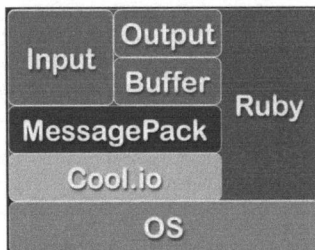

图 3-14　Fluentd 的技术栈

Fluentd 和其插件都由 Ruby 开发，MessagePack 提供了 JSON 的序列化和异步的并行通信 RPC 机制，MessagePack 与 JSON 见表 3-1。Cool.io 是基于 Libev 的事件驱动框架。

表 3-1　MessagePack 与 JSON

	JSON		MessagePack	
null	null	4 bytes	c0	1 byte
Integer	10	2 bytes	0a	1 byte
Array	[20]	4 bytes	91　14	2 bytes
String	"30"	4 bytes	a2 '3' '0'	3 bytes
Map	{"40":null}	11 bytes	81　a2 '4' '9' c0	5 bytes

由于其简单的结构，Fluentd 的核心只包含 3000 行 Ruby 程序。Fluentd 收集各种输入源的事件并将它们写入输出接收器。输入源有 HTTP、Syslog、Apache Log。输出源有 Files、Mail、RDBMS databases、NoSQL storages。图 3-15 显示了 Fluentd 输入和输出的基本思想。

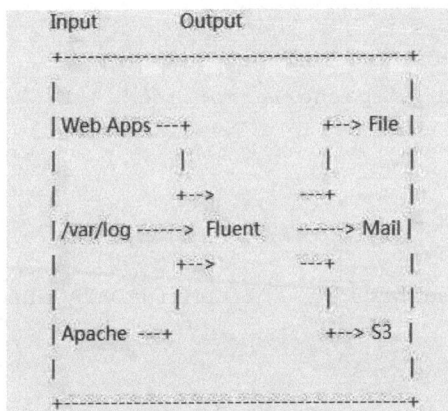

图 3-15　Fluentd 输入和输出的基本思想

Fluentd 的扩展性非常好，客户可以自己定制（Ruby）Input/Buffer/Output。

Fluentd 从各方面看都很像 Flume，区别是使用 Ruby 开发，Footprint 会小一些，但是也带来了跨平台的问题，不支持 Windows 平台。另外采用 JSON 统一数据/日志格式是它的另一个特点。相对于 Flume，Fluentd 配置也简单一些。

3．Logstash

Logstash 是著名的开源数据栈 ELK（Elasticsearch、Logstash、Kibana）中的那个 "L"。Logstash 用 JRuby 开发，所有运行时依赖 JVM。

Logstash 的部署架构如图 3-16 所示，当然这只是其中一种部署。

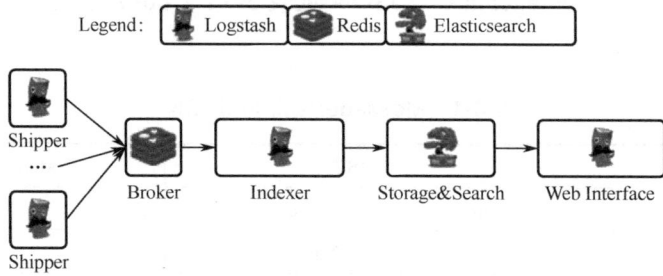

图 3-16　Logstash 的部署架构

一个典型的 Logstash 的配置如下，包括了 Input、Filter 和 Output 的设置。

```
input {
 file {
type => "apache-access"
path => "/var/log/apache2/other_vhosts_access.log"
}
file {
type => "apache-error"
path => "/var/log/apache2/error.log"
}
 }
 filter {
 grok {
match => { "message" => "%{COMBINEDAPACHELOG}" }
  }
 date {
match => [ "timestamp" , "dd/MMM/yyyy:HH:mm:ss Z" ]
  }
 }
output {
stdout { }
redis {
host => "192.168.1.200"
data_type => "list"
key => "logstash"
}
}
```

几乎在大部分的情况下 ELK 作为一个栈是被同时使用的，所以在数据系统使用 Elasticsearch 的情况下，Logstash 是首选。

4．Chukwa

Chukwa 是 Apache 旗下另一个开源的数据收集平台，它远没有其他几个有名。Chukwa 基于 Hadoop 的 HDFS 和 MapReduce 来构建（显而易见，它用 Java 实现），提供扩展性和可靠性。Chukwa 同时提供对数据的展示、分析和监视。Chukwa 的部署架构如图 3-17 所示，主要单元有 Agent、Collectors、DataSink、ArchiveBuilder、Demux 等，看上去相当复杂。

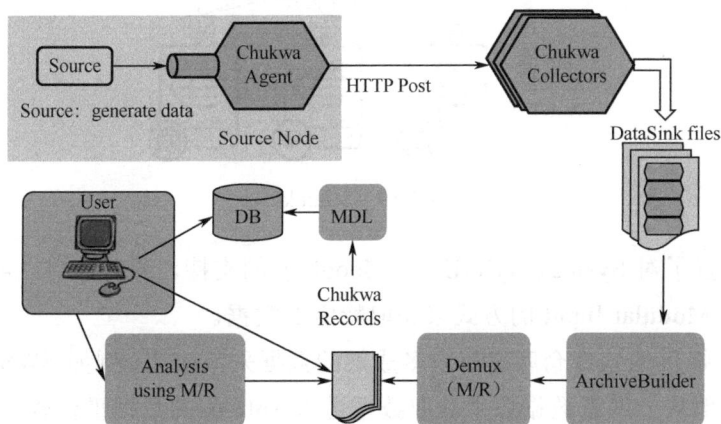

图 3-17　Chukwa 的部署架构

5．Scribe

Scribe 是 Facebook 开发的数据（日志）收集系统，如图 3-18 所示。

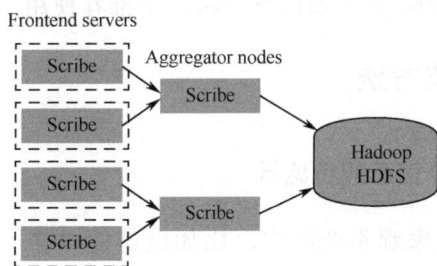

图 3-18　Scribe

6．Splunk

Splunk 提供完整的数据采集、数据存储、数据分析和处理，以及数据展现的能力。Splunk 是一个分布式的机器数据平台，如图 3-19 所示。

Distributed Search 负责数据的搜索和处理，提供搜索时的信息抽取。

Indexers 负责数据的存储和索引。

Forwarders 负责数据的收集、清洗、变形，并发送给 Indexers。

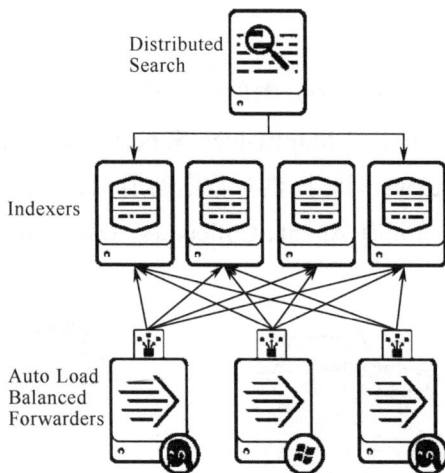

图 3-19　Splunk

Splunk 内置了对 Syslog、TCP/UDP、Spooling 的支持，同时，用户可以通过开发 Script Input 和 Modular Input 的方式来获取特定的数据。

在 Splunk 提供的软件仓库里有很多成熟的数据采集应用，例如 AWS、DBConnect 等，可以方便地从云或者数据库中获取数据进入 Splunk 的数据平台做分析。

上面简单讨论了几种流行的数据收集平台，它们大都提供高可靠和高扩展的数据收集。大多数平台都抽象出了输入、输出和中间的缓冲的架构。利用分布式的网络连接，大多数平台都能实现一定程度的扩展性和高可靠性。其中 Flume、Fluentd 是两个应用较多的产品。如果用 Elasticsearch，Logstash 也许是首选，因为 ELK 栈提供了很好的集成。Chukwa 和 Scribe 由于项目不活跃，不推荐使用。

3.1.3　常用的数据采集方法

1. 用于采集物理世界信息的传感器

说到传感器，相信大家都不会陌生，比如微信的"摇一摇"就用到了加速度传感器。

1）传感器的定义

传感器是一种物理设备或者生物器官，能够探测、感受外界的信号、物理条件（如光、热、湿度）或化学组成（如烟雾），并将探知的信息传递给其他的设备或者器官。

2）传感器的种类

可以从不同的角度对传感器进行分类，如转换原理（传感器工作的基本物理或化学原理）、用途、输出信号以及制作材料和工艺等。

根据能量转换原理可分为有源传感器和无源传感器，如图 3-20 所示。有源传感器将非电量转换为电量，如电动势、电荷式传感器等；无源传感器不起能量转换作用，只是将被测非电量转换为电参数的量，如电阻式、电感式及电容式传感器等。

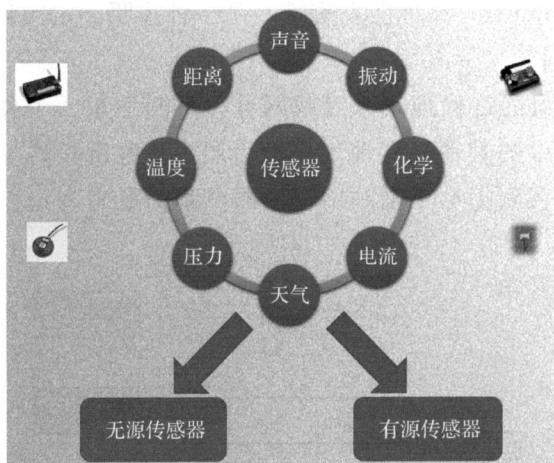

图 3-20　传感器的种类

2．用于采集数字设备运行状态的日志文件

系统日志可记录系统中硬件、软件和系统问题的信息，同时还可以监视系统中发生的事件，如图 3-21 所示。用户可以通过它来检查错误发生的原因，或者寻找受到攻击时攻击者留下的痕迹。

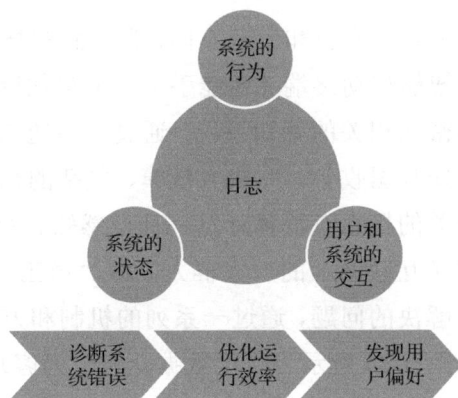

图 3-21　系统日志

系统日志策略可以在故障刚刚发生时就向用户发送警告信息，帮助用户在最短的时间内发现问题。

日志文件也是一种常见的海量数据。日志文件是用于记录系统操作事件的记录文件或文件集合，操作系统有操作系统日志文件，数据库系统有数据库系统日志文件等。

3．用于采集互联网信息的网络爬虫

网络爬虫（Web Spider）又称网页蜘蛛，是一种按照一定的规则，自动地抓取网站信息的程序或者脚本。

网络爬虫通过网页的链接地址来寻找网页，从网站某一个页面开始，读取网页的内容，找到在网页中的其他链接地址，然后通过这些链接地址寻找下一个网页，这样一直循环下去，直到把这个网站所有的网页都抓取完为止。爬虫流程如图 3-22 所示。

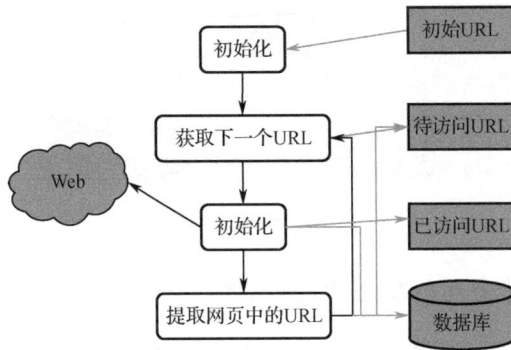

图 3-22　爬虫流程

4．群智感知技术

与传统感知技术依赖于专业人员和设备不同，群智感知技术将目光转向大量普通用户，利用其随身携带的智能移动终端（智能手机、可穿戴设备等）形成大规模、随时随地且与人们日常生活密切相关的感知系统，通过网络通信形成群智感知网络，从而实现感知任务分发与感知数据收集，完成大规模、复杂的社会感知任务。在计算机科学领域，与群智感知相关的概念有群体计算、社群感知、众包等。

众包是协调一个群体（互联网上的一大群人）做"微工作"（每人做一点贡献）来解决软件或者个人难以解决的问题，通过一系列的机制和方法来指导和协调群体的行为，从而达到目的。如图 3-23 所示为百度数据众包，为客户提供以下源数据。

文本数据采集：包括广告、杂志、报纸、教材等。

图片数据采集：包括实体图片、人物图片、场景图片等。

语音视频数据采集：方言、特殊情景语音、视频等。

O2O/LBS 数据采集：店铺信息、公交站牌、Wi-Fi 等。

问卷调研：市场机会调研、广告效果调研、使用体验调研等。

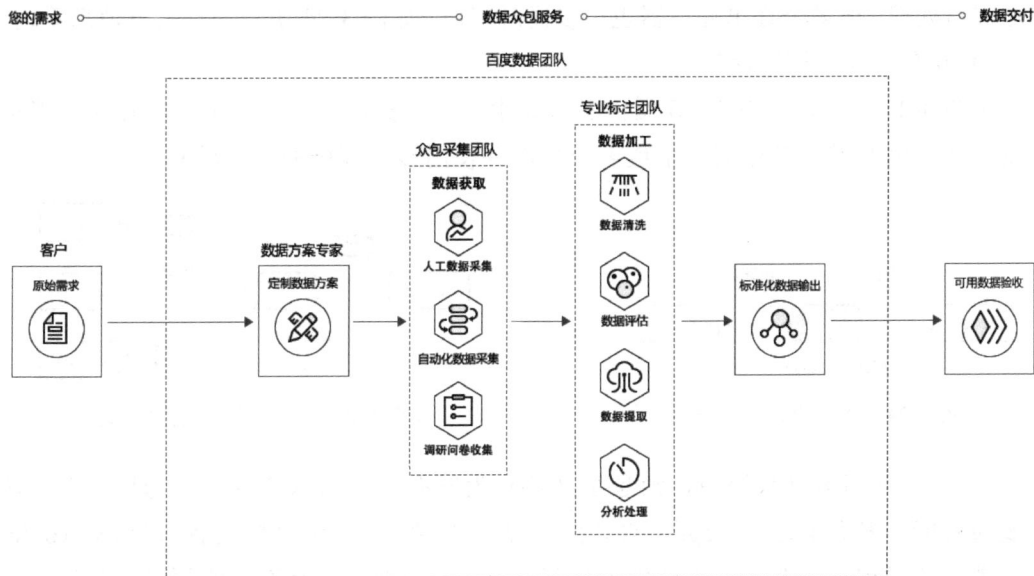

图 3-23　百度数据众包

3.1.4　Kafka 概述

1．什么是 Kafka

Kafka 专为分布式高吞吐量系统而设计。

Kafka 是一个分布式发布-订阅消息系统和一个强大的队列，可以处理大量的数据，并能够将消息从一个端点传递到另一个端点。Kafka 适合离线和在线消息消费。Kafka 消息保留在磁盘上，并在群集内复制以防止数据丢失。Kafka 构建在 Zookeeper 同步服务之上。它与 Storm 和 Spark 可以非常好地集成，用于实时流式数据分析。

2．消息系统

消息系统负责将数据从一个应用程序传输到另一个应用程序，因此应用程序可以专注于数据，而不担心如何共享它。

分布式消息传递基于可靠消息队列的概念。消息在客户端应用程序和消息传递系统之间异步排队。有两种类型的消息模式可用：一种是点对点，另一种是发布-订阅（pub-sub）。大多数消息模式遵循 pub-sub 模式。

1）点对点消息系统

在点对点消息系统中，消息被保留在队列中。一个或多个消费者可以消费队列中的消息，但是特定消息只能由最多一个消费者消费。一旦消费者读取队列中的消息，它就从该队列中消失。该系统的典型示例是订单处理系统，其中每个订单将由一个订单处理器处理，但多个订单处理器也可以同时工作。如图 3-24 所示为点对点消息系统。

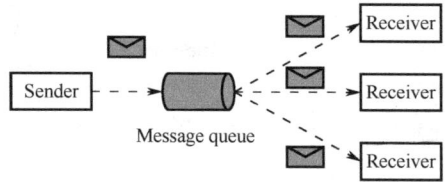

2）发布-订阅消息系统

如图 3-25 所示，在发布-订阅消息系统中，消息被保留在主题中。与点对点消息系统不同，消费者可以订阅一个或多个主题并使用该主题中的所有消息。

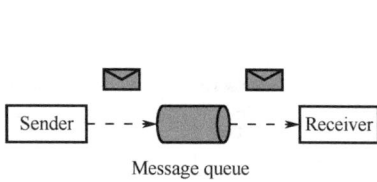

图 3-24　点对点消息系统

图 3-25　发布-订阅消息系统

在发布-订阅消息系统中，消息生产者称为发布者，消息使用者称为订阅者。消息发布者能够发布消息到 Topics 的进程，消息订阅者（又称消息接收者）可以从 Topics 接收消息的进程。一个现实生活中的例子是 Dish 电视，它有不同的频道，如运动、电影、音乐等，任何人都可以订阅自己的频道集。

3．Kafka 集群架构

Kafka 的集群架构图如图 3-26 所示。

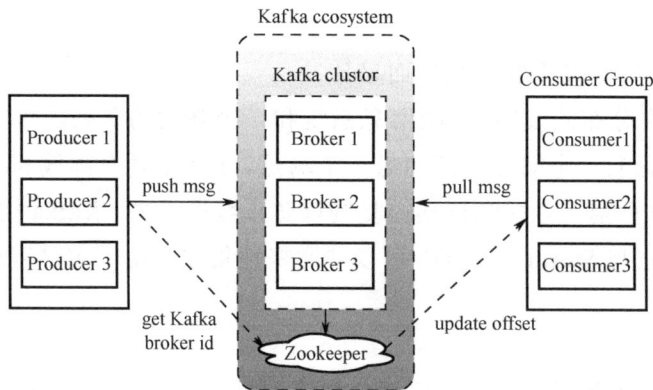

图 3-26　Kafka 的集群架构图

1）Broker（代理）

Kafka 集群通常由多个代理组成以保持负载平衡。Kafka 代理是无状态的，所以使用 Zookeeper 来维护它们的集群状态。一个 Kafka 代理实例可以每秒处理数十万次读取和写入，每个 Broker 可以处理 TB 级的消息。

2）Zookeeper

Zookeeper 用于管理和协调 Kafka 代理。Zookeeper 服务主要用于通知生产者和消费者 Kafka 系统中存在任何新代理或代理失败。Zookeeper 接收到代理的存在或失败的通知，然后产品和消费者做出决定并开始与代理协调任务。

3）Producer

Producer 将数据推送给代理。当新代理启动时，所有 Producer 搜索它并自动向该新代理发送消息。Producer 不等待来自代理的确认，并且发送消息的速度与代理一样快。

4）Consumer（消费者）

因为 Kafka 代理是无状态的，这意味着消费者必须通过使用分区偏移来维护消息。如果消费者确认特定的消息偏移，则意味着消费者已经消费了所有先前的消息。消费者可以简单地通过提供偏移值来快退或跳到分区中的任何点。消费者偏移值由 Zookeeper 通知。

4．Kafka 的工作流程

基本 Kafka 集群的工作流程如图 3-27 所示。

Kafka 只是一个或多个分区的主题的集合。Kafka 分区是消息的线性有序序列，其中每个消息由它的索引（称为偏移）来标识。Kafka 集群中的所有数据都是不相连的分区。传入消息写在分区的末尾，消息由消费者顺序读取。通过将消息复制到不同的代理提供持久性。

Kafka 集群或 Broker 为每一个 Topic 维护一个分区日志。每一个分区日志是有序的消息序列，消息连续追加到分区日志上，并且这些消息是不可更改的。一个 Topic 可以有多个分区，这些分区可以作为并行处理的单元，从而使 Kafka 能高效地处理大量数据，如图 3-28 所示。

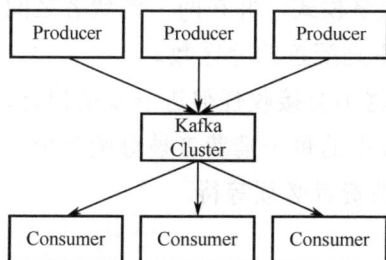

图 3-27　基本 Kafka 集群的工作流程

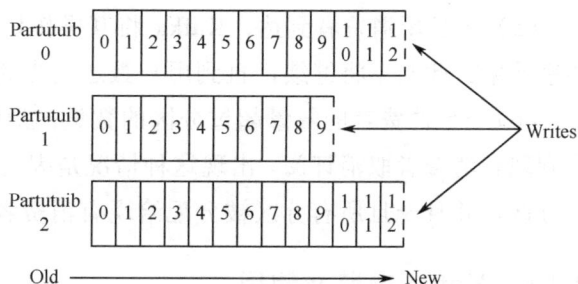

图 3-28　Topic 与日志分析

Kafka 以快速、可靠、持久、容错和零停机的方式提供基于 pub-sub 和队列的消息系统。Producer 只须将消息发送到主题，消费者可以根据自己的需要选择任何一种类型的消息传递系统。

1）发布-订阅消息的工作流程

（1）Producer 定期向主题发送消息。

（2）Kafka 代理存储为该特定主题配置的分区中的所有消息。它确保消息在分区之间平等共享。如果 Producer 发送两个消息并且有两个分区，Kafka 将在第一分区中存储一个消息，在第二分区中存储另一个消息。

（3）消费者订阅特定主题。

（4）一旦消费者订阅主题，Kafka 将向消费者提供主题的当前偏移，并且将偏移保存在 Zookeeper 系综中。

（5）消费者将定期请求 Kafka 新消息。

（6）一旦 Kafka 收到来自 Producer 的消息，它就将这些消息转发给消费者。

（7）消费者收到消息并进行处理。

（8）一旦消息被处理，消费者将向 Kafka 代理发送确认。

（9）一旦 Kafka 收到确认，它就将偏移更改为新值，并在 Zookeeper 中更新。由于偏移在 Zookeeper 中维护，消费者可以正确地读取下一封邮件。

以上流程将重复，直到消费者停止请求。消费者可以随时回退/跳到所需的主题偏移量，并阅读所有后续消息。

2）队列消息/用户组的工作流程

在队列消息传递系统中，具有相同组 ID 的一组消费者将订阅主题。简单来说，订阅具有相同 Group ID 的主题的消费者被认为是单个组，并且消息在组内共享。

（1）Producer 以固定间隔向某个主题发送消息。

（2）Kafka 存储为该特定主题配置的分区中的所有消息，类似于前面的方案。

（3）单个消费者订阅特定主题，假设 Topic-01 为 Group，ID 为 Group-1。

（4）Kafka 以与发布-订阅消息相同的方式与消费者交互，直到新消费者以相同的组 ID 订阅相同主题 Topic-011。

（5）一旦新消费者到达，Kafka 将其操作切换到共享模式，并在两个消费者之间共享数据。此共享将继续，直到用户数达到为该特定主题配置的分区数。

（6）一旦消费者的数量超过分区的数量，新消费者将不会接收任何进一步的消息，直到现有消费者取消订阅。出现这种情况是因为 Kafka 中的每个消费者被分配至少一个分区，并且一旦所有分区被分配给现有消费者，新消费者必须等待。

3.1.5　Kafka 安装及使用

1. 安装 Java

如果已经在计算机上安装了 Java，只须使用下面的命令验证它。

```
$ java -version
```

如果 Java 安装成功，则可以看到已安装的 Java 的版本。

步骤 1：如果没有下载 Java，可通过访问以下链接来下载最新版本的 JDK：

http://www.oracle.com/technetwork/java/javase/downloads/index.html

现在最新的版本是 JDK 8u 60，文件是"jdk-8u60-linux-x64.gz"，下载该文件。

步骤 2：提取文件。通常，正在下载的文件存储在下载文件夹中，验证它并使用以下命令提取 tar 设置。

```
$ cd /go/to/download/path
$ tar -zxf jdk-8u60-linux-x64.gz
```

步骤 3：移动到选择目录。要将 Java 提供给所有用户，须将提取的 Java 内容移动到/opt/jdk 目录中。

```
$ su
password: (type password of root user)
$ mkdir /opt/jdk
$ mv jdk-1.8.0_60 /opt/jdk/
```

步骤 4：设置路径。

要设置路径和 JAVA_HOME 变量，运行以下命令。

```
export JAVA_HOME =/usr/jdk/jdk-1.8.0_60
export PATH=$PATH:$JAVA_HOME/bin
```

现在将所有更改应用到当前运行的系统。

```
$ source ~/.bashrc
```

步骤 5：Java 替代。

使用以下命令更改 Java Alternatives。

```
update-alternatives --install /usr/bin/java java /opt/jdk/jdk1.8.
0_60/bin/java 100
```

步骤 6：现在使用第 1 步中的验证命令（java -version）验证 Java。

2．安装 Zookeeper 框架

步骤 1：下载 Zookeeper。

要在计算机上安装 Zookeeper 框架，可访问以下链接并下载最新版本的 Zookeeper。

http://zookeeper.apache.org/releases.html

现在，Zookeeper 的最新版本是 3.4.6（zookeeper-3.4.6.tar.gz）。

步骤 2：使用以下命令提取 tar 文件。

```
$ cd opt/
$ tar -zxf zookeeper-3.4.6.tar.gz
```

```
$ cd zookeeper-3.4.6
$ mkdir data
```

步骤 3：创建配置文件。

使用命令 vi conf/zoo.cfg 打开名为 zoo.cfg 的配置文件，并将以下参数设置为起点。

```
$ vi conf/zoo.cfg
tickTime=2000
dataDir=/path/to/zookeeper/data
clientPort=2181
initLimit=5
syncLimit=2
```

保存配置文件并再次返回终端，可以启动 Zookeeper 服务器。

步骤 4：启动 Zookeeper 服务器。

```
$ bin/zkServer.sh start
```

执行此命令后，将得到如下响应。

```
$ JMX enabled by default
$ Using config: /Users/../zookeeper-3.4.6/bin/../conf/zoo.cfg
$ Starting zookeeper ... STARTED
```

步骤 5：启动 CLI。

```
$ bin/zkCli.sh
```

输入上面的命令后，将连接到 Zookeeper 服务器，并将获得以下响应。

```
Connecting to localhost:2181
.................
.................
.................
Welcome to Zookeeper!
.................
.................
WATCHER::
WatchedEvent state:SyncConnected type: None path:null
[zk: localhost:2181（CONNECTED) 0]
```

步骤 6：停止 Zookeeper 服务器。

连接服务器并执行所有操作后，可以使用以下命令停止 Zookeeper 服务器。

```
$ bin/zkServer.sh stop
```

3. 安装 Kafka

步骤 1：下载 Kafka。

Kafka 下载链接为：

https://www.apache.org/dyn/closer.cgi?path=/kafka/0.9.0.0/kafka_2.11-0.9.0.0.tgz

步骤 2：解压。

使用以下命令提取文件：

```
$ cd opt/
$ tar -zxf kafka_2.11-0.9.0.0. tgz
$ cd kafka_2.11.0.9.0.0
```

步骤 3：启动服务器。

可以通过以下命令来启动服务器：

```
$ bin/kafka-server-start.sh config/server.properties
```

服务器启动后，会在屏幕上看到以下响应：

```
$ bin/kafka-server-start.sh config/server.properties
[2016-01-02 15:37:30,410] INFO KafkaConfig values:
request.timeout.ms = 30000
log.roll.hours = 168
inter.broker.protocol.version = 0.9.0.X
log.preallocate = false
security.inter.broker.protocol = PLAINTEXT
……………………………………… .
……………………………………… .
```

步骤 4：停止服务器。

执行所有操作后，可以使用以下命令停止服务器。

```
$ bin/kafka-server-stop.sh config/server.properties
```

4. 使用 Java 来编写 Kafka 实例

首先，编写 KafkaProducer.properties 文件：

```
zk.connect = localhost:2181
broker.list = localhost:9092
serializer.class = kafka.serializer.StringEncoder
request.required.acks = 1
```

下面的代码是使用 Java 编写的 Kafka 消息发布者：

```
import kafka.javaapi.producer.Producer;
import kafka.producer.KeyedMessage;
import kafka.producer.ProducerConfig;
public class MyKafkaProducer {
private Producer<String, String> producer;
private final String topic;
public MyKafkaProducer(String topic) throws Exception {
InputStream in = Properties.class.
getResourceAsStream("KafkaProducer.properties");
Properties props = new Properties();
props.load(in);
ProducerConfig config = new ProducerConfig(props);
producer = new Producer<String, String>(config);
}
public void sendMessage(String msg){
KeyedMessage<String, String> data =
new KeyedMessage<String, String>( topic, msg);
producer.send(data);
producer.close();
}
public static void main(String[] args) throws Exception{
MyKafkaProducer producer = new MyKafkaProducer("HelloTopic");
String msg = "Hello Kafka!";
producer. sendMessage(msg);
}
}
```

下面创建消费者，首先编写 KafkaProperties 文件：

```
zk.connect = localhost:2181
group.id= testgroup
zookeeper.session.timeout.ms = 500
zookeeper.sync.time.ms = 250
auto.commit.interval.ms = 1000
```

上述参数配置十分容易理解，详细说明可以参考 Kafka 的官方文档。下面的代码是使用 Java 编写的 Kafka 的 Consumer。

```
import java.io.InputStream;
import java.util.HashMap;
import java.util.List;
import java.util.Map;
```

```
import java.util.Properties;
import kafka.consumer.ConsumerConfig;
import kafka.consumer.ConsumerIterator;
import kafka.consumer.KafkaStream;
import kafka.javaapi.consumer.ConsumerConnector;
import kafka.consumer.Consumer;

public class MyKafkaConsumer {
private final ConsumerConnector consumer;
private final String topic;
public MyKafkaConsumer(String topic) throws Exception{
InputStream in = Properties.class.
getResourceAsStream("KafkaProducer.properties");
Properties props = new Properties();
props.load(in);
ConsumerConfig config = new ConsumerConfig(props);
consumer = Consumer.createJavaConsumerConnector(config);
this.topic = topic;
}
public void consumeMessage() {
Map<String, String> topicMap = new HashMap<String, String>();
topicMap.put(topic, new Integer(1));
Map<String, List<KafkaStream<byte[], byte[]>>> consumerStreamsMap =
consumer.createMessageStreams(topicMap);
List<KafkaStream<byte[], byte[]>> streamList =
consumerStreamsMap.get(topic);
for (final KafkaStream<byte[], byte[]> stream : streamList) {
ConsumerIterator<byte[], byte[]> consumerIte =
stream.iterator();
while (consumerIte.hasNext())
System.out.println("message :: "
+ new String(consumerIte.next().message()));
}
if (consumer != null)
consumer.shutdown();
}
public static void main(String[] args) throws Exception{
String groupId = "testgroup";
String topic = "HelloTopic";
MyKafkaConsumer consumer = new MyKafkaConsumer(topic);
```

```
consumer.consumeMessage();
    }
    }
```

3.2 数据预处理

通过数据预处理工作，可以使残缺的数据完整，并将错误的数据纠正、多余的数据去除，进而将所需的数据挑选出来，进行数据集成。数据预处理的常见方法有数据清洗、数据集成与数据变换。

3.2.1 数据清洗

数据清洗是指发现并纠正数据文件中可识别的错误，包括检查数据一致性，处理无效值和缺失值等。因为数据仓库中的数据是面向某一主题的数据的集合，这些数据从多个业务系统中抽取而来，而且包含历史数据，这样就避免不了有的数据是错误数据、有的数据相互之间有冲突，这些错误的或有冲突的数据显然是我们不想要的，称为"脏数据"。我们要按照一定的规则把"脏数据""洗掉"，这就是数据清洗。

数据清洗的任务是过滤那些不符合要求的数据，将过滤的结果交给业务主管部门，确认是过滤掉，还是由业务单位修正之后再进行抽取。不符合要求的数据主要有不完整的数据、错误的数据、重复的数据三大类。数据清洗与问卷审核不同，录入后的数据清洗一般由计算机完成。

1．数据清洗的步骤

数据清洗一是为了解决数据质量问题，二是让数据更适合做挖掘。数据清洗可以视为一个过程，包括检查偏差与纠正偏差两个步骤。

1）检查偏差

可以使用已有的关于数据性质的知识发现噪声、离群点和需要考察的不寻常的值。这种知识或"关于数据的数据"称为元数据。

2）纠正偏差

一旦发现偏差，通常需要定义并使用一系列的变换来纠正它们。但这些工具只支持有限的变换，因此，常常需要为数据清洗这一步编写程序。

2．常用的数据清洗方法

数据清洗要解决数据的各种问题：

数据的完整性——例如人的属性中缺少性别、籍贯、年龄等。

数据的唯一性——例如不同来源的数据出现重复的情况。

数据的权威性——例如同一个指标出现多个来源的数据，且数值不一样。

数据的合法性——获取的数据与常识不符，如年龄大于 150 岁。

数据的一致性——例如不同来源的不同指标，实际内涵是一样的，或同一指标内涵不一致。

数据清洗的结果是对各种"脏数据"进行对应方式的处理，得到标准的、干净的、连续的数据，供数据统计、数据挖掘等使用。为了解决以上问题，需要不同的手段和方法来处理。

1）解决数据的完整性问题

思路：数据缺失，那么补上就好了。

补数据有什么方法？通过其他信息补全，例如使用身份证件号码推算性别、籍贯、出生日期、年龄等；通过前后数据补全，例如时间序列缺数据，可以使用前后的均值，缺的数据多了，可以使用平滑等处理；实在补不全的，必须剔除。

2）解决数据的唯一性问题

思路：去除重复记录，只保留一条。

方法：按主键去重，用 SQL 或者 Excel 去除重复记录即可；按规则去重，编写一系列的规则，对重复情况复杂的数据进行去重。例如不同渠道来的客户数据，可以通过相同的关键信息进行匹配，合并去重。

3）解决数据的权威性问题

思路：用最权威的渠道的数据。

方法：对不同渠道设定权威级别。

4）解决数据的合法性问题

思路：设定判定规则。

方法：设定强制合法规则，凡是不在此规则范围内的，强制设为最大值，或者判为无效，剔除。

（1）分箱。分箱方法通过考察某一数据周围数据的值，即"近邻"来"光滑"有序数据的值。

（2）聚类。离群点可通过聚类进行检测，将类似的值组织成群或簇，离群点即落在簇集合之外的值。许多数据光滑的方法也是涉及离散化的数据归约方法。

（3）回归。光滑数据可以通过一个函数拟合数据来实现。线性回归的目标就是查找拟合两个属性的"最佳"线，使得其中一个属性可以用于预测另一个属性。

5）解决数据的一致性问题

思路：建立数据体系，如指标体系（度量），维度（分组、统计口径），单位，频度等。

6）让数据更适合做挖掘或展示

（1）解决高维度的问题。

思路：降维，如主成分分析、随机森林。

（2）解决维度低或缺少维度的问题。

思路：抽象，如汇总、平均、加总、最大、最小、离散化、聚类、自定义分组等。

（3）解决无关信息和字段冗余问题。

方法：剔除字段。

（4）解决多指标数值、单位不同问题。

方法：归一化，方法有最小-最大、零-均值、小数定标等。

3．填充缺失值的策略

在各种实用的数据库中，属性值缺失的情况经常发生，甚至是不可避免的。因此，在大多数情况下，信息系统是不完备的，或者说存在某种程度的不完备。缺失值产生的原因多种多样，主要分为机械原因和人为原因。机械原因是机械故障导致数据收集或保存失败，造成数据缺失，比如数据存储失败、存储器损坏、某段时间数据未能收集（对于定时数据采集而言）。人为原因是人的主观失误、历史局限或有意隐瞒造成的数据缺失，比如，在市场调查中被访人拒绝透露相关问题的答案，或者回答的问题是无效的，数据录入人员漏录了数据。

对于缺失值，如果直接删掉，数据就变成了不平衡数据，需要用特殊的模型进行分析。一般来说，对缺失值的填充方法有多种。最好建立一些模型，根据数据的分布来填充一个恰当的数值。例如根据其他变量对记录进行数据分箱，然后选择该记录所在分箱的相应变量的均值或中位数来填充缺失值，效果会好一些。

1）忽略元组

通常在缺少类标号时，通过这样的方法来填补缺失值。

2）人工填写缺失值

数据偏离的问题小，但该方法十分费时，不具备实际的可操作性。

3）用同类样本的属性均值填充缺失值

将信息表中的属性分为数值属性和非数值属性来分别进行处理。如果空值是数值型的，就根据该属性在其他所有对象的取值的平均值来填充该缺失的属性值；如果空值是非数值型的，就根据统计学中的众数原理，用该属性在其他所有对象的取值次数最多的值（即出现频率最高的值）来补齐该缺失的属性值。另外，有一种与其相似的方法叫条件平均值填充法（Conditional Mean Completer）。在该方法中，缺失属性值的补齐同样靠该属性在其他对象中的取值求平均得到，但不同的是用于求平均的值并不是从信息表所有对象中取得，而是从与该对象具有相同决策属性值的对象中取得。这两种数据的补齐方法，其基本的出发点都是一样的，即以最大概率的取值来补充缺失的属性值，只是在具体方法上有一点不同。

4）热卡填充（Hot Deck Imputation，或称就近补齐）

对于一个包含空值的对象，热卡填充法在完整数据中找到一个与它最相似的对象，然后用这个相似对象的值来进行填充。不同的问题可能会选用不同的标准来对相似进行判定。该方法概念上很简单，且利用了数据间的关系来进行空值估计。这个方法的缺点在于难以定义相似标准，主观因素较多。

5）K 最近邻法（K-means Clustering）

先根据欧式距离或相关分析来确定距离具有缺失数据样本最近的 K 个样本，将这 K 个值加权平均来估计该样本的缺失数据。

6）使用所有可能的值填充（Assigning All Possible Values of the Attribute）

这种方法是用空缺属性值的所有可能的属性取值来填充，能够得到较好的补齐效果。但是，当数据量很大或者遗漏的属性值较多时，其计算的代价很大。另有一种方法，填补遗漏属性值的原则是一样的，不同的只是从决策相同的对象中尝试所有的属性值的可能情况，而不是根据信息表中所有对象进行尝试，这样能够在一定程度上减小原方法的代价。

7）组合完整化方法（Combinatorial Completer）

这种方法是用空缺属性值的所有可能的属性取值来试，并从最终属性的约简结果中选择最好的一个作为填补的属性值。这是以约简为目的的数据补齐方法，能够得到好的约简结果；但是，当数据量很大或者遗漏的属性值较多时，其计算的代价很大。

8）回归（Regression）

基于完整的数据集，建立回归方程（模型）。对于包含空值的对象，将已知属性值代入方程来估计未知属性值，以此估计值来进行填充。当变量不是线性相关的或预测变量高度相关时会导致有偏差的估计。

9）期望值最大化方法（Expectation Maximization，EM）

在缺失类型为随机缺失的条件下，假设模型对于完整的样本是正确的，那么通过观测数据的边际分布可以对未知参数进行极大似然估计（Little and Rubin）。这种方法也被称为忽略缺失值的极大似然估计，对于极大似然的参数估计实际中常采用的计算方法是期望值最大化。该方法比删除个案和单值插补更有吸引力，它有一个重要前提：适用于大样本。有效样本的数量足够保证 ML 估计值是渐近无偏的，并服从正态分布。但是这种方法可能会陷入局部极值，收敛速度也不是很快，并且计算很复杂。

EM 是一种在不完全数据情况下计算极大似然估计或者后验分布的迭代算法。在每一迭代循环过程中交替执行两个步骤：E 步（Expectation Step，期望步），在给定完全数据和前一次迭代所得到的参数估计的情况下计算完全数据对应的对数似然函数的条件期望；M 步（Maximization Step，极大化步），用极大化对数似然函数来确定参数的值，并用于下步的迭代。算法在 E 步和 M 步之间不断迭代直至收敛，即两次迭代之间的参数变化小于一个预先给定的阈值时结束。

3.2.2 数据集成

数据挖掘经常需要数据集成合并来自多个数据存储的数据。数据还可能需要变换成适于挖掘的形式。数据分析任务多半涉及数据集成。

1. 数据集成的形式

数据集成是把不同来源、格式、特点、性质的数据在逻辑或物理上有机地集中，从而为企业提供全面的数据共享。在企业数据集成领域，已经有了很多成熟的框架可以利用。通常采用联邦式、基于中间件模型和数据仓库等方法来构造集成的系统，这些技术在不同的着重点和应用上为企业提供决策支持。

数据集成可分为传统数据集成和跨界数据集成两种形式，如图 3-29 所示。

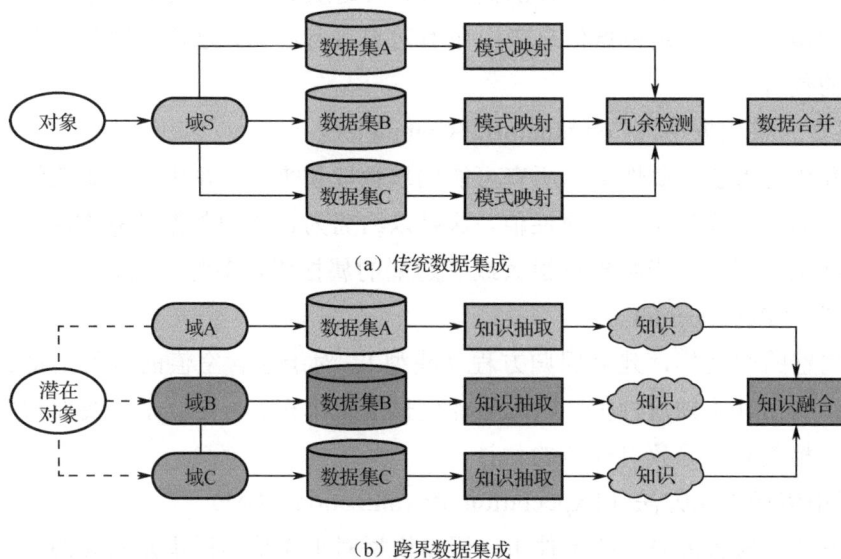

（a）传统数据集成

（b）跨界数据集成

图 3-29 数据集成的形式

1）传统数据集成

传统数据集成的主要目的是数据的共享，定义为一个三元组<G，S，M>，其中，G 是全局模式，S 是数据源模式，M 为全局模式和数据源模式之间的映射，如图 3-30 所示。

2）跨界数据集成

实体资源的跨界整合往往具有近亲性，比如某种电子类产品往往和其他电子类产品进行整合，如果实体资源的领域跨度大，则可能完全没有意义。比如一包香烟和一辆拖拉机就难以整合到一起，它们始终是独立的。但是，大数据则不同，将购买香烟的用户数据和购买拖拉机的用户数据放在一起，就能得出买拖拉机的人群喜欢抽什么样的香烟的信息，这就是一个全新的价值点。因此，大数据跨界的近亲效应很低，重点考虑的是如何寻找新的关联点。跨界数据集成如图 3-31 所示。

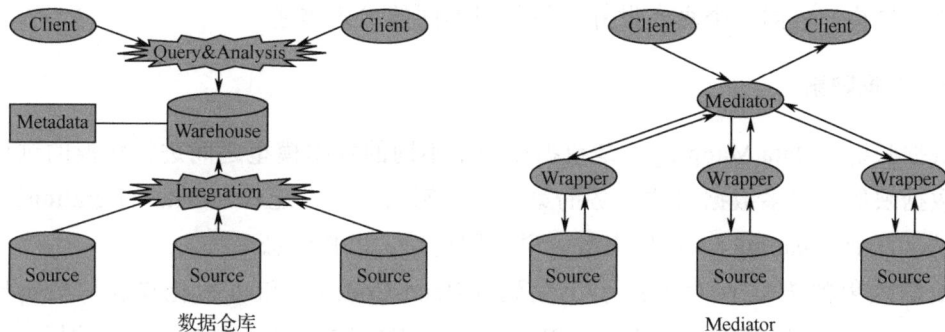

图 3-30　传统数据共享三元组

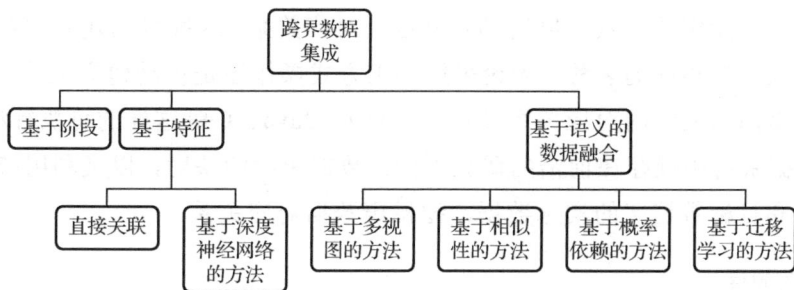

图 3-31　跨界数据集成

2．数据集成对于企业信息系统的作用

数据集成的出现使企业能够将后端的 ERP 信息迁移到 Internet 上。数据集成产品在一个公司的联网计算机与 SAP、Oracle 和 PeopleSoft 等公司的后端系统之间提供"高速缓存"或数据分级。

数据集成提供了在一个企业计算机上存储的后端信息的镜像。当一个 Internet 客户需要检查一项订单的状态时，这项查询就被转移到数据集成软件。因此，并非总需要访问该企业的计算机。数据集成软件拥有足够的智能，知道什么时候与计算机保持同步以便使数据不断更新。为电子商务应用集成 ERP 数据是通过数据分级和直接访问 ERP 数据这两者的结合来完成的，它包括使用一个数据服务器和一些数据高速缓存器。数据集成软件以智能方式将实时的和分批的数据存取方法结合起来，以便从一个 ERP 系统中抽取数据。

3．模式匹配

模式匹配是标识两个数据对象，是语义相关的过程。

语法异构——用于表示元素的语法的差异。

结构异构——元素的类型、结构的差异。

模型/表示异构——数据模型或其表示方法的差异。

语义异构——同一个真实世界实体使用不同的术语描述。

4．数据映射

数据映射（Data Mapping）是数据在两个不同的数据模型之间进行转换的过程。

数据映射是很多数据集成任务的第一步，例如，数据迁移（Data Migration）、数据清洗（Data Cleaning）、数据集成、语义网构造、P2P信息系统。

数据映射的方式有两种：手工编码（Hand-Coded）和可视化操作（Graphical Manual）。手工编码是直接用类似XSLT、Java、C++这样的编程语言定义数据对应关系。可视化操作通常支持用户在数据项之间画一条线以定义数据项之间的对应关系。有些支持可视化操作的工具可以自动建立这种对应关系。这种自动建立的对应关系一般要求数据项具有相同的名称。无论采用手工方式操作还是自动建立关系，最终都需要工具自动将图形表示的对应关系转化成XSLT、Java、C++这样的可执行程序。

目前数据映射领域存在前沿的研究方向：数据驱动的映射，以及利用统计方法分析源数据库和目标数据库的实际数据，挖掘出数据对应关系。

5．语义翻译

语义翻译是使用语义信息将一个数据模型中的数据转换为另一种表示或数据模型的过程。

语义翻译要求源系统和目标系统中的数据元素具有到中央注册表或数据元素注册表的"语义映射"。

类别等价——表明类别或"概念"是相同的。

属性等价——表明两个属性是相同的。

实例等价——表示对象的两个单独实例是等价的。

3.2.3 数据变换

1．数据变换的目的

在对数据进行统计分析时，要求数据必须满足一定的条件，如在做方差分析时，要求试验误差具有独立性、无偏性、方差齐性和正态性。但在实际分析中，独立性、无偏性比较容易满足，方差齐性在大多数情况下能满足，正态性有时不能满足。若将数据经过适当的转换，则可以使数据满足方差分析的要求。所进行的此种数据转换，称为数据变换。

数据变换的目的是将数据变换或统一成适合挖掘的形式。简单的函数变换包括平方、开方、取对数、差分运算等，可以将不具有正态分布的数据变换成具有正态分布的数据。对于时间序列分析，有时简单的对数变换和差分运算就可以将非平稳序列转换成平稳序列。

2．数据变换的内容

数据变换主要涉及以下内容：

（1）光滑，去除数据中的噪声。

（2）聚集，对数据进行汇总或聚集。

（3）数据泛化，使用概念分层，用高层概念替换低层或"原始"数据。

（4）规范化，将属性数据按比例缩放，使之落入一个小的特定区间。

（5）属性构造，可以构造新的属性并添加到属性集中。

3．数据变换的方法

常见的数据变换方法包括：特征二值化、特征归一化、连续特征变换、定性特征哑编码等。

1）特征二值化

特征二值化的核心在于设定一个阈值，将特征与该阈值比较后，转化为 0 或 1（只考虑某个特征出现与否，不考虑出现次数、程度），它的目的是将连续数值细粒度的度量转化为粗粒度的度量。

下面为 Python 实现特征二值化的方法：

```python
from sklearn.preprocessing import Binarizer
import numpy as np
data = [[1,2,4],[1,2,6],[3,2,2],[4,3,8]]
binar = Binarizer(threshold=3)  #设置阈值为 3，小于或等于 3 标记为 0，大于 3 标记为 1
print(binar.fit_transform(data))
#fit_transform(X)中的参数 X 只能是矩阵
print(binar.fit_transform(np.matrix(data[0])))
```

结果如下：

```
[[0 0 1]
 [0 0 1]
 [0 0 0]
 [1 0 1]]
[[0 0 1]]

Process finished with exit code 0
```

2）特征归一化

特征归一化也叫数据无量纲化，主要包括：总和标准化、标准差标准化、极大值标准化、极差标准化。这里需要说明的是，基于树的方法是不需要进行特征归一化的，而基于参数的模型或基于距离的模型都需要进行特征归一化。

3）连续特征变换

连续特征变换的常用方法有三种：基于多项式的数据变换、基于指数函数的数据变换、基于对数函数的数据变换。连续特征变换能够增加数据的非线性特征，捕获特征之间的关系，可有效提高模型的复杂度。

4）定性特征哑编码：One-hot 编码

One-hot 编码又称独热码，即一位代表一种状态。对于离散特征，有多少个状态就有多少个位，且只有该状态所在位为 1，其他位都为 0。

举例来说：

天气有多云、下雨、晴天三种情况，如果我们将"多云"表达为 0，"下雨"表达为 1，"晴天"表达为 2，这样会有什么问题呢？

我们发现不同状态对应的数值是不同的，那么在训练的过程中就会影响模型的训练效果，明明是同一个特征，在样本中的权重却发生了变化。

那么，如何对这三个值进行 One-hot 编码呢？

天气：{多云、下雨、晴天}

湿度：{偏高、正常、偏低}

当输入{天气：多云，湿度：偏低}时进行 One-hot 编码，天气状态编码可以得到{100}，湿度状态编码可以得到{001}，那么二者连起来就是最后的 One-hot 编码{100001}。此时{0,2}转换后的长度就是 6=3+3，即{100001}。

将离散特征进行 One-hot 编码后，距离计算就会更加合理。

3.3 ETL 技术及其工具

3.3.1 数据仓库技术 ETL

数据仓库技术 ETL 是将业务系统的数据经过抽取、清洗转换之后加载到数据仓库的过程，目的是将企业中分散、零乱、标准不统一的数据整合到一起，为企业的决策提供分析依据。

ETL（Extract-Transform-Load）的设计分为三部分：数据抽取、数据清洗转换、数据加载。

Extract：数据抽取，就是把数据从数据源中读出来。

Transform：数据清洗转换，就是把数据转换为特定的格式。

Load：数据加载，把处理后的数据加载到目标处。

1．数据抽取

这一部分需要在调研阶段做大量的工作，首先要搞清楚数据是从几个业务系统中来的，各个业务系统的数据库服务器运行什么 DBMS，是否存在手工数据，手工数据量有多大，是否存在非结构化数据等，当收集完这些信息之后才可以进行数据抽取的设计。

1）与 DW 数据库系统相同的数据源处理方法

一般情况下，DBMS（SQL Server、Oracle）都会提供数据库链接功能，在 DW 数据库服务器和原业务系统之间建立直接的链接关系就可以写 Select 语句直接访问。

2）与 DW 数据库系统不同的数据源的处理方法

一般情况下，可以通过 ODBC 的方式建立数据库链接——如 SQL Server 和 Oracle之间。如果不能建立数据库链接，可以用两种方式完成，一种是通过工具将源数据导出成.txt 或者.xls 文件，再将这些源系统文件导入 ODS；另一种是通过程序接口来完成。

3）文件类型数据源的处理方法

对于文件类型数据源，可以培训业务人员利用数据库工具将这些数据导入指定的数据库，然后从指定的数据库中抽取，还可以借助工具实现。

4）增量更新的问题

对于数据量大的系统，必须考虑增量抽取。一般情况下，业务系统会记录业务发生的时间，可以作为增量的标志，每次抽取之前首先判断 ODS 中最后记录的时间，然后根据这个时间去业务系统取迟于这个时间所有的记录。

2．数据清洗转换

一般情况下，数据仓库分为 ODS、DW 两部分。通常的做法是从业务系统到 ODS做清洗，将"脏数据"和不完整数据过滤掉，再在 ODS 到 DW 的过程中转换，进行一些业务规则的计算和聚合。

1）数据清洗

数据清洗的任务是过滤那些不符合要求的数据，将过滤的结果交给业务主管部门，确认是否过滤或者由业务单位修正之后再进行抽取。不符合要求的数据主要有不完整的数据、错误的数据、重复的数据三大类。

（1）不完整的数据。这一类数据主要是一些应该有的信息缺失，如供应商的名称、分公司的名称、客户的区域信息缺失，业务系统中主表与明细表不能匹配等。对于这一类数据，按缺失的内容分别写入不同 Excel 文件向客户提交，要求在规定的时间内补全，补全后再写入数据仓库。

（2）错误的数据。这一类错误是业务系统不够健全，在接收输入后没有进行判断，直接写入后台数据库造成的，比如数值数据含有全角数字字符、字符串数据后面有一个回车操作、日期格式不正确、日期越界等。这一类数据也要分类，对于全角字符、数据前后有不可见字符等问题，只能通过写 SQL 语句的方式找出来，然后要求客户在业务系统修正之后抽取。日期格式不正确或者日期越界的这一类错误会导致 ETL 运行失败，这一类错误需要去业务系统数据库用 SQL 的方式挑出来，交给业务主管部门按要求限期修正，修正之后再抽取。

（3）重复的数据。特别是表中会出现这种情况，应将重复数据的所有字段导出来，让客户确认并整理。

数据清洗是一个反复的过程，不可能在几天内完成，只有不断地发现问题、解决问题。对于是否过滤、是否修正一般要求客户确认。对于过滤掉的数据，应写入 Excel 文件或者数据表，在 ETL 开发的初期可以每天向业务单位发送过滤数据的邮件，促使他们尽快地修正错误，同时也可以作为将来验证数据的依据。数据清洗需要注意的是不要将有用的数据过滤掉，对于每个过滤规则应认真进行验证，并要求用户确认。

2）数据转换

数据转换的任务主要是进行不一致数据的转换、数据粒度的转换，以及一些商务规则的计算。

（1）不一致数据的转换。这个过程是一个整合的过程，将不同业务系统的相同类型的数据统一，比如同一个供应商在结算系统中的编码是 XX0001，而在 CRM 中的编码是 YY0001，这样在抽取过来之后统一转换成一个编码。

（2）数据粒度的转换。业务系统一般存储非常明细的数据，而数据仓库中的数据是用来分析的，不需要非常明细的数据。一般情况下，会将业务系统数据按照数据仓库粒度进行聚合。

（3）商务规则的计算。不同的企业有不同的业务规则、不同的数据指标，这些指标有的时候不是简单地加加减减就能完成的，需要在 ETL 中将这些数据指标计算好之后存储在数据仓库中，以供分析使用。

3．ETL 日志、警告发送

1）ETL 日志

ETL 日志分为三类。第一类是执行过程日志，这部分日志是在 ETL 执行过程中每执行一步的记录，记录每次运行每一步骤的起始时间，影响了多少行数据，采用流水账形式。第二类是错误日志，当某个模块出错的时候写错误日志，记录每次出错的时间、出错的模块以及出错的信息等。第三类日志是总体日志，只记录 ETL 开始时间、结束时间、是否成功的信息。如果使用 ETL 工具，ETL 工具会自动产生一些日志，这一类日志也可以作为 ETL 日志的一部分。

记录日志的目的是随时可以知道 ETL 运行情况，如果出错了，可以知道哪里出错。

2）警告发送

如果 ETL 出错了，不仅要形成 ETL 出错日志，而且要向系统管理员发送警告。发送警告的方式有多种，一般常用的就是给系统管理员发送邮件，并附上出错的信息，方便管理员排查错误。

总之，ETL 是 BI 项目的关键部分，也是一个长期的过程，只有不断地发现问题并解决问题，才能使 ETL 运行效率更高，为 BI 项目后期开发提供准确与高效的数据。

4．ETL 的实现方法

ETL 的实现有多种方法，常用的有以下三种。

（1）借助 ETL 工具（如 Oracle 的 OWB、SQL Server 2000 的 DTS、SQL Server 2005 的 SSIS 服务、Informatica 等）实现。

（2）用 SQL 方法实现。

（3）用 ETL 工具和 SQL 相结合的方法实现。

前两种方法各有优缺点，借助工具可以快速地建立 ETL 工程，屏蔽复杂的编码任务，提高速度，降低难度，但是缺少灵活性。SQL 方法的优点是灵活，可提高 ETL 运行效率，但是编码复杂，对技术要求比较高。第三种方法综合了前面两种的优点，会极大地提高 ETL 的开发速度和效率。

3.3.2　常用 ETL 工具

ETL 的流程可以用任何编程语言开发。由于 ETL 是极为复杂的过程，而手写程序不易管理，越来越多的企业采用工具协助 ETL 的开发，并运用其内置的 Metadata 功能来存储来源与目的的对应（Mapping）以及转换规则。

工具可以提供较强大的连接功能（Connectivity）来连接来源及目的端，开发人员不用去熟悉各种相异的平台及数据的结构，也能进行开发。常用的 ETL 工具如图 3-32 所示。

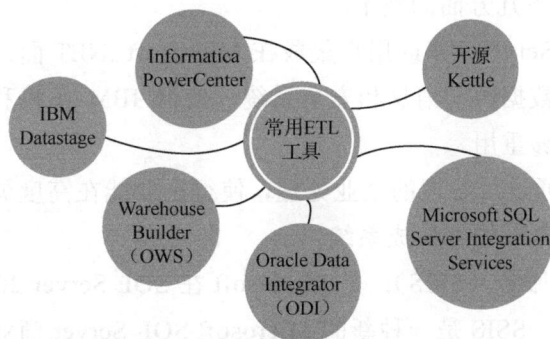

图 3-32　常用的 ETL 工具

Informatica PowerCenter 通常被当成 ETL 工具市场的领头产品，因为它能满足企业 ETL 的需求。同样，IBM 的 Websphere 系列（后来重命名为 Ascential）也是常用的标准 ETL 工具。

1. Informatica PowerCenter

在 Informatica PowerCenter 中，ETL 逻辑是通过从源变换得到的序列图中组合一系列图形变换得到的，通过数据变换得到目标变换。一旦定义了数据源，数据目标、数据转换之间的映射也就创建了。映射是端到端的逻辑流，从一个或多个源变换到一个或多个目标。一个工作流控制多个映射的执行，同时也定义了它们之间的依赖关系。

下列工具用来创建和部署工作流：

PowerCenter 设计器——是一个集成开发环境，可以创建数据源、数据目标、数据转换以及组装映射。

PowerCenter 工作流管理器——用来围绕一些任务创建工作流。最常用的任务是实例化一个映射的会话。

PowerCenter 工作流监视器——为工作流提供产品支持功能。

PowerCenter 仓库管理器和仓库服务管理控制台——提供 PowerCenter 仓库的管理功能。

PowerCenter 连接的产品族——提供即时、准确和可理解的企业数据的宽带连接。

PowerCenter 连接免除了机构手工为程序编写数据提取代码，并保证任务至关重要的操作数据能在企业之间平衡。

2. Windows Server System

WSS（Windows Server System）关注集成、互操作性，也致力于提供很好的依赖性、性能、生产力，也能和现存的企业应用程序更方便地交互。

WSS 数据库管理和电子商务服务器为企业应用集成和企业过程自动化提供集成的、可交互的应用程序基础设施。

WSS 主要包括以下几方面的技术。

Host Integration Server：帮助用户集成在 Microsoft .NET 面向服务架构中至关重要的任务主机应用、数据源、消息和安全系统，使得 IBM 主机和跨越分布环境的中间数据、应用程序能够重用。

BizTalk Server：通过可管理的企业处理，使得企业能在高度灵活和高度自动化的方式中自动交互，来帮助顾客集成系统。

SQL Server 集成服务（SSIS）：是 Microsoft 在 SQL Server 2005 中推出的新一代高性能数据集成技术。SSIS 是一种新的 Microsoft SQL Server 商业智能应用程序，它是数据转换服务（Data Transformation Services，DTS）的升级。

SSIS 包括四部分：SSIS 服务、SSIS 运行时引擎和运行时执行体、SSIS 数据流引擎和数据流组件以及 SSIS 客户端。

SSIS 服务：跟踪运行、管理 SSIS 包。

SSIS 运行时引擎：提供日志、调试、配置、连接、事件处理、事务支持。

SSIS 运行时执行体：SSIS 提供的容器和任务。

SSIS 数据流引擎：提供数据从源移动到目标的缓存。

SSIS 数据流组件：通过 SSIS 提供的数据源适配器、数据变换和目标适配器来配置。

SSIS 客户端：包括相关的工具、向导和 SSIS，同时作为客户应用程序提供命令行工具，使用 SSIS 运行时和 SSIS 数据流引擎。

开发和管理功能在 SSIS 中是分开的。Business Intelligence Design Studio 是创建 SSIS 包的开发环境，SQL Server Management Studio 主要用于数据库管理员管理 SQL Server，提供分析服务和报表服务，支持 SSIS 包的执行和安排。

3.3.3　Kettle

1．Kettle

Kettle 是 Pentaho 中的 ETL 工具，Pentaho 是一套开源 BI 解决方案。Kettle 是一款优秀的开源 ETL 工具，由 Java 编写，可以在 Windows、Linux、UNIX 上运行，无须安装，数据抽取高效、稳定。

Kettle 目前包括如下 4 个产品。

1）Chef

Chef 可使用户创建任务（Job）。它是提供图形用户界面的设计工具。

2）Kitchen

Kitchen 可使用户批量使用由 Chef 设计的任务，一般在自动调度时借助此命令调用调试成功的任务。它是一个后台运行的程序，没有图形用户界面。

3）Spoon

Spoon 可使用户通过图形界面来设计 ETL 转换过程，一般在编写和调试 ETL 时用到。

4）Span

Span 可使用户批量运行由 Spoon 设计的 ETL 转换，Span 是一个后台执行的程序，只有命令行方式，没有图形界面，一般在自动调度时借助此命令调用调试成功的转换。

2．Kettle 的相关知识

Kettle 工程存储方式有两种：一种是以 XML 形式存储，另一种是以资源库方式存储。

Kettle 中有两类设计分别是 Transformation（转换）与 Job（作业），Transformation

完成针对数据的基础转换，Job 则完成整个工作流的控制。

目前 Kettle 有两种版本：一种是社区版（免费），另一种是企业版（收费）。可以从 http://kettle.pentaho.org 下载最新版的 Kettle 软件，同时，Kettle 是绿色软件，下载后，解压到任意目录即可。目前，Kettle 的最新版本是 7.1。

3．Kettle 的基本概念

1）作业（Job）

负责将"转换"组织在一起进而完成某一项工作，通常我们需要把一个大的任务分解成几个逻辑上隔离的作业，这几个作业都完成了，也就说明这项任务完成了。

（1）Job Entry：是一个任务的一部分，它执行某些内容。

（2）Hop：一个 Hop 代表两个步骤之间的一个或者多个数据流。一个 Hop 总是代表着两个 Job Entry 之间的连接，并且能够被原始的 Job Entry 设置，无条件地执行下一个 Job Entry，直到执行成功或者失败。

（3）Note：是一个任务附加的文本注释信息。

2）转换（Transformation）

转换定义对数据操作的容器，数据操作就是数据从输入到输出的一个过程，可以理解为比作业粒度更小一级的容器，我们将任务分解成作业，然后需要将作业分解成一个或多个转换，每个转换只完成一部分工作。

（1）Value：是行的一部分，包含以下类型的数据：Strings、Floating Point Numbers、Unlimited Precision BigNumbers、Integers、Dates、Boolean。

（2）Row：一行包含 0 个或者多个 Values。

（3）Output Stream：是离开一个步骤时的行的堆栈。

（4）Input Stream：是进入一个步骤时的行的堆栈。

（5）Step：转换的一个步骤，可以是一个 Stream 或其他元素。

（6）Hop：代表两个步骤之间的一个或者多个数据流。一个 Hop 总是代表着一个步骤的输出流和一个步骤的输入流。

（7）Note：是转换附加的文本注释信息。

4．Kettle 转换实例

（1）运行 Spoon.bat，打开图形设计界面，如图 3-33 所示。

（2）新建一个转换，如图 3-34 所示。

（3）在左边选择输入，这里以简单的生成随机数为输入，如图 3-35（a）所示；双击节点进行配置，如图 3-35（b）所示。

（4）选择输出（图 3-36），这里选择最简单的文本文件输出，选中输入节点，按住 Shift 键，通过鼠标左键进行节点连接。

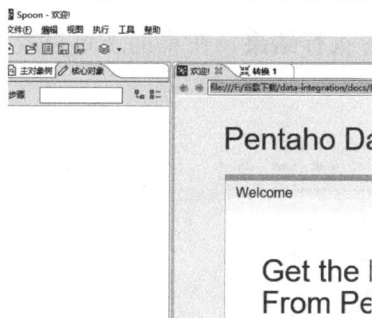

图 3-33　图形设计界面

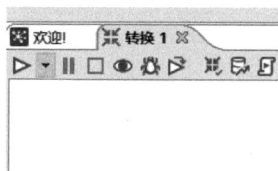

图 3-34　新建一个转换

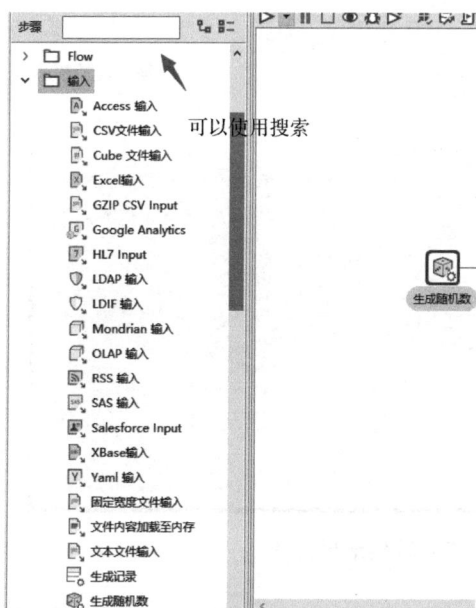

（a）选择输入

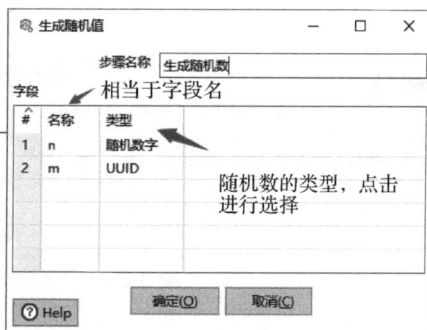

（b）进行配置

图 3-35　随机数输入与配置

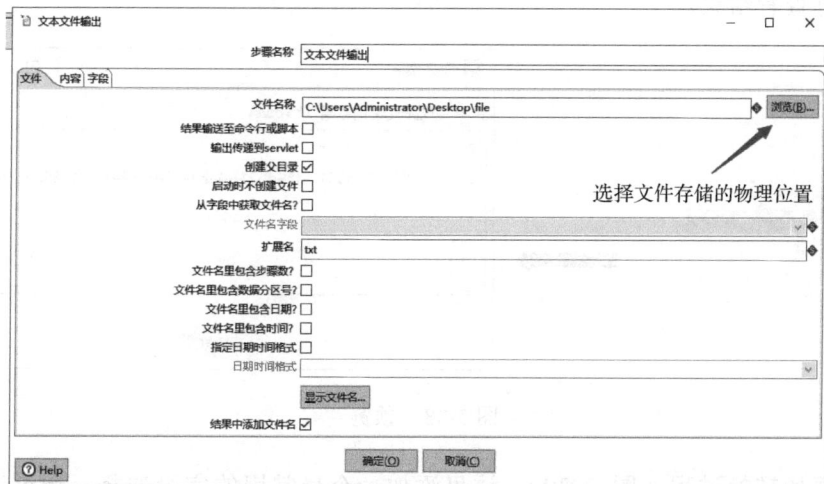

图 3-36　选择输出

（5）运行转换，运行之前保存转换，查看执行结果，在桌面上可以查看转换的结果文件，如图 3-37 所示。

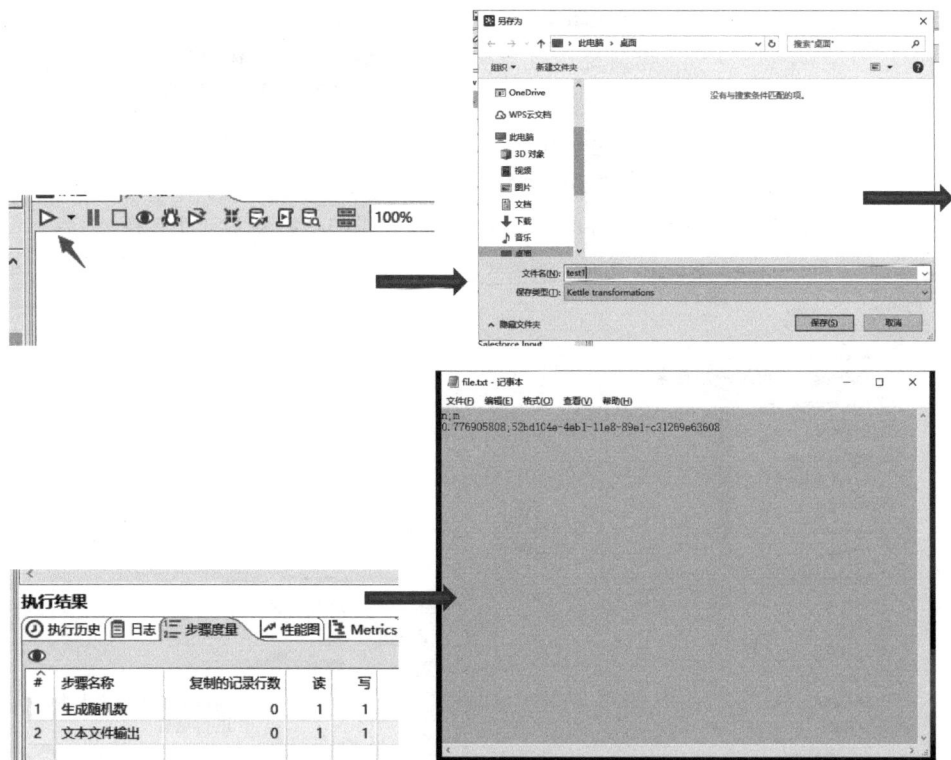

图 3-37　运行转换并查看转换结果文件

（6）预览，如图 3-38 所示。例如上面的例子，如果只是想看一下随机数是否正确，不想再另外配置一个文本输出来查看结果，可以删除输出节点，使用预览和快速启动，即可查看结果。

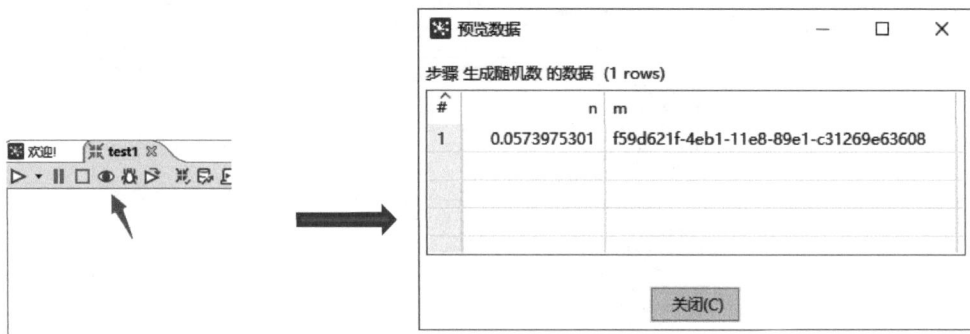

图 3-38　预览

（7）添加转换过程（图 3-39）。这里添加一个最常用的字段选择，通过连接节点后，获取所有字段，然后在字段列表中进行选择。

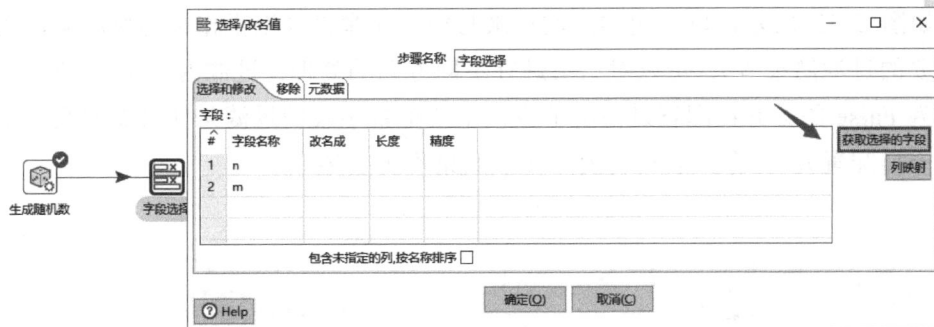

图 3-39　添加转换过程

通过删除选中行，过滤指定的字段，预览即可查看转换的结果，如图 3-40 所示。

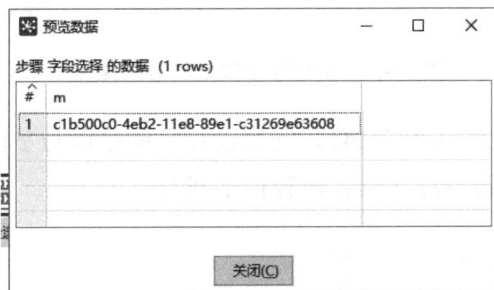

图 3-40　预览转换结果

（8）改变并发数（图 3-41）。例如上面生成的随机数，如果想生成多个，可以在生成随机数节点上单击右键，改变开始复制的数量，节点上会对应显示。

（9）流程操作（图 3-42）。除了转换，还有一些比较常用的流程操作。

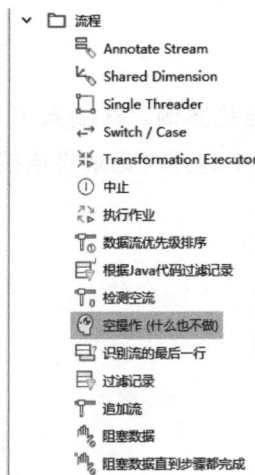

图 3-41　改变并发数　　　　　　　　　图 3-42　流程操作

如图 3-43 所示，以常用的过滤记录与空操作举例（空操作视为垃圾箱，用于丢弃不要的过滤结果等），可以对结果进行不同方向的处理：过滤为 True 的放入文本文件，为 False 的丢弃；配置过滤的节点，主要配置字段的过滤条件（文本文件节点和前文一样配置）。保存并启动转换，转换结果不再赘述。

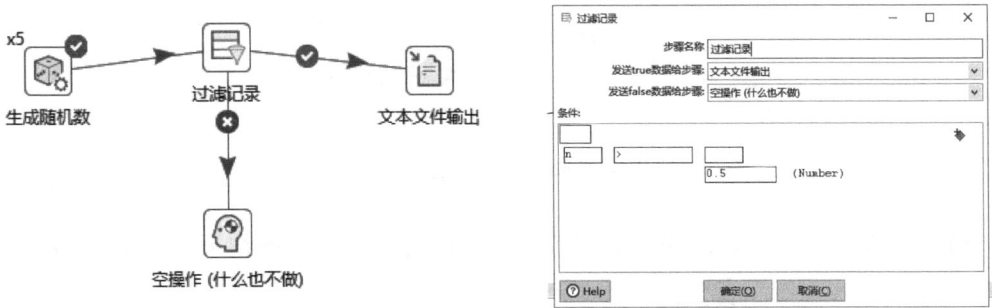

图 3-43　常用的过滤记录与空操作

（10）计算器案例操作（图 3-44）。例如进行一些字段与字段之间的计算等操作，可以通过搜索找到计算器节点（或者在转换下找）。

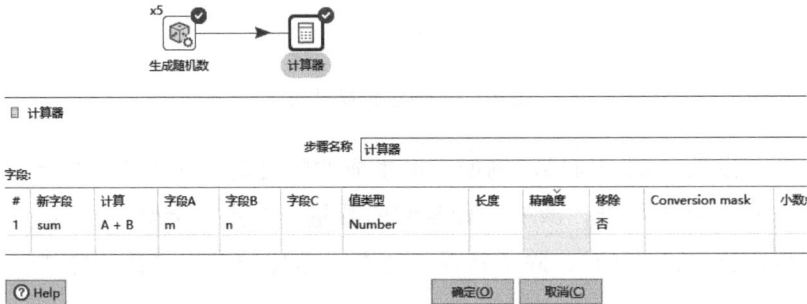

图 3-44　计算器案例操作

（11）连接案例。在输入中选择两个自定义常量数据，一般用于自己编造测试数据，在连接中选择"记录集连接"，如图 3-45 所示。

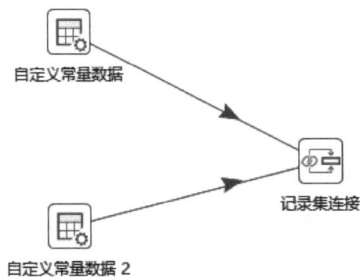

图 3-45　选择"记录集连接"

配置自定义常量数据：分别在元数据中配置字段定义信息，在数据中写入测试数据，如图 3-46 所示。

图 3-46　配置自定义常量数据

配置记录集如图 3-47 所示。

图 3-47　配置记录集

预览结果如图 3-48 所示。

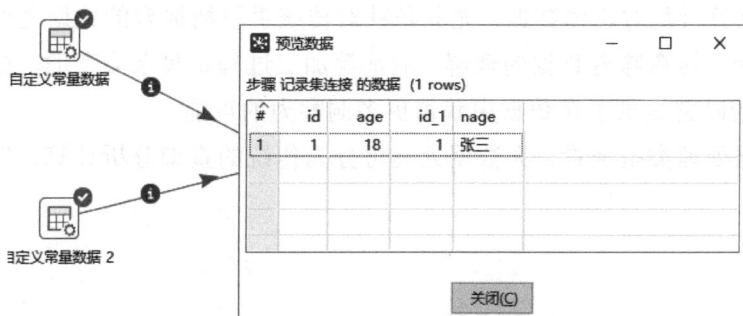

图 3-48　预览结果

【思考题】

1．采用哪些方式可以获取大数据？

2．常用大数据采集工具有哪些？

3．简述 Apache Kafka 数据采集的工作流程。

4．简述数据预处理的原理。

5．数据清洗有哪些方法？

6．数据集成需要重点考虑的问题有哪些？

7．数据变换主要涉及哪些内容？

8．选择题

（1）大数据的利用过程，不包括（　　）。

A．数据的挖掘　　　　　　　　　　　B．数据的清洗与预处理

C．数据的变更　　　　　　　　　　　D．数据的编写

（2）大数据处理流程可以概括为（　　）。

A．采集　　　　B．导入和预处理　　　C．统计和分析　　　D．数据挖掘

（3）以下（　　）不是 HDFS 的优点。

A．高容错性　　　　　　　　　　　　B．适合单线程处理

C．适合大数据处理　　　　　　　　　D．流式文件访问

（4）大数据要分析的数据类型包括（　　）。

A．交易数据　　　　　　　　　　　　B．人为数据

C．移动数据　　　　　　　　　　　　D．机器和传感器数据

9．判断题

（1）数据仓库的方案建设的目的，是为前端查询和分析打下基础，由于有较大的冗余，所以需要的存储不大。　　　　　　　　　　　　　　　　　　（　　）

（2）HBase 是一个构建在 HDFS 上的分布式列存储系统。　　　　　（　　）

（3）大数据分析是对总体数据，尤其是针对传统手段捕捉到的数据之外的非结构化数据进行分析，这意味着数据的理解、清洗等加工过程是复杂多变的，这使它更具有挑战性，但同时它提供了在数据中获得更多洞察力的可能。　　　　　　　（　　）

（4）从数据处理类型来看，大数据处理可分为传统的查询分析计算、复杂的数据挖掘分析计算。　　　　　　　　　　　　　　　　　　　　　　　（　　）

第4章　大数据的存储

大数据一般不会是一成不变的数据，而是会不断追加新的数据；大数据环境一定是海量的数据环境，并且增量也有可能是海量的。为了能够快速、稳定地存取这些数据，很多主流的数据库纷纷提出了一些解决方案。

4.1　大数据的存储方式

大数据通常指的是那些数量巨大，难以收集、处理、分析的数据集，也指那些在传统基础设施中长期保存的数据。大数据存储是将这些数据集持久化到计算机中。

4.1.1　大数据存储综述

随着信息社会的发展，越来越多的信息被数据化，尤其是伴随着 Internet 的发展，数据呈爆炸式增长。从存储服务的发展趋势来看，一方面，对数据的存储量的需求越来越大；另一方面，对数据的有效管理提出了更高的要求。首先是存储容量急剧膨胀，从而对存储服务器提出了更大的需求；其次是数据持续时间增加；最后，对数据存储的管理提出了更高的要求。数据的多样化、地理上的分散性、对重要数据的保护等都对数据管理提出了更高的要求。随着数字图书馆、电子商务、多媒体传输等的不断发展，数据从 GB、TB 级发展到 PB 级。存储产品已不再是附属于服务器的辅助设备，而成为互联网中最主要的成本所在。大数据存储示例如图 4-1 所示。

1．基本介绍

随着大数据应用的爆发性增长，大数据已经衍生出了自己独特的架构，而且直接推动了存储、网络以及计算技术的发展。毕竟处理大数据这种特殊的需求是一个新的挑战。硬件的发展最终还是由软件需求推动的，大数据分析应用需求正在影响着数据存储基础设施的发展。

从另一方面看，这一变化对存储厂商和其他 IT 基础设施厂商也是一个机会。随着结构化数据和非结构化数据量的持续增长，以及分析数据来源的多样化，此前存储系统的设计已经无法满足大数据应用的需要。存储厂商已经意识到这一点，他们开始修改基于块和文件的存储系统的架构设计以适应这些新的要求。

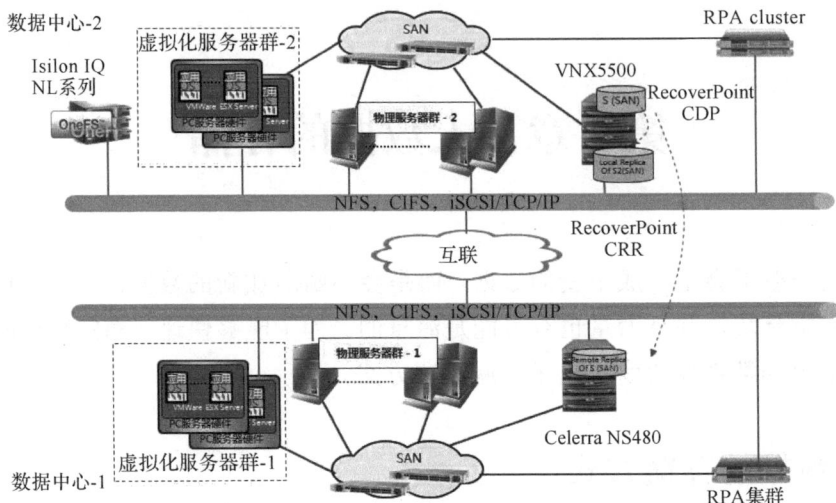

图 4-1 大数据存储示例

数据容量的增长是无限的，如果只是一味地添加存储设备，那么无疑会大幅增加存储成本。因此，大数据存储对于数据的精简也提出了要求。同时，不同应用对于存储容量的需求也有所不同，而应用所要求的存储空间往往并不能得到充分利用，这也造成了浪费。

针对以上的问题，重复数据删除和自动精简配置两项技术在近年来受到了广泛的关注和追捧。重复数据删除通过文件块级的比对，将重复的数据块删除而只留下单一实例。这一做法使得冗余的存储空间得到释放，客观上增加了存储容量。

2．大数据存储和传统的数据存储的不同

大数据应用的一个主要特点是实时性或者近实时性。

类似地，一个金融类的应用，为业务员从数量巨大、种类繁多的数据里快速挖掘出相关信息，能帮助他们领先于竞争对手做出交易的决定。

数据通常以每年50%的速度快速增长，尤其是非结构化数据。随着科技的进步，有越来越多的传感器、移动设备、社交多媒体等，所以数据只可能继续增长。总之，大数据需要高性能、高吞吐率、大容量的基础设备。

3．结构化数据与非结构化数据

在信息社会，信息可以划分为两大类。一类信息能够用数据或统一的结构加以表示，我们称之为结构化数据，如数字、符号；而另一类信息无法用数字或统一的结构表示，如文本、图像、语音、网页等，我们称之为非结构化数据，如图4-2所示。结构化数据是非结构化数据的特例。

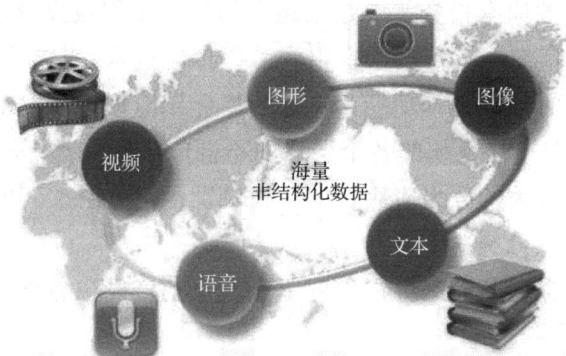

图 4-2 非结构化数据

结构化数据能变成二维的行数据，主要应用在关系型数据库中。非结构化数据是不可变的，例如视频、音频文件，没有办法变成二维的行数据，一般不能用简单的关系型数据库存储，所以就引入了别的存储方式。

相对于结构化数据（即行数据，存储在数据库里，可以用二维表结构来逻辑表达）而言，不方便用数据库二维表来表达的数据称为非结构化数据，包括所有格式的办公文档、文本、图片、图像和音视频信息等。

随着网络技术的发展，特别是 Internet 和 Intranet 技术的飞快发展，非结构化数据的规模日趋增大。这时，主要用于管理结构化数据的关系型数据库的局限性暴露得越来越明显。因而，数据库技术相应地进入了"后关系型数据库时代"，并逐步进入基于网络应用的非结构化数据库时代。

所谓非结构化数据库，是指数据库的变长记录由若干不可重复和可重复的字段组成，而每个字段又可由若干不可重复和可重复的子字段组成。简单地说，非结构化数据库就是字段可变的数据库。

4．企业在处理大数据存储中存在的问题

目前企业存储面临几个问题，一是存储数据的成本在不断地增加，必须削减开支、节约成本以保证高可用性；二是数据存储容量爆炸性增长且难以预估；三是越来越复杂的环境使得存储的数据无法管理。针对企业信息架构如何适应现状去提供一个较为理想的解决方案，目前业界有几个发展方向。

1）存储虚拟化

对于存储面临的难题，业界采用的解决手段之一就是存储虚拟化。虚拟存储的概念实际上在早期的计算机虚拟存储器中就已经很好地得以体现了，常说的网络存储虚拟化只不过是在更大规模范围内体现存储虚拟化的思想。该技术通过聚合多个存储设备的空间，灵活部署存储空间，从而实现现有存储空间的高利用率，避免不必要的设备开支。

存储虚拟化的好处显而易见，可实现存储系统的整合，提高存储空间的利用率，

简化系统的管理，保护原有投资等。越来越多的厂商正积极投身于存储虚拟化领域，比如数据复制、自动精简配置等技术也用到了虚拟化技术。虚拟化并不是一个单独的产品，而是存储系统的一项基本功能。它对于整合异构存储环境、降低系统整体拥有成本是十分有效的。在存储系统的各个层面和不同应用领域都广泛使用虚拟化这个概念。考虑整个存储层次大体分为应用、文件和块设备三个层次，相应的虚拟化技术也大致可以按这三个层次分类。

目前大部分设备提供商和服务提供商都在自己的产品中包含存储虚拟化技术，使得用户能够方便地使用。

2）容量扩展

目前，存储管理的重点已经从对存储资源的管理转变到对数据资源的管理。随着存储系统规模的不断扩大，数据如何在存储系统中进行时空分布成为保证数据的存取性能、安全性和经济性的重要问题。面对信息海量增长对存储扩容的需求，目前主流厂商均提出了各自的解决方案。由于存储现状比较复杂，存储技术的发展业界还没有形成统一的认识，因此在应对存储容量增长的问题上，尚存在很大的提升空间。技术是发展的，数据的世界也在不断变化的过程中走向完美。企业信息架构的"分"与"合"的情况并不绝对。目前出现了许多融合技术，如 NAS 与 SAN 的融合、统一存储网等，这些都将对企业信息架构产生不同的影响。至于到底采用哪种技术更合适，取决于企业自身对数据的需求。

5. 大数据存储的研究

为了支持大规模数据的存储、传输与处理，针对大数据存储目前主要开展如下三个方向的研究。

1）虚拟存储技术

存储虚拟化的核心工作是物理存储设备到单一逻辑资源池的映射，通过虚拟化技术，为用户和应用程序提供虚拟磁盘或虚拟卷，并且用户可以根据需求对它进行任意分割、合并、重新组合等操作，并分配给特定的主机或应用程序，为用户隐藏或屏蔽具体的物理设备的各种物理特性。存储虚拟化可以提高存储利用率，降低成本，简化存储管理，而基于网络的虚拟存储技术已成为一种趋势，它的开放性、扩展性、管理性等方面的优势将在数据大集中、异地容灾等应用中充分体现出来。

2）高性能 I/O

数据共享是集群系统中的一个基本需求。当前经常使用的是网络文件系统 NFS 或者 CIFS。当一个计算任务在 Linux 集群上运行时，计算节点首先通过 NFS 协议从存储系统中获取数据，然后进行计算处理，最后将计算结果写入存储系统。在这个过程中，计算任务的开始和结束阶段数据读写的 I/O 负载非常大，而在计算过程中几乎没有任何负载。当今的 Linux 集群系统处理能力越来越强，可达到几十甚至上百个

TFLOPS，于是用于计算处理的时间越来越短。但传统存储技术架构对带宽和 I/O 能力的提高却非常困难且成本高昂。这造成了当原始数据量较大时，I/O 读写所占的整体时间就相当可观，成为 HPC 集群系统的性能瓶颈。提高 I/O 效率，已经成为今天大多数 Linux 并行集群系统提高效率的首要任务。

3）网格存储系统

数据需求除了容量特别大，还要求广泛共享。比如运行于 BECP II 上的新一代北京谱仪实验 BES III，五年内累积数据 5PB，分布在全球的 20 多个研究单位将对其进行访问和分析。因此，网格存储系统应该能够满足大数据存储、全球分布、快速访问、统一命名的需求。其主要研究内容包括：网格文件名字服务、存储资源管理、高性能的广域网数据传输、数据复制、透明的网格文件访问协议等。

6．大数据存储的处理方法

（1）选用优秀的数据库工具；

（2）编写优良的程序代码；

（3）对海量数据进行分区操作；

（4）建立广泛的索引；

（5）建立缓存机制；

（6）加大虚拟内存；

（7）分批处理；

（8）使用临时表和中间表；

（9）优化查询 SQL 语句；

（10）使用文本格式进行处理；

（11）定制强大的清洗规则和出错处理机制；

（12）建立视图或者物化视图；

（13）避免使用 32 位计算机（极端情况除外）；

（14）考虑操作系统问题；

（15）使用数据仓库和多维数据库存储；

（16）使用采样数据，进行数据挖掘；

（17）海量数据关联存储。

4.1.2　数据的存储方法

1．顺序存储方法

该方法把逻辑上相邻的节点存储在物理位置上相邻的存储单元里，节点间的逻辑关系由存储单元的邻接关系来体现，如图 4-3 所示。由此得到的存储表示称为顺序存储结构（Sequential Storage Structure），通常借助程序语言的数组描述。

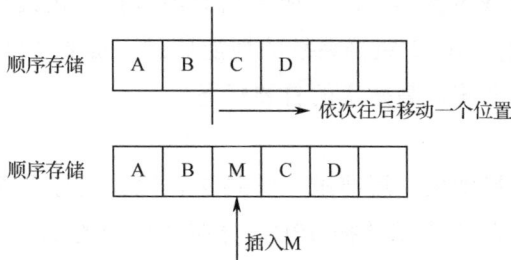

图 4-3　顺序存储方法

该方法主要应用于线性的数据结构。非线性的数据结构也可通过某种线性化的方法实现顺序存储。

2．链接存储方法

该方法不要求逻辑上相邻的节点在物理位置上也相邻，节点间的逻辑关系由附加的指针字段表示，由此得到的存储表示称为链式存储结构（Linked Storage Structure），通常借助程序语言的指针来描述，如图 4-4 所示。

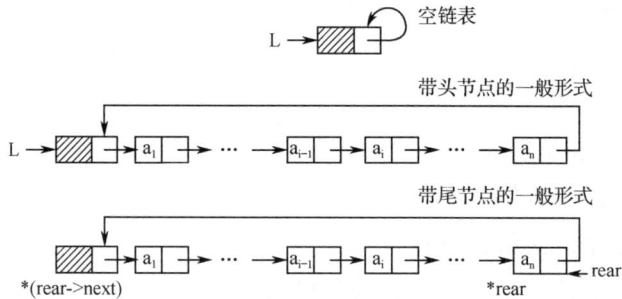

图 4-4　链接存储方法

3．索引存储方法

如图 4-5 所示，该方法通常在存储节点信息的同时，还建立附加的索引表。索引表由若干索引项组成，若每个节点在索引表中都有一个索引项，则该索引表称为稠密索引（Dense Index）。若一组节点在索引表中只对应一个索引项，则该索引表称为稀疏索引（Spare Index）。索引项的一般形式是：（关键字，地址）。

关键字是能唯一标识一个节点的数据项。稠密索引中索引项的地址指示节点所在的存储位置，稀疏索引中索引项的地址指示一组节点的起始存储位置。

4．散列存储方法

该方法的基本思想是根据节点的关键字直接计算出该节点的存储地址，特点是添加、查询速度快。散列存储方法如图 4-6 所示。

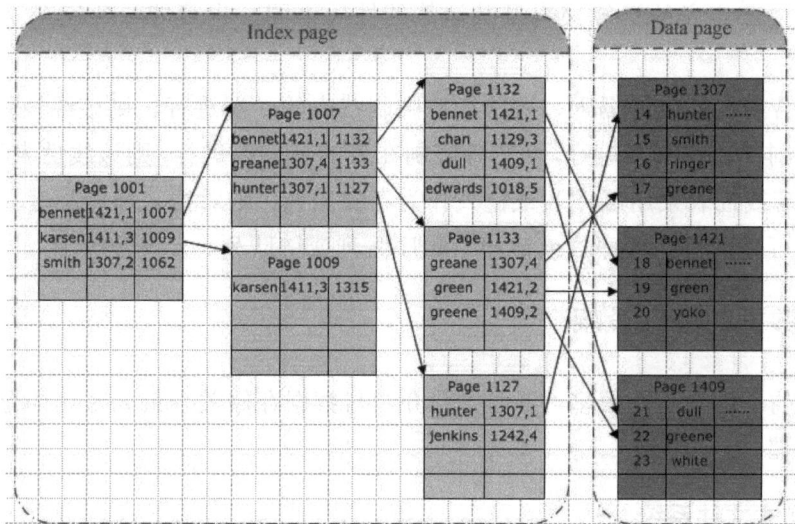

图 4-5 索引存储方法

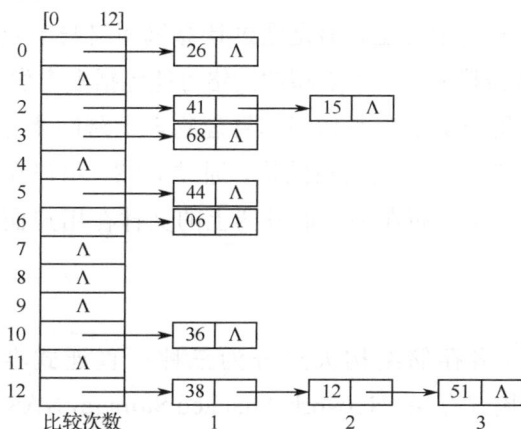

图 4-6 散列存储方法

以上四种基本存储方法，既可单独使用，也可组合起来对数据结构进行存储。同一逻辑结构采用不同的存储方法，可以得到不同的存储结构。选择何种存储结构来表示相应的逻辑结构，视具体要求而定，主要考虑运算方便及算法的时空要求。

数据的逻辑结构、数据的存储结构及数据的运算三方面的关系如下。

（1）三方面是一个整体。孤立地去理解一个方面，而不注意它们之间的联系是不可取的。存储结构是数据结构不可缺少的一方面，同一逻辑结构的不同存储结构可冠以不同的数据结构名称来标识。

例如，线性表是一种逻辑结构，若采用顺序存储方法表示，可称其为顺序表；若采用链式存储方法，则可称其为链表；若采用散列存储方法，则可称其为散列表。

（2）数据的运算是数据结构不可分割的一个方面。在给定了数据的逻辑结构和存储结构之后，若定义的运算集合及其运算的性质不同，也可能导致完全不同的数据结构。

例如，若将线性表的插入、删除运算限制在表的一端进行，则该线性表称为栈；若将插入限制在表的一端进行，而删除限制在表的另一端进行，则该线性表称为队列。更进一步，若线性表采用顺序表或链表作为存储结构，则对插入和删除运算做了上述限制之后，可分别得到顺序栈或链栈、顺序队列或链队列。

4.1.3　大数据的基础设施

大数据的基础设施有很多，下面主要介绍与数据存储关系最为密切的分布式文件系统和云存储。

1．分布式文件系统

分布式文件系统（Distributed File System，DFS）是指文件系统管理的物理存储资源不一定直接连接在本地节点上，而是通过计算机网络与节点相连。分布式文件系统的设计基于客户-服务器模式。一个典型的网络可能包括多个供多用户访问的服务器。

分布式文件系统使用户更加容易访问和管理物理上跨网络分布的文件。DFS 为文件系统提供了单个访问点和一个逻辑树结构，通过 DFS，用户在访问文件时不需要知道它们的实际物理位置，即分布在多个服务器上的文件在用户面前就如同在网络的同一个位置。

1）成熟架构

早期比较成熟的网络存储结构大致分为三种：直连式存储（Direct Attached Storage，DAS）、网络连接式存储（Network Attached Storage，NAS）和存储网络（Storage Area Network，SAN）。

（1）在直连式存储中，主机与主机之间、主机与磁盘之间采用 SCSI 总线通道或 FC 通道、IDE 接口实现连接，将数据存储扩展到了多台主机、多个磁盘。随着存储容量的增加，SCSI 通道将会成为 I/O 瓶颈。

（2）网络连接式存储是一种连接到局域网的基于 IP 的文件系统共享设备。NAS 系统拥有一个专用的服务器，安装优化的文件系统和瘦操作系统，该操作系统专门服务于文件请求。NAS 设备是专用、高性能、高速的文件服务和存储系统。

（3）存储网络是指存储设备相互连接且与一台服务器或一个服务器群相连的网络。一个 SAN 由负责网络连接的通信结构、负责组织连接的管理层、存储部件以及计算机系统构成。与 NAS 偏重文件共享不同，SAN 主要提供高速信息存储，存储网络通信中使用到的相关技术和协议，包括 SCSI、RAID、iSCSI 以及光纤信道。

2）存储结构

随着全球非结构化数据快速增长，针对结构化数据设计的这些传统存储结构在性能、可扩展性等方面都难以满足要求，进而出现了集群存储、集群并行存储、P2P 存储、面向对象存储等多种存储结构。

（1）集群存储（图 4-7）。就是将若干个普通性能的存储系统联合起来组成"存储的集群"。集群存储采用开放式的架构，具有很高扩展性，一般包括存储节点、前端网络、后端网络三个构成元素，每个元素都可以非常容易地进行扩展和升级而不用改变集群存储的架构。集群存储通过分布式操作系统可在前端和后端都实现负载均衡。

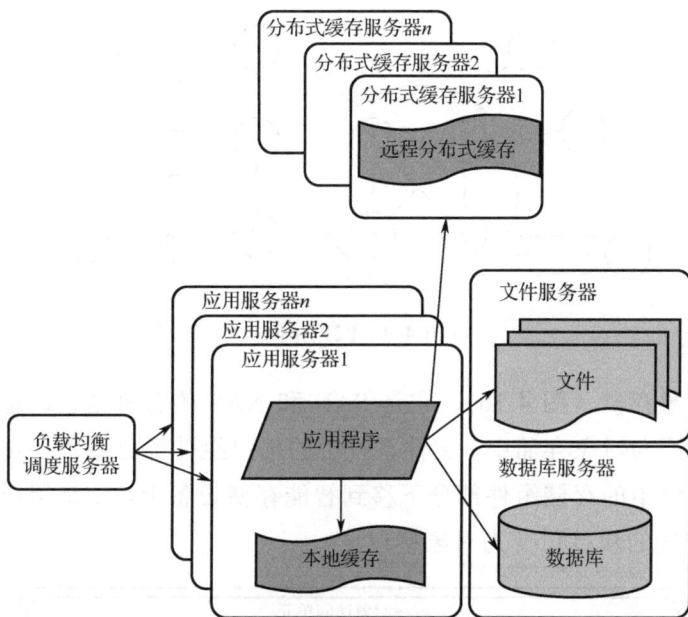

图 4-7 集群存储

（2）集群并行存储（图 4-8）。它采用了分布式文件系统混合并行文件系统。并行存储容许客户端和存储直接打交道，这样可以极大地提高性能。集群并行存储提高了并行或分区 I/O 的整体性能，特别是读取操作密集型以及大型文件的访问。它可获取更大的命名空间或可编址的阵列，通过在相互独立的存储设备上复制数据来提高可用性。通过廉价的集群存储系统来大幅降低成本，并解决扩展性方面的难题。集群并行存储多在大型数据中心或高性能计算中心使用。

（3）P2P 存储（图 4-9）。用 P2P 的方式在广域网中构建大规模分布式存储系统。从体系结构来看，系统采用无中心结构，节点之间对等，通过互相合作来完成用户任务。用户通过该平台自主寻找其他节点进行数据备份和存储空间交换。它为用户构建了大规模存储交换的系统平台。P2P 存储用于构建更大规模的分布式存储系统，可以跨多个大型数据中心或高性能计算中心使用。

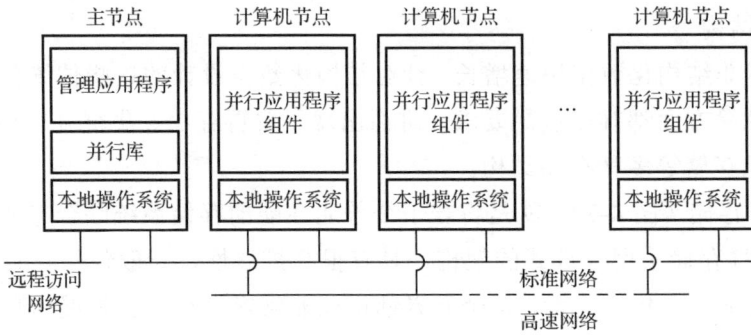

图 4-8　集群并行存储

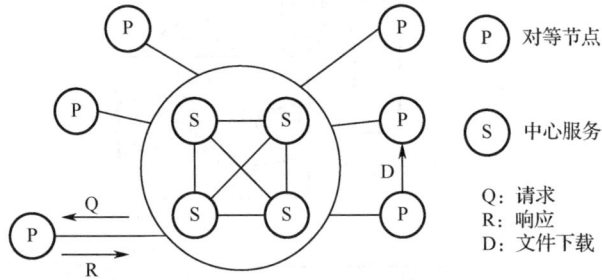

图 4-9　P2P 存储

（4）面向对象存储（图 4-10）。它是 SAN 和 NAS 的有机结合，是一种存储系统的发展趋势。在面向对象存储中，文件系统中的用户组件部分基本与传统文件系统相同，而将文件系统中的存储组件部分下移到智能存储设备上，于是用户对于存储设备的访问接口由传统的块接口变为对象接口。

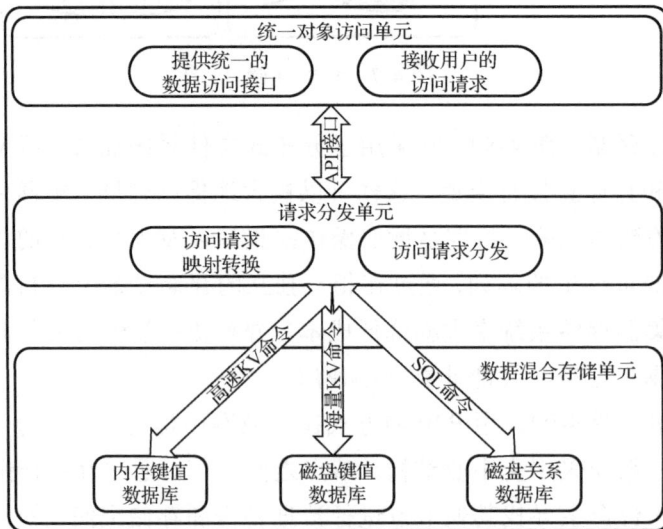

图 4-10　面向对象存储

3）典型系统

基于多种分布式文件系统的研究成果，人们对体系结构的认识不断深入，分布式文件系统在体系结构、系统规模、性能、可扩展性、可用性等方面经历了较大的变化。下面按时间顺序介绍几个分布式文件系统的典型应用。

1985 年出现的 NFS 受到了广泛的关注和认可，被移植到了几乎所有主流的操作系统上，成为分布式文件系统事实上的标准。NFS 利用 UNIX 系统中的虚拟文件系统（Virtual File System，VFS）机制，将客户机对文件系统的请求，通过规范的文件访问协议和远程过程调用，转发到服务器端进行处理；服务器端通过本地文件系统完成文件的处理，实现了全局的分布式文件系统。Sun 公司公开了 NFS 的实施规范，互联网工程任务组（The Internet Engineering Task Force，IETF）将其列为征求意见稿（Request For Comments，RFC），这在很大程度上促使 NFS 的很多设计实现方法成为标准，也促进了 NFS 的流行。

General Parallel File System（GPFS）是目前应用范围较广的一个系统，在系统设计中采用了多项当时较为先进的技术。GPFS 的磁盘数据结构可以支持大容量的文件系统和大文件，通过采用分片存储、较大的文件系统块、数据预读等方法获得了较高的数据吞吐率；采用扩展哈希（Extensible Hashing）技术来支持含有大量文件和子目录的目录，提高文件的查找和检索效率，如图 4-11 所示。GPFS 采用不同粒度的分布式锁解决系统中的并发访问和数据同步问题：字节范围的锁用于用户数据的同步，动态选择元数据节点进行元数据的集中管理；具有集中式线索的分布式锁管理整个系统的空间分配等。GPFS 采用日志技术对系统进行在线灾难恢复。每个节点都有各自独立的日志，且单个节点失效时，系统中的其他节点可以代替失效节点检查文件系统日志，进行元数据恢复操作。GPFS 还有效地解决了系统中任意单个节点的失效、网络通信故障、磁盘失效等问题。此外，GPFS 支持在线动态添加、减少存储设备，然后在线重新平衡系统中的数据。这些特性在需要连续作业的高端应用中尤为重要。

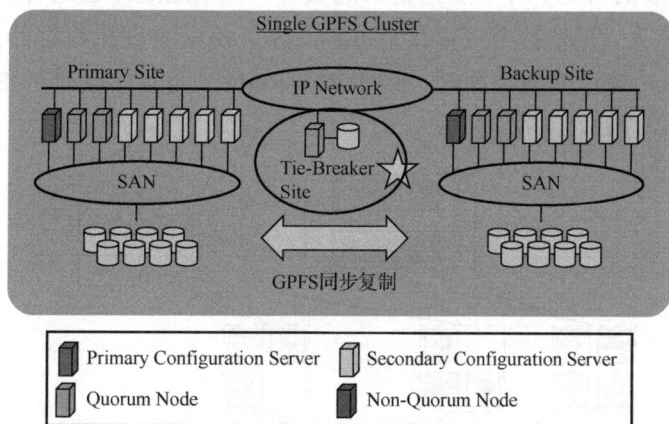

图 4-11　GPFS 架构

　　IBM 公司在 GPFS 的基础之上发展进化而来的 Storage Tank 以及基于 Storage Tank 的 Total Storage SAN File System 又将分布式文件系统的设计理念和系统架构向前推进了一步。它们除了具有一般的分布式文件系统的特性，还采用 SAN 作为整个文件系统的数据存储和传输路径。它们采用带外（Out-of-band）结构，将文件系统元数据在高速以太网上传输，由专门的元数据服务器来处理和存储。文件系统元数据和文件数据的分离管理和存储，可以更好地利用各自存储设备和传输网络的特性，提高系统的性能，有效降低系统的成本。Storage Tank 采用积极的缓存策略，尽量在客户端缓存文件元数据和数据。即使打开的文件被关闭，也可以在下次使用时利用已经缓存的文件信息，整个文件系统由管理员按照目录结构划分成多个文件集（Fileset）。每一个文件集都是一个相对独立的整体，可以进行独立的元数据处理和文件系统备份等。不同的文件集可以分配到不同的元数据服务器处理，形成元数据服务器机群，提供系统的扩展性、性能、可用性等。在 Total Storage 中，块虚拟层将整个 SAN 的存储进行统一的虚拟管理，为文件系统提供统一的存储空间。这样的分层结构有利于简化文件系统的设计和实现。同时，它们的客户端支持多种操作系统，是一个支持异构环境的分布式文件系统。在 SAN File System 中，采用了基于策略的文件数据位置选择方法，能有效地利用系统的资源、提高性能、降低成本。

　　GFS（Google File System）系统集群由一个 Master 节点和大量的 Chunkserver 节点构成，并被许多客户（Client）访问，GFS 架构如图 4-12 所示。GFS 把文件分成 64MB 的块，压缩了元数据的大小，使 Master 节点能够非常方便地将元数据放置在内存中以提升访问效率。数据块分布在集群的计算机上，使用 Linux 的文件系统存放，同时每块文件至少有 3 份以上的冗余。考虑到文件很少被删减或者覆盖，文件操作以添加为主，充分考虑了硬盘线性吞吐量大和随机读取慢的特点。中心是一个 Master 节点，根据文件索引，找寻文件块。系统保证每个 Master 都会有相应的复制品，以便在 Master 节点出现问题时进行切换。在 Chunk 层，GFS 将节点失效视为常态，能够非常好地处理 Chunk 节点失效的问题。对于那些稍旧的文件，可以通过对它进行压缩来节省硬盘空间，且压缩率惊人，有时甚至可以接近 90%。为了保证大规模数据的高速并行处理，引入了 MapReduce 编程模型。同时，由于 MapReduce 将很多烦琐的细节隐藏起来，也极大地简化了程序员的开发工作。

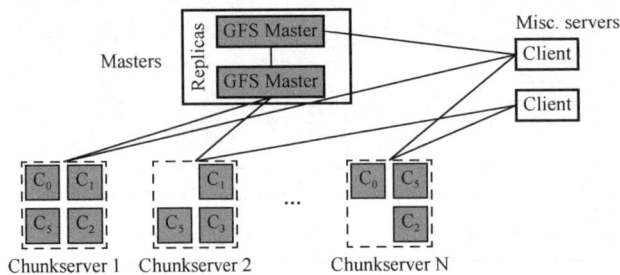

图 4-12　GFS 架构

Yahoo 也推出了基于 MapReduce 的开源版本 Hadoop，目前 Hadoop 在业界已经被大规模使用。HDFS（Hadoop Distributed File System）有着高容错性的特点，并且设计用来部署在低廉的硬件上，实现了异构软硬件平台间的可移植性，其架构如图 4-13 所示。为了尽量减小全局的带宽消耗读延迟，HDFS 尝试返回给一个读操作离它最近的副本。硬件故障是常态，而不是异常，HDFS 可以自动地维护数据的多份副本，并且在任务失败后能自动地重新部署计算任务，实现了故障的检测和自动快速恢复。HDFS 放宽了可移植操作系统接口（Portable Operating System Interface，POSIX）的要求，这样可以流的形式访问文件系统中的数据，实现了以流的形式访问大型文件的目的，重点是数据吞吐量，而不是数据访问的反应时间。HDFS 提供了接口，来让程序将自己移动到离数据存储更近的位置，消除了网络的拥堵，提高了系统的整体吞吐量。HDFS 的命名空间是由名字节点来存储的。名字节点使用叫作 EditLog 的事务日志来持久记录每一个对文件系统元数据的改变。名字节点在本地文件系统中用一个文件来存储这个 EditLog。整个文件系统命名空间，包括文件块的映射表和文件系统的配置都存在一个名为 FsImage 的文件中，FsImage 也存放在名字节点的本地文件系统中。FsImage 和 EditLog 是 HDFS 的核心数据结构。

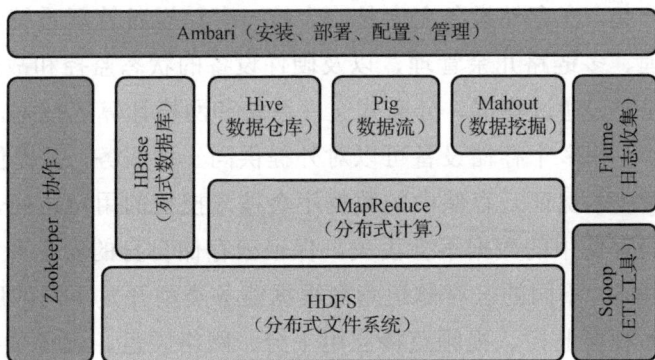

图 4-13　Hadoop 架构

2．云存储

面对大数据的海量异构数据，传统存储技术面临建设成本高、运维复杂、扩展性有限等问题，成本低廉、提供高可扩展性的云存储技术日益得到关注。

1）定义

由于业内没有统一的标准，各厂商的技术发展路线也不尽相同，因此相对于云计算，云存储概念存在更多的模糊现象。结合云存储技术发展背景及主流厂商的技术方向，可以得出如下定义：云存储是通过集群应用、网格技术或分布式文件系统等，将网络中大量各种不同的存储设备通过应用软件集合起来协同工作，共同对外提供数据存储和业务访问功能的一个系统。

2）云存储架构

云存储是由一个网络设备、存储设备、服务器、应用软件、公用访问接口、接入网和客户端程序等组成的复杂系统。以存储设备为核心，通过应用软件来对外提供数据存储和业务访问服务。云存储架构如图 4-14 所示。

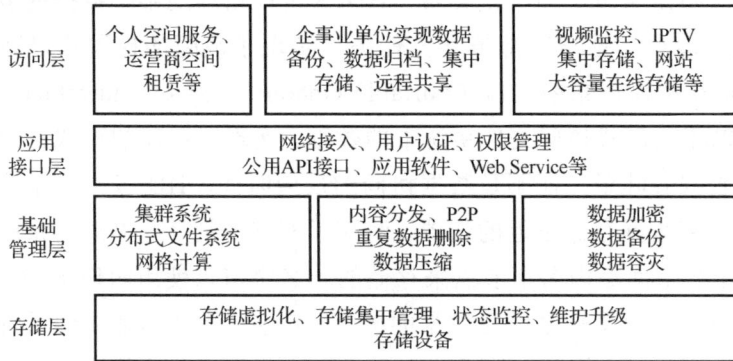

访问层	个人空间服务、运营商空间租赁等	企事业单位实现数据备份、数据归档、集中存储、远程共享	视频监控、IPTV集中存储、网站大容量在线存储等
应用接口层	网络接入、用户认证、权限管理公用API接口、应用软件、Web Service等		
基础管理层	集群系统分布式文件系统网格计算	内容分发、P2P重复数据删除数据压缩	数据加密数据备份数据容灾
存储层	存储虚拟化、存储集中管理、状态监控、维护升级存储设备		

图 4-14　云存储架构

（1）存储层。存储设备数量庞大且分布在不同地域，彼此通过广域网、互联网或光纤网络连接在一起。在存储设备之上是一个统一存储设备管理系统，实现存储设备的逻辑虚拟化管理、多链路冗余管理，以及硬件设备的状态监控和故障维护。

（2）基础管理层。通过集群、分布式文件系统和网格计算等技术，实现云存储设备之间的协同工作，使多个存储设备可以对外提供同一种服务，并提供更好的数据访问性能。数据加密技术保证云存储中的数据不会被未授权的用户访问，数据备份和容灾技术可以保证云存储中的数据不会丢失，保证云存储自身的安全和稳定。

（3）应用接口层。不同的云存储运营商根据业务类型开发不同的服务接口，提供不同的服务，例如视频监控、视频点播应用平台、网络硬盘、远程数据备份应用等。

（4）访问层。授权用户可以通过标准的公用应用接口来登录云存储系统，享受云存储服务。

3）云存储中的数据缩减技术

大数据时代云存储的关键技术主要有存储虚拟化、分布式存储技术、数据备份、数据缩减技术、内容分发网络技术、数据迁移技术、数据容错技术等，而其中云存储的数据缩减技术能够满足海量信息爆炸式增长趋势，在一定程度上节约企业存储成本，提高效率，从而成为人们关注的重点。

4）自动精简配置

传统配置技术为了避免重新配置可能造成的业务中断，常常会过度配置容量。在这种情况下，一旦存储分配给某个应用，就不可能重新分配给另一个应用，由此造成了已分配的容量没有得到充分利用，造成资源极大浪费。

自动精简配置技术利用虚拟化方法减少物理存储空间的分配，最大限度提升存储空间利用率，其核心原理是"欺骗"操作系统，让操作系统认为存储设备中有很大的存储空间，而实际的物理存储空间则没有那么大。自动精简配置技术的应用会减少已分配但未使用的存储容量的浪费，在分配存储空间时，系统按需分配。随着数据存储的信息量越来越多，实际存储空间也可以及时扩展，无须用户手动处理。

5）自动存储分层

自动存储分层（AST）技术是存储上减少数据的另外一种机制，主要用来帮助数据中心最大限度地降低成本和复杂性。过去，数据移动主要依靠手工操作，由管理员来判断这个卷的数据访问压力的大或小，迁移的时候也只能整卷一起迁移。自动存储分层技术的特点是分层的自动化和智能化。利用自动存储分层技术，一个磁盘阵列能够把活动数据保留在快速、昂贵的存储上，把不活跃的数据迁移到廉价的低速层上，使用户数据保留在合适的存储层级，减少了存储需求的总量，降低了成本，提升了性能。随着固态存储在当前磁盘阵列中的采用及云存储的来临，自动存储分层已经成为大数据时代存储的主要方式。

6）重复数据删除

物理存储设备在使用一段时间后必然会出现大量重复的数据。重复数据删除技术作为一种数据缩减技术可对存储容量进行优化。它通过删除数据集中重复的数据，只保留一份，从而消除冗余数据。使用该技术可以将数据缩减到原来的 1/20～1/50。由于大幅度减少了对物理存储空间的需求量，因而能够达到减少传输过程中的网络带宽、节约设备成本、降低能耗的目的。重复数据删除技术按照消重的粒度可以分为文件级和数据块级。可以同时使用两种以上的 Hash 算法计算数据指纹，以获得非常小的数据碰撞发生概率。具有相同指纹的数据块即可认为是相同的数据块，存储系统中仅需要保留一份。这样，一个物理文件在存储系统中就只对应一个逻辑表示。

7）数据压缩

数据压缩技术是提高数据存储效率最古老、最有效的方法之一，可以显著降低待处理和存储的数据量，一般情况下可实现 2:1～3:1 的压缩率，对于随机数据效果更好。其原理就是将收到的数据通过存储算法存储到更小的空间中。在线压缩（RACE）是最新研发的数据压缩技术，与传统压缩技术不同。对 RACE 技术来说，不仅能在数据首次写入时进行压缩，以帮助系统控制大量数据在主存中杂乱无章地存储的情形，还可以在数据写入存储系统前压缩数据，进一步提高存储系统中的磁盘和缓存的性能和效率。数据压缩中使用的 LZS 算法基于 LZ77 算法实现，主要由两部分构成：滑窗（Sliding Window）和自适应编码（Adaptive Coding），LZ77 算法示意图如图 4-15 所示。压缩处理时，在滑窗中查找与待处理数据相同的块，并用该块在滑窗中的偏移值及块长度替代待处理数据，从而实现压缩编码。如果滑窗中没有与待处理数据块相同的字段，或偏移值及长度数据超过被替代数据块的长度，则不进行替代处理。LZS 算法的实现非常简单，处理也比较简单，能够适应各种高速应用。

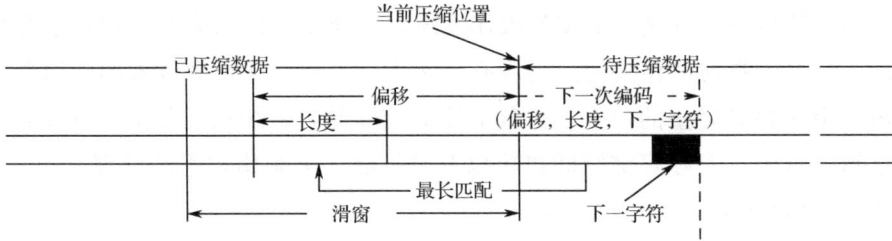

图 4-15　LZ77 算法示意图

4.1.4　大数据文件存储方式

1. 块存储

典型设备：磁盘阵列、硬盘。

块存储是指在一个 RAID（独立磁盘冗余阵列）集中，一个控制器加入一组磁盘驱动器，然后提供固定大小的 RAID 块作为 LUN（逻辑单元号）的卷，如图 4-16 所示。

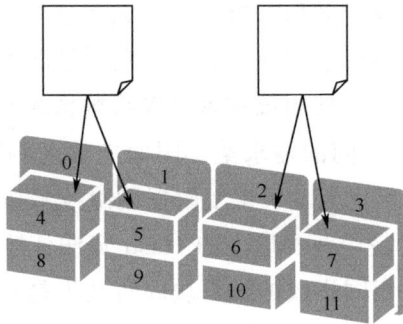

图 4-16　块存储

块存储将裸磁盘空间整个映射给主机使用，例如，磁盘阵列里有 5 个硬盘（为方便说明，假设每个硬盘容量为 1GB），可以通过划分逻辑盘、做 RAID 或者 LVM（逻辑卷）等方式划分出 N 个逻辑盘。假设划分完的逻辑盘也是 5 个，每个的容量也是 1GB，但是这 5 个 1GB 的逻辑盘已经与原来的 5 个物理硬盘完全不同了。例如第一个逻辑盘 A 里，可能第一个 200MB 来自物理硬盘 1，第二个 200MB 来自物理硬盘 2，所以逻辑盘 A 是由多个物理硬盘逻辑虚构出来的硬盘。接着，块存储会采用映射的方式将这几个逻辑盘映射给主机，主机上的操作系统会识别出 5 个硬盘，但是操作系统区分不出逻辑或物理的硬盘，它一概认为是 5 个物理硬盘，跟直接拿 5 个物理硬盘挂载到操作系统是没有区别的，至少在操作系统感知上没有区别。

在此种方式下，操作系统还需要对挂载的裸硬盘进行分区、格式化，之后才能使用，与平常主机内置硬盘的方式完全无异。

1）优点

（1）采用了 RAID 与 LVM 等手段，对数据提供保护。

（2）可以将多个廉价的硬盘组合起来，成为一个大容量的逻辑盘对外提供服务，提高了容量。

（3）写入数据时，由于是多个磁盘组合出来的逻辑盘，所以多个磁盘可以并行写入，提升了读写效率。

（4）由于块存储可采用 SAN 架构组网，使得传输速率与读写速率得到提升。

2）缺点

（1）采用 SAN 架构组网时，需要额外为主机购买光纤通道卡，还要买光纤交换机，成本高。

（2）主机之间的数据无法共享，在服务器不建立集群的情况下，块存储裸盘映射给主机，再格式化使用后，对于主机来说相当于本地盘，那么主机 A 的本地盘根本不能给主机 B 使用，无法共享数据。

（3）不利于不同操作系统主机间的数据共享。操作系统使用不同的文件系统，格式化之后，不同文件系统间的数据是共享不了的。例如，一个 NTFS 格式的 U 盘，插进 Linux 的笔记本电脑，根本无法识别出来，所以不利于文件共享。

3）块存储类型

块存储就好比硬盘一样，直接挂载到主机上，一般用于主机的直接存储和数据库应用的存储。它分为以下两种形式。

（1）DAS（Direct Attached Storage）是直接连接主机服务器的一种存储方式，每一台主机服务器有独立的存储设备，每台主机服务器的存储设备无法互通，需要跨主机存取资料时，必须经过相对复杂的设定，若主机服务器分属不同的操作系统，要存取彼此的资料，更为复杂，有些系统甚至不能存取。DAS 通常用在单一网络且数据交换量不大、性能要求不高的环境下，可以说是一种较早的技术实现。

（2）SAN（Storage Area Network）是一种用高速（光纤）网络连接专业主机服务器的存储方式，此系统会位于主机群的后端，它使用高速 I/O 连接方式，如 SCSI、ESCON 及 Fibre Channel。一般而言，SAN 应用在对网络要求高、对数据的可靠性和安全性要求高、对数据共享的性能要求高的应用环境中，特点是代价高、性能好，例如电信、银行的关键应用。它采用 SCSI 的 I/O 命令集，通过在磁盘或 FC（Fibre Channel）级的数据访问提供高性能的随机 I/O 和数据吞吐率，它具有高带宽、低延迟的优势，在高性能计算中占有一席之地，但是由于 SAN 系统的价格较高，且可扩展性较差，已不能满足成千上万个 CPU 规模的系统。

2．文件存储

文件存储（图 4-17）的典型设备有 FTP、NFS 服务器。

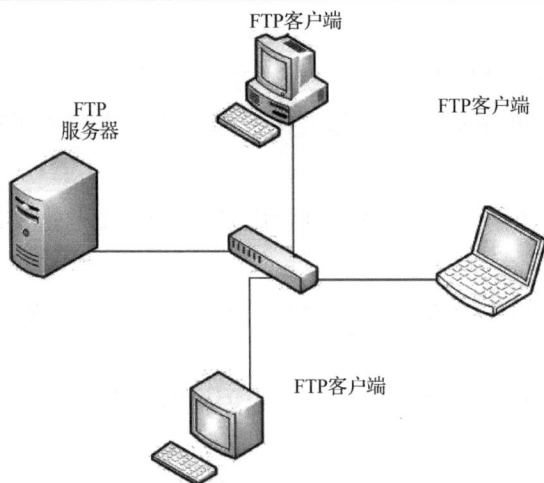

图 4-17　文件存储

　　为了解决文件无法共享的问题，出现了文件存储。文件存储也有软硬一体化的设备，但是其实一台普通的 PC，只要装上合适的操作系统和软件，就可以提供 FTP 与 NFS 服务，成为文件存储的一种方式。

　　1）优点

　　（1）造价低。随便一台 PC 装上合适的操作系统和软件就可以使用，不需要专用的 SAN 网络，普通的以太网就可以使用，所以造价低。

　　（2）方便文件共享。

　　2）缺点

　　读写速率和传输速率低，以太网的上传下载较慢。另外，所有读写都由一台服务器里的硬盘来承担，相比起磁盘阵列上百块硬盘同时读写，速率低了很多。

3．对象存储

　　典型设备：内置大容量硬盘的分布式服务器。

　　基于对象存储技术的设备就是对象存储设备，简称 OSD。所谓对象就是系统中数据存储的基本单位，一个对象实际上就是文件的数据和一组属性信息（Meta Data）的组合，这些属性信息可以定义基于文件的 RAID 参数、数据分布和服务质量等，而传统的存储系统中用文件或块作为基本的存储单位，在块存储系统中还需要始终追踪系统中每个块的属性，对象通过与存储系统通信维护自己的属性。在存储设备中，所有对象都有一个对象标识，通过对象标识 OSD 命令访问该对象。通常有多种类型的对象，存储设备上的根对象标识存储设备和该设备的各种属性，组对象是存储设备上共享资源管理策略的对象集合等。

　　对象存储最常用的方案，就是多台服务器内置大容量硬盘，再装上对象存储软件，然后额外配置几台服务器作为管理节点，安装对象存储管理软件。管理节点可以管理其他服务器对外提供读写访问功能。

之所以出现对象存储，是为了克服块存储与文件存储各自的缺点，发扬各自的优点。简单来说，块存储读写快，不利于共享；文件存储读写慢，利于共享。于是就有了对象存储，对象存储架构如图 4-18 所示。

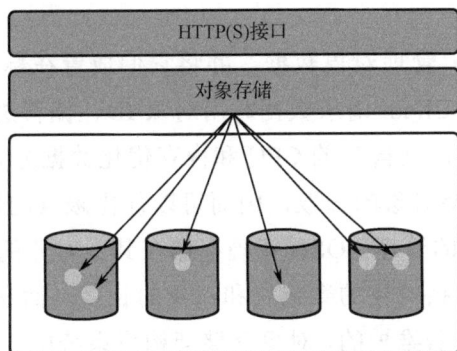

图 4-18　对象存储架构

SAN 和 NAS 是我们比较熟悉的两种主流网络存储架构。对象存储兼具 SAN 高速直接访问磁盘及 NAS 分布式共享的特点，核心是将数据通路（数据读或写）和控制通路（元数据）分离，并且基于对象存储设备（Object-based Storage Device，OSD）构建存储系统。每个对象存储设备具有一定的智能，能够自动管理其上的数据分布。

对象存储将元数据独立出来，控制节点称为元数据服务器（服务器+对象存储管理软件），主要负责存储对象的属性（主要是对象的数据被打散存放到了哪几台分布式服务器中的信息），而其他负责存储数据的分布式服务器称为 OSD，主要负责存储文件的数据部分。当用户访问对象时，会先访问元数据服务器，元数据服务器只负责反馈对象存储在哪个 OSD，假设反馈文件 A 存储在 B、C、D 三台 OSD 中，那么用户就会再次直接访问 3 台 OSD 服务器去读取数据。这时由于是 3 台 OSD 同时对外传输数据，所以传输速率就会提高，OSD 服务器数量越多，传输速率的提升就越大，通过此种方式，实现了读写快的目的。

对象存储软件是有专门的文件系统的，所以 OSD 对外又相当于文件服务器，那么就不存在共享方面的困难了，也解决了文件共享方面的问题。因此，对象存储很好地结合了块存储和文件存储的优点。

为什么对象存储兼具块存储和文件存储的好处，还要使用块存储和文件存储呢？其一，有一些应用是需要存储直接裸盘映射的，例如数据库。因为数据需要存储裸盘映射给自己后，再根据自己的数据库文件系统来对裸盘进行格式化，所以是不能够采用其他已经被格式化为某种文件系统的存储的。此类应用更适合使用块存储。其二，对象存储的成本比普通的文件存储要高，需要购买专门的对象存储软件以及大容量硬盘。如果数据量不是海量，只是为了做文件共享，直接用文件存储的形式性价比高。

1）对象存储设备

对象存储设备具有一定的智能，它有自己的 CPU、内存、网络和磁盘系统，OSD 与块设备的不同不在于存储介质，而在于两者提供的访问接口。OSD 的主要功能包括数据存储和安全访问。目前国际上通常采用刀片式结构实现对象存储设备。OSD 提供以下三个主要功能。

（1）数据存储。OSD 管理对象数据，并将它们放置在标准的磁盘系统上，OSD 不提供块接口访问方式，Client 请求数据时用对象 ID、偏移进行数据读写。

（2）智能分布。OSD 用其自身的 CPU 和内存优化数据分布，并支持数据的预取。由于 OSD 可以智能地支持对象的预取，因而可以优化磁盘的性能。

（3）每个对象元数据的管理。OSD 管理存储在其上对象的元数据，该元数据与传统的元数据相似，通常包括对象的数据块和对象的长度。而在传统的 NAS 系统中，这些元数据是由文件服务器维护的，对象存储架构将系统中主要的元数据管理工作由 OSD 来完成，降低了 Client 的开销。传统模型与 OSD 模型的对比如图 4-19 所示。

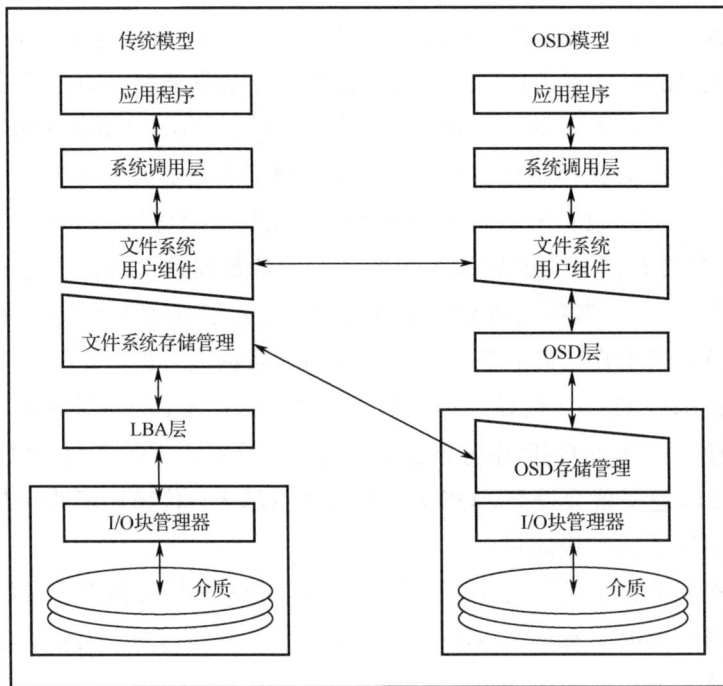

图 4-19　传统模型与 OSD 模型的对比

2）元数据服务器（Meta Data Server，MDS）

MDS 控制 Client 与 OSD 对象的交互，主要提供以下几个功能。

（1）对象存储访问。MDS 构造、管理描述每个文件分布的视图，允许 Client 直接访问对象。MDS 为 Client 提供访问该文件所含对象的能力，OSD 在接收到每个请求时将先验证该能力，然后才可以访问。

（2）文件和目录访问管理。MDS 在存储系统上构建一个文件结构，包括限额控制、目录和文件的创建和删除、访问控制等。

（3）Client Cache 一致性。为了提高 Client 性能，在设计对象存储系统时通常支持 Client 方的 Cache。由于引入 Client 方的 Cache，带来了 Cache 一致性问题，MDS 支持基于 Client 的文件 Cache，当 Cache 中的文件发生改变时，将通知 Client 刷新 Cache，从而防止 Cache 不一致引发的问题。

3）对象存储系统的 Client

为了有效支持 Client 访问 OSD 上的对象，需要在计算节点实现对象存储系统的 Client。现有的应用对数据的访问大部分都是通过 POSIX 文件方式进行的，对象存储系统提供给用户的也是标准的 POSIX 文件访问接口。接口具有和通用文件系统相同的访问方式，同时为了提高性能，也具有数据的 Cache 功能和文件的条带功能。同时，文件系统必须维护不同客户端上 Cache 的一致性，保证文件系统的数据一致。文件系统访问流程如下。

（1）客户端应用发出读请求。

（2）文件系统向元数据服务器发送请求，获取要读取的数据所在的 OSD。

（3）直接向每个 OSD 发送数据读取请求。

（4）OSD 得到请求以后，判断要读取的 Object，并根据此 Object 要求的认证方式，对客户端进行认证，如果此客户端得到授权，则将 Object 的数据返回给客户端。

（5）文件系统收到 OSD 返回的数据后，读操作完成。

4）对象存储文件系统的关键技术

（1）分布元数据。

传统的存储结构元数据服务器通常提供两个主要功能。一是为计算节点提供一个存储数据的逻辑视图（Virtual File System，VFS）、文件名列表及目录结构。二是组织物理存储介质的数据分布。对象存储结构将存储数据的逻辑视图与物理视图分开，并将负载分开，避免元数据服务器引起的瓶颈（如 NAS 系统）。元数据的 VFS 部分通常承担元数据服务器的 10%的负载，剩下的 90%工作（inode 部分）是在存储介质块的数据物理分布上完成的。在对象存储结构中，inode 工作分布到每个智能化的 OSD，每个 OSD 负责管理数据分布和检索，这样 90%的元数据管理工作分布到智能的存储设备，从而提高了系统元数据管理的性能。另外，分布的元数据管理，在增加更多的 OSD 到系统中时，可以同时提高元数据的性能和系统存储容量。

（2）并发数据访问。

对象存储体系结构定义了一个新的、更加智能化的磁盘接口 OSD。OSD 是与网络连接的设备，它自身包含存储介质，如磁盘或磁带，并具有足够的智能来管理本地存储的数据。计算节点直接与 OSD 通信，访问它存储的数据，由于 OSD 具有智能，因此不需要文件服务器的介入。如果将文件系统的数据分布在多个 OSD 上，则聚合 I/O

速率和数据吞吐率将线性增长，对绝大多数 Linux 集群应用来说，持续的 I/O 聚合带宽和吞吐率对较多数目的计算节点是非常重要的。对象存储结构提供的性能是目前其他存储结构难以达到的，如 ActiveScale 对象存储文件系统的带宽可以达到 10GB/s。

4．块存储、文件存储、对象存储的对比（表 4-1）

表 4-1　块存储、文件存储和对象存储的对比

	块存储	文件存储	对象存储
概念	用高速（光纤）网络连接专业主机服务器的一种存储方式	使用文件系统，具有目录树结构	将数据和元数据当作一个对象
速度	低延迟（10ms），热点突出	不同技术有不同的速度	100ms～1s，冷数据
可分布性	异地不现实	可分布式，但有瓶颈	分步并发能力高
文件大小	大小都可以，热点突出	适合大文件	适合各种大小
接口	Driver、kernel module	POSIX	Restful API
典型技术	SAN	HDFS、GFS	Swift、Amazon S3
适合场景	银行	数据中心	网络媒体文件存储

4.1.5　大数据存储的特点及技术路线

大数据时代，数据呈爆炸式增长。从存储服务的发展趋势来看，一方面，对数据的存储量的需求越来越大；另一方面，对数据的有效管理提出了更高的要求。大数据对存储设备的容量、读写性能、可靠性、扩展性等都提出了更高的要求，需要充分考虑功能集成度、数据安全性、数据稳定性、系统可扩展性、性能及成本等各方面因素。

1．大数据存储与应用的特点

（1）大数据的存储及处理不仅在于规模大，更要求其传输及处理的响应速度快。

相对于以往较小规模的数据处理，在数据中心处理大规模数据时，需要服务器集群有很高的吞吐量才能够让巨量的数据在应用开发人员"可接受"的时间内完成任务。这不仅是对各种应用层面的计算性能要求，更加是对大数据存储管理系统的读写吞吐量的要求。例如个人用户在网站选购自己感兴趣的货物，网站则根据用户的购买或者浏览网页行为实时进行相关广告的推荐，这需要应用的实时反馈；电子商务网站的数据分析师根据购物者在当季搜索的较为热门的关键词，为商家提供推荐的货物关键字，面对每日上亿条访问记录，要求机器学习算法在几天内给出较为准确的推荐，否则就会失去时效性；出租车行驶在城市的道路上，通过 GPS 反馈的信息及监控设备实时路况信息，大数据处理系统需要不断地给出较为便捷路径的选择。这些都要求大数据的应用层以最快的速度、最高的带宽从存储介质中获得相关海量的数据。另外，海量数据存储管理系统与传统的数据库管理系统，或者基于磁带的备份系统之间也在

发生数据交换，虽然这种交换实时性不高，可以离线完成，但由于数据规模庞大，较低的数据传输带宽也会降低数据传输速率，形成数据迁移瓶颈。因此，大数据的存储与处理的速度或带宽是其性能的重要指标。

（2）大数据由于来源不同，具有数据多样性的特点。

所谓多样性，一是指数据结构化程度多样性，二是指存储格式多样性，三是指存储介质多样性。对于传统的数据库，其存储的数据都是结构化数据，格式规整，而大数据来源于日志、历史数据、用户行为记录等，有的是结构化数据，而更多的是半结构化或者非结构化数据，这也正是传统数据库存储技术无法适应大数据存储的重要原因之一。由于数据来源不同，应用算法繁多，数据结构化程度不同，其格式也多种多样。例如有的以文本文件格式存储，有的则是网页文件，有的是一些被序列化后的比特流文件等。所谓存储介质多样性是指硬件的兼容，大数据应用需要满足不同的响应速度需求，因此其数据管理提倡分层管理机制，例如较为实时或者流数据的响应可以直接从内存或者 Flash 中存取，而离线的批处理可以建立在带有多块磁盘的存储服务器上，有的可以存放在传统的 SAN 或者 NAS 上，而备份数据甚至可以存放在磁带机上。因而大数据的存储或者处理系统必须对多种数据及软硬件平台有较好的兼容性，以适应各种应用算法或者数据提取转换与加载。

2．典型的大数据存储技术路线

（1）采用 MPP 架构的新型数据库集群，重点面向行业大数据，采用 Shared Nothing 架构，通过列存储、粗粒度索引等多项大数据处理技术，再结合 MPP 架构高效的分布式计算模式，完成对分析类应用的支撑，运行环境多为低成本 PC Server，具有高性能和高扩展性，在企业分析类应用领域获得极其广泛的应用，MPP 架构图如图 4-20 所示。

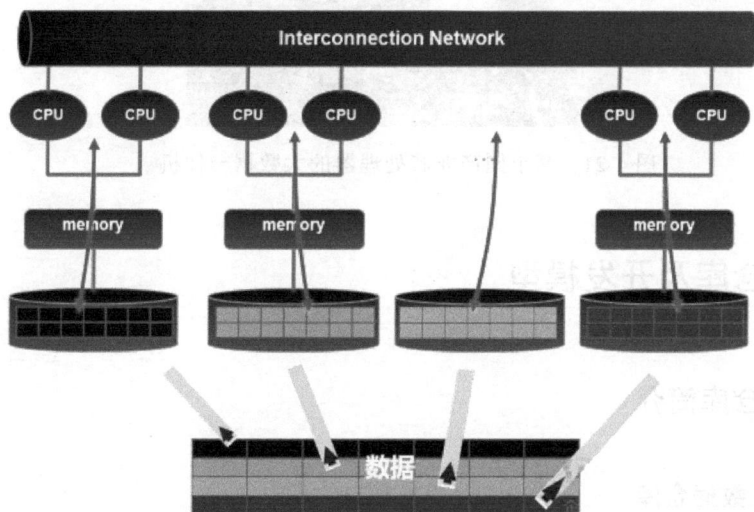

图 4-20　MPP 架构图

这类 MPP 产品可以有效支撑 PB 级别的结构化数据分析,这是传统数据库技术无法胜任的。对于企业新一代的数据仓库和结构化数据分析,目前最佳选择是 MPP 数据库。

(2)基于 Hadoop 的技术扩展和封装,围绕 Hadoop 衍生出相关的大数据技术,应对传统关系型数据库较难处理的数据和场景,例如针对非结构化数据的存储和计算等,充分利用 Hadoop 开源的优势,伴随相关技术的不断进步,其应用场景也将逐步扩大,目前最为典型的应用场景就是通过扩展和封装 Hadoop 来实现对互联网大数据存储、分析的支撑。这里面有几十种 NoSQL 技术,也在进一步细分。对于非结构化、半结构化数据处理,复杂的 ETL 流程,复杂的数据挖掘和计算模型,Hadoop 平台更擅长。

(3)大数据一体机,这是一种专为大数据的分析处理而设计的软硬件结合的产品,由一组集成的服务器、存储设备、操作系统、数据库管理系统,以及为数据查询、处理、分析用途而特别预先安装及优化的软件组成,高性能大数据一体机具有良好的稳定性和纵向扩展性。

2016 年安徽中科龙安科技股份有限公司开发的首台基于国产龙芯处理器的大数据一体机如图 4-21 所示。这台大数据一体机处理速度可达 1.5 万亿次/秒,并能根据信息处理需要进行成倍扩展。它在通用处理器与向量协处理器结合的编程模型、通用协议与专用协议结合的互联网络、动态负载均衡等关键技术上达到了国内领先水平,完善和优化了龙芯服务器的性能、函数库和数据交换中间件。

图 4-21 基于国产龙芯处理器的大数据一体机

4.2 数据仓库及开发模型

4.2.1 数据仓库简介

1. 什么是数据仓库

数据仓库,英文名称为 Data Warehouse,可简写为 DW 或 DWH。数据仓库是为企业所有级别的决策制定过程，提供所有类型数据支持的战略集合。它出于分析性报告和决策支持目的而创建，为需要业务智能的企业提供指导业务流程改进等功能。

数据仓库是决策支持系统和联机分析应用数据源的结构化数据环境。数据仓库研究和解决从数据库中获取信息的问题。

数据仓库（图 4-22）的输入来自各种各样的数据源，最终的输出用于企业的数据分析、数据挖掘、数据报表等方面。

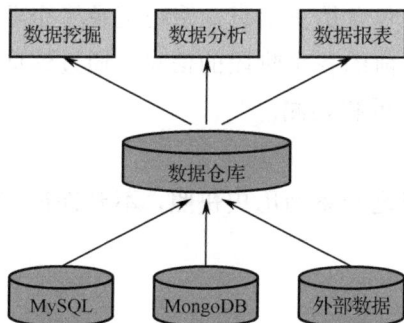

图 4-22　数据仓库

2．数据仓库的主要特点

在互联网高速发展之前，无论是电信运营商，还是大银行、保险公司等都花费巨额资金建立了自己的企业级数据仓库。这些仓库主要是为企业决策者生成企业的一些关键指标（KPI），有的企业有几千张甚至上万张 KPI 报表，有日表、周表、月表等。数据仓库的主要特点如下。

1）主题性

不同于传统数据库对应于某一个或多个项目，数据仓库根据使用者实际需求，将不同数据源的数据在一个较高的抽象层次上进行整合，所有数据都围绕某一主题域来组织。

所谓主题是指用户使用数据仓库进行决策时所关心的重点内容，一个主题通常与多个操作型信息系统相关。比如对于滴滴出行，"司机行为分析"就是一个主题；对于链家网，"成交分析"就是一个主题。

主题是与传统数据库的面向应用相对应的，是一个抽象概念，是在较高层次上将企业信息系统中的数据综合、归类并进行分析、利用的抽象。每一个主题对应一个宏观的分析领域。数据仓库排除对于决策无用的数据，提供特定主题的简明视图。

2）集成性

数据仓库中存储的数据是来源于多个数据源的集成，原始数据来自不同的数据源，存储方式各不相同。要整合成为最终的数据集合，需要经过一系列抽取、清洗、转换的过程。

　　数据仓库中的数据是在对原有分散的数据库数据抽取、清理的基础上经过系统加工、汇总和整理得到的，必须消除源数据中的不一致性，以保证数据仓库内的信息是关于整个企业的一致的全局信息。

　　数据仓库的数据主要供企业决策分析之用，所涉及的数据操作主要是数据查询，一旦某个数据进入数据仓库以后，一般情况下将被长期保留，也就是数据仓库中一般有大量的查询操作，但修改和删除操作很少，通常只需要定期加载、刷新。

　　数据仓库中的数据通常包含历史信息，系统记录了企业从过去某一时点（如开始应用数据仓库的时点）到当前的各个阶段的信息，通过这些信息，可以对企业的发展历程和未来趋势做出定量分析和预测。

　　3）稳定性

　　数据仓库中保存的数据是一系列历史快照，不允许被修改。用户只能通过分析工具进行查询和分析。

　　4）时变性

　　数据仓库的分析数据一般以日、周、月、季、年等为周期，可以看出，以日为周期的数据要求效率最高，要求 24 小时甚至 12 小时内，客户能看到前一天的数据分析。数据仓库会定期接收新的集成数据，反映出最新的数据变化。传统的关系型数据库系统比较适合处理格式化的数据，能够较好地满足商业、商务处理的需求。稳定的数据以只读格式保存，且不随时间改变。

　　5）扩展性

　　之所以有的大型数据仓库系统架构设计复杂，是因为考虑到了未来 3～5 年的扩展性，这样的话，未来不用花钱去重建数据仓库系统，就能很稳定地运行。这主要体现在数据建模的合理性上，数据仓库方案中多出一些中间层，使海量数据流有足够的缓冲，不至于数据量大很多，就运行不起来了。

　　3．数据仓库应用中主要使用的技术

　　1）并行

　　计算的硬件环境、操作系统环境、数据库管理系统，以及所有相关的数据库操作、查询工具和技术、应用程序等各个领域都可以从并行的最新成就中获益。

　　2）分区

　　分区功能使得支持大型表和索引更容易，同时能提高数据管理和查询性能。

　　3）数据压缩

　　数据压缩功能降低了数据仓库环境中通常需要的用于存储大量数据的磁盘系统的成本，新的数据压缩技术也已经消除了压缩数据对查询性能造成的负面影响。

4. 数据仓库的作用

一个公司里面不同项目可能用到不同的数据源，有的存在 MySQL 中，有的存在 MongoDB 中，甚至还需要第三方数据。如果想把数据整合起来，进行数据分析，那么数据仓库就派上用场了。

信息技术与数据智能大环境下，数据仓库在软硬件领域、Internet 和企业内部网解决方案以及数据库方面提供了许多经济高效的计算资源，可以保存海量的数据供分析使用，且允许使用多种数据访问技术。

数据仓库是在数据库已经大量存在的情况下，为了进一步挖掘数据资源、进行决策而产生的，它并不是所谓的"大型数据库"，数据仓库的决策作用如图 4-23 所示。数据仓库建设的目的是为前端查询和分析打下基础，由于有较大的冗余，所以需要的存储空间也较大。

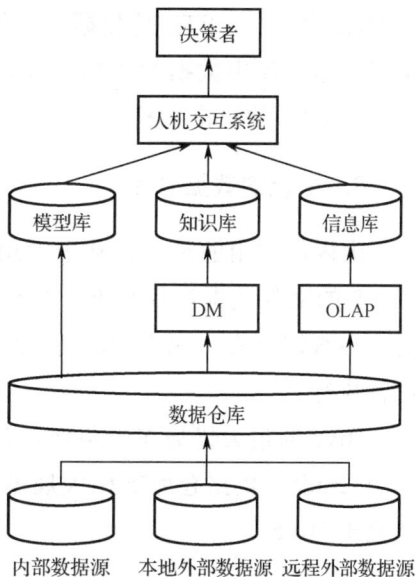

图 4-23 数据仓库的决策作用

5. 数据仓库的基本架构

数据仓库的基本架构主要包含数据流入流出的过程，可以分为源数据、数据仓库和数据应用三层，如图 4-24 所示。

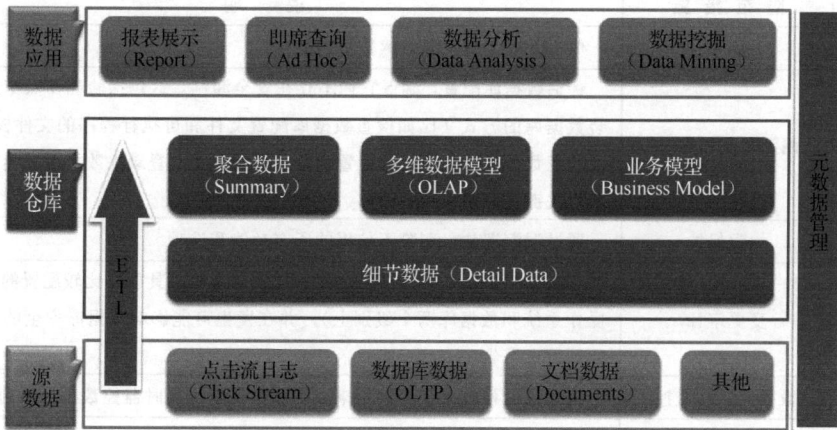

图 4-24 数据仓库的基本架构

从图 4-24 中可以看出数据仓库的数据来源于不同的源数据，并提供多样的数据应用，数据自上而下流入数据仓库后向上层开放应用，而数据仓库只是中间集成化数据管理的一个平台。源数据按用途的不同分为技术源数据和商业源数据两类。源数据为访问数据仓库提供了一个信息目录，这个目录全面描述了数据仓库中都有什么数据、这些数据是怎么得到的、怎么访问这些数据。

数据仓库从各数据源获取数据，以及在数据仓库内的数据转换和流动都可以认为是 ETL 的过程，ETL 是数据仓库的流水线，也可以认为是数据仓库的"血液"，它维系着数据仓库中数据的"新陈代谢"，而数据仓库日常的管理和维护工作大部分是为了保持 ETL 的正常和稳定。

6．主流的数据仓库

国内最常用的是一款基于 Hadoop 的开源数据仓库，名为 Hive，它可以对存储在HDFS 的文件数据进行查询、分析。Hive 对外可以提供 HQL，这是类似于 SQL 语言的一种查询语言。在查询时可以将 HQL 语句转换为 MapReduce 任务，在 Hadoop 层进行执行。

Hive 的最大优势在于免费，其他知名的商业数据仓库有 Oracle、DB2 等。

Teradata 数据仓库支持大规模并行处理平台（MPP），可以高速处理海量数据，性能高于 Hive。

7．数据仓库的安全

计算机攻击、内部人员违法行为，以及各种监管要求，正促使组织寻求新的途径来保护其在商业数据库系统中的企业和客户数据。数据仓库的安全防范见表 4-2。

表 4-2　数据仓库的安全防范

序　号	防范措施	说　　明
1	发现	使用发现工具发现敏感数据的变化
2	漏洞和配置评估	评估数据库配置，确保它们不存在安全漏洞。这包括验证在操作系统上安装数据库的方式（比如检查数据库配置文件和可执行程序的文件权限），以及验证数据库自身内部的配置选项（比如多少次登录失败之后锁定账户，或者为关键表分配何种权限）
3	加强保护	通过漏洞评估，删除不使用的所有功能和选项
4	变更审计	通过变更审计工具加强安全保护配置，这些工具能够比较配置的快照（在操作系统和数据库两个级别上），并在发生可能影响数据库安全的变更时，立即发出警告
5	数据库活动监控	通过及时检测入侵和误用来限制信息暴露，实时监控数据库活动
6	审计	生成和维护安全、防否认的审计线索
7	身份验证、访问控制和授权管理	必须对用户进行身份验证，确保每个用户拥有完整的责任，并通过管理特权来限制对数据的访问
8	加密	使用加密来以不可读的方式呈现敏感数据，这样攻击者就无法从数据库外部对数据进行未授权访问

4.2.2 数据仓库模型设计

1. 概述

模型是实际系统的表示，它向用户展现了重要的系统特征。同时，模型通过消除与其目的无关的特征来简化显示。模型是对现实世界进行抽象的工具。在信息管理中需要将现实世界的事物及其有关特征转换为信息世界的数据，才能对信息进行处理与管理，这就需要将数据模型作为这种转换的桥梁。

数据仓库模型设计遵循"自顶向下、逐步求精"的设计原则。模型设计分为概念模型设计、逻辑模型设计、物理模型设计 3 个阶段。数据仓库的建模首先要将现实的决策分析环境抽象成一个概念数据模型。然后，将此概念模型逻辑化，建立逻辑数据模型。最后，还要将逻辑数据模型向数据仓库的物理模型转化。作为数据仓库灵魂的元数据模型则自始至终伴随着数据仓库的开发、实施与使用。数据仓库的数据抽取模型则说明抽取什么数据，从哪些业务系统抽取，对抽取的数据进行哪些转换处理等。数据仓库的数据建模技术如图 4-25 所示。

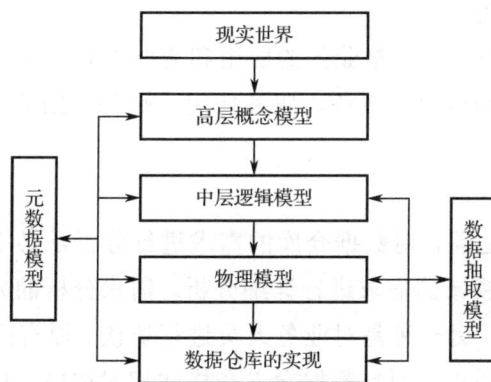

图 4-25 数据仓库的数据建模技术

现实世界是存在于现实之中的各种客观事物，概念世界是现实情况在人们头脑中的反映，逻辑世界是人们将存在于自己头脑中的概念模型转换到计算机中实际的物理存储过程中的一个计算机逻辑表示模式，计算机世界则是指现实世界中的事物在计算机系统中的实际存储模式。现实世界与其他模型的变化联系如图 4-26 所示。

2. 数据仓库的概念模型

设计数据仓库概念模型的目的是对数据仓库所涉及现实世界的所有客观实体进行科学、全面的分析和抽象，制定构建数据仓库的"蓝图"。设计数据仓库的概念模型时需要确定数据仓库的主题及其相互关系。主题应该能够完整、统一地刻画出分析对象所涉及的各项数据以及相互联系，根据需求分析确定几个基本的主题域及其维度。

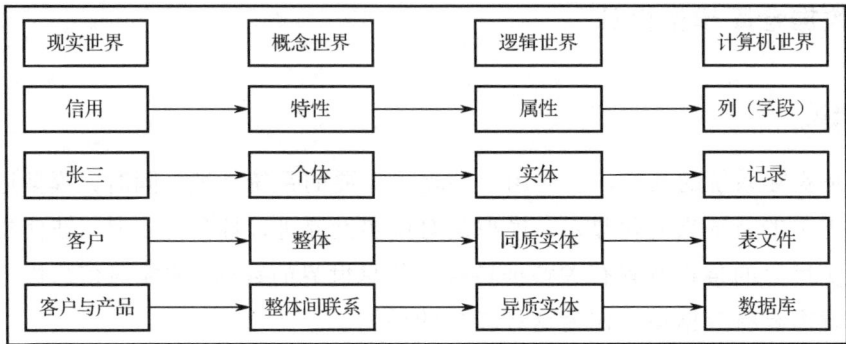

图 4-26　现实世界与其他模型的变化联系

概念模型设计主要完成以下工作。

界定系统边界——进行任务和环境评估、需求收集和分析，了解用户迫切需要解决的问题及解决这些问题所需要的信息，需要对现有数据库中的数据有一个完整而清晰的认识。

确定主题域——对每一个主题域的公共码键、主题域之间的联系、充分代表主题的属性进行较明确的描述。

划分主题域——主题域是根据业务的应用和需要来划分的，以达到数据与业务紧耦合的目的，一般划分为客户、服务、服务使用、账务、结算、资源、客服、营销 8 个主题域。

1）企业模型的建立

进行数据仓库建模之前，对数据仓库的需求进行分析是必不可少的，数据仓库需求分析需要对来自多个领域的需求进行详细分析。需求分析的方式有两种：一种是对原有固定报表进行分析，另一种是对业务人员进行访谈。原有固定报表能较好地反映出原业务对数据分析的需求，而且数据含义和格式相对成熟、稳定，在模型设计中需要大量借鉴。但数据仓库建设中仅仅替代目前的手工报表是不够的，因此还应该通过业务访谈，进一步挖掘出日常工作中潜在的更广、更深的分析需求。只有这样，才能真正了解构建数据仓库模型所需的主题域划分，数据仓库的主题域划分实际上与分析内容的范围直接相关。

最终用户的需求体现在对工作流程的分析、决策的查询需求、报表需求、操作需求和数据需求等方面。

数据仓库的最终用户只能通过查询和报表工具以及数据仓库内部信息的某种映射关系来访问数据仓库内部数据，对他们而言，数据仓库是一个"黑箱"。最终用户指定数据分析的类型，这些数据分析操作主要是对数据项揭示更多的细节，寻找企业隐含行为的数据挖掘，在对数据进行分析时可从二维或多维、电子表格、关系、报表、图表和运营样本的数据等方面进行分析。

在设计数据仓库模型时要从业务蕴涵的数据视角来理解业务，从业务分析中可以看出，不同部门对数据的需求不同，同一部门人员对数据的需求也存在差异。如管理人员和普通业务人员对数据要求的程度是不同的，管理人员可能需要综合度较高或较为概括的数据，而普通业务人员需要细节数据。因此，数据仓库项目需求的收集与分析需要从历史数据与用户需求两个方面着手，采用"数据驱动+用户驱动"的设计理念。

数据驱动是根据当前业务数据的基础和质量情况，以数据源的分析为出发点构建数据仓库；用户驱动则是根据用户业务的方向性需求，从业务需求出发，确定系统范围的需求框架。用户驱动与数据驱动相结合示意图如图 4-27 所示，常常用"两头挤法"找出数据仓库系统的真正需求。

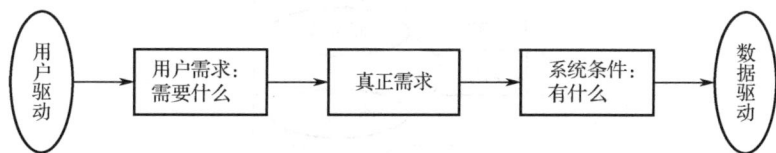

图 4-27 用户驱动与数据驱动相结合示意图

在企业模型建立过程中，与用户交流时，须确定数据仓库需要访问的有关信息。例如，某公司管理层要在数据仓库中得到有关产品销售收入的详细统计信息，可以确定其度量指标如下。

度量指标：包括产品销售的实际收入、产品销售的预算收入及产品销售的估计收入。

维度指标：包括已经销售的产品信息、销售地点和顾客信息等。

根据分析，可建立某公司的企业数据模型，如图 4-28 所示。

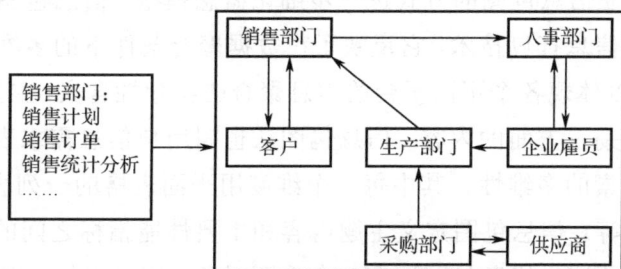

图 4-28 某公司的企业数据模型

2）常见的概念模型

在概念模型设计中，常用 E-R 图作为描述工具。E-R 图中，长方体表示实体，即数据仓库的主题域，框内写上主题域名称；用椭圆表示主题域的属性，用无向边把主题域与其属性连接起来；再用无向边表示主题域之间的关系，主要有一对一的关系、一对多的关系、多对多的关系。

例如，对于某公司的管理层可能需要分析的主题域包括供应商、商品、客户和库存。其中，商品主题域的内容包括各经销商商品的销售情况、公司商品库存情况、商品中各组成物料的采购情况等，客户主题域包括的内容有客户购买商品情况，库存主题域包括商品的存储情况和仓库的管理情况等。根据分析主题和主题域可得到某公司的主题及主题域结构，如图 4-29 所示。

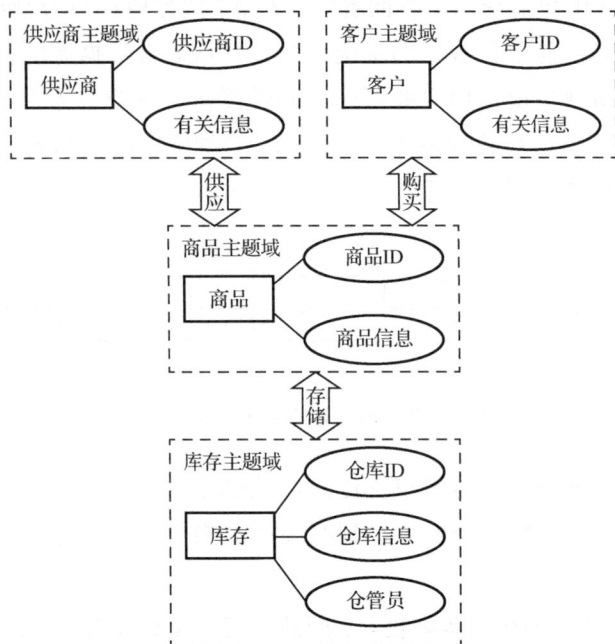

图 4-29　某公司主题及主题域结构

接着可以用建立信息包图的方式进一步细化概念模型。信息包图是在某主题域中的一个主题分析的信息打包技术，它反映了在数据聚合条件下的多维数据在计算机内部的存储方式，可以体现各个不同平台的信息聚合的概念性含义，主要包括定义指标、定义维度和定义类别三方面的内容。信息包图法也叫用户信息需求表法，就是在一张平面表格上描述元素的多维性，其中每一个维度用平面表格的一列表示，例如时间、地点、产品和顾客等。信息包图定义主题内容和主要性能指标之间的关系，其目标是在概念层满足用户需求。信息包图拥有三个重要对象：度量指标、维度、类别。例如，某公司销售分析主题的信息包图见表 4-3。

表 4-3　某公司销售分析主题的信息包图

信息包图主题：销售分析				
编度	时间维	区域维	产品维	客户维	广告维
类别	年度（5）	国家（10）	产品类别（500）	年龄分组（7）	广告费用（5）
	季度（20）	省州（100）	产品名称（9000）	收入分组（8）	
	月（60）	城市（500）		信用分组（5）	
	日（1800）	销售点（8000）			

虽然数据仓库的基础是规范化的数据模型，但规范化数据模型在数据仓库的实际应用中表现并不理想。关系模型在传统的操作型数据库系统中获得了巨大的成功，但以 E-R 图展示的关系模型不适用于以查询为主的数据仓库系统。在完全规范化的环境中，数据模型形成的数据表的数据量都是比较小的，为完成对这些"小"表的处理，需要应用程序对这些表进行动态连接操作，这需要在不同表之间进行多个 I/O 操作，对于数据量十分庞大的数据仓库，这种多表连接操作的时间代价太大，对决策效率的提高非常不利。

因此在数据仓库中需要进行数据的非规范化的处理，以减少对表连接的需求，提高数据仓库性能，提高查询效率，同时也减少编写专门决策支持应用程序的必要性，可以让用户运用一些专门的查询工具，更容易地访问数据，用户还能用直观、易于理解的工具查看数据。

（1）星形模型。

星形模型是一种多维的数据关系，它由一个主题事实表（Fact Table）和一组维表（Dimension Table，也称维度表）组成。每个维表都有一个维主键，所有这些维主键组合成事实表的主键，换言之，事实表主键的每个元素都是维表的主键。事实表的非主属性称为事实（Fact），它们一般都是数值或其他可以进行计算的数据；而维主键大都是文字、时间等类型的数据。

星形模型以事实表为中心，所有的维表直接连接在事实表上。星形模型的特点是数据组织直观，执行效率高。因为在数据集市的建设过程中，数据经过了预处理，比如按照维度进行了汇总、排序等，数据量减少，执行的效率就比较高。某公司销售分析星形模型图如图 4-30 所示。

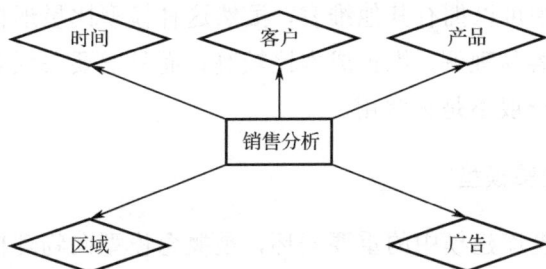

图 4-30 某公司销售分析星形模型图

星形模型速度快是因为针对各个维度做了大量的预处理，如按照维度进行预先的统计、分类、排序等。因此，在用星形模型设计的数据仓库中，做报表的速度很快。

由于存在大量的预处理，其建模过程相对来说就比较慢。当业务问题发生变化，原来的维度不能满足要求时，需要增加新的维度。由于事实表的主键由所有维表的主键组成，这种维度的变动将是非常复杂、非常耗时的。星形模型另一个显著的缺点是数据的冗余量很大。

星形模型比较适合预先定义好的问题，如需要产生大量报表的场合，而不适合动态查询多、系统可扩展能力要求高或者数据量很大的场合。因此，星形模型在一些要求大量报表的部门数据集市中有较多的应用。

（2）雪花模型。

雪花模型是对星形模型的扩展。设计星形模型时确定了概念模型中的指标实体和维度实体，当构成星形模型后，为了对相关维度进行更加深入的分析，经常要设计雪花模型，在星形模型的维度实体中增加需要进行深入分析的详细类别实体。雪花模型对星形模型的维表进一步标准化，对星形模型中的维表进行了规范化处理。雪花模型通过对维表的分类细化描述，对于主题的分类详细查询具有良好的响应能力。但由于雪花模型的构造在本质上是一种数据模型的规范化处理，会给数据仓库不同表的连接操作带来困难。某公司销售分析雪花模型图如图 4-31 所示。

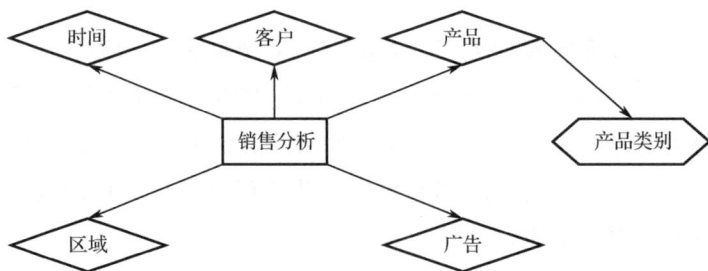

图 4-31　某公司销售分析雪花模型图

完成概念模型设计以后，必须编制数据仓库开发的概念模型文档，并对概念模型进行评价。

雪花模型的维表中可以拥有其他维表，虽然这种模型比星形模型更规范一些，但是由于这种模型不太容易理解，维护成本比较高，而且需要关联多层维表，性能也比星形模型要低，所以一般不是很常用。

3. 数据仓库的逻辑模型

逻辑建模是数据仓库建模中的重要一环，是概念模型向物理模型转换的桥梁。它能直接反映出业务部门的需求，同时对系统的物理实施有着重要的指导作用，它通过实体和关系勾勒出整个企业的数据蓝图。

数据仓库的数据模型与传统数据库相比，主要区别如下：数据仓库的数据模型不包含纯操作型的数据；数据仓库的数据模型扩充了码结构，增加了时间属性作为码的一部分；数据仓库的数据模型增加了一些导出数据。

数据仓库的逻辑模型与数据仓库物理实现时所使用的数据库有关，由于目前数据仓库一般都建立在关系型数据库的基础上，因此数据仓库设计过程中所采用的逻辑模型主要是关系模型。关系模型概念简单、清晰，用户易懂、易用，有严格的数学基础和在此基础上的数据关系理论。在进行数据仓库的逻辑模型设计时，一般需要完成主题分析、建立维度模型、划分粒度层次、确定数据分割策略等工作。

1）逻辑建模的主要工作

数据仓库是面向主题的，建立数据仓库要按照主题来建模，主题域的划分是数据仓库的基础和成败的关键。逻辑模型中主题分析是对概念模型设计阶段中确定的多个基本主题进行进一步分析，并建立某主题分析的维度模型。

（1）事实表模型设计。分析主题域，确定当前要装载的主题，进行事实表模型设计。

（2）维度表模型设计。维度建模的目的是在为用户提供一组全局数据视图的基础上进行某一主题的业务分析。因为在数据仓库的维度建模技术中，主要从用户需求范围出发，考虑指标和维度及其各种主题下的分析参数。

（3）关系模式定义。数据仓库的每个主题都是由多个表来实现的，这些表之间依靠主题的公共码键联系在一起，形成一个完整的主题。在概念模型设计时，确定了数据仓库的基本主题，并对每个主题的公共码键、基本内容等做了描述。在这里，将要对选定的当前实施的主题进行模式划分，形成多个表，并确定各个表的关系模式。

2）事实表模型设计

数据仓库的设计是一个逐步求精的过程，在进行设计时，一般是一次一个主题或一次若干个主题逐步完成。所以，必须对概念模型设计步骤中确定的几个基本主题域进行分析，并选择首先要实施的主题域。

选择一个主题域所要考虑的是它要足够大，以便使该主题域能建设成为一个可应用的系统；它不能太复杂，以便于开发和较快地实施。如果所选择的主题域很大并且很复杂，可以针对它的一个有意义的子集来进行开发。在每一次的反馈过程中，都要进行主题域的分析。下面以某公司为例，可以在"商品""销售"和"客户"主题上增加能进一步说明主题的属性组，见表 4-4。

表 4-4　某公司部分主题的详细描述

主　题　名	公　共　键	属　性　组
商品	商品 ID	基本信息：商品 ID、商品名称、类型、颜色等 采购信息：商品 ID、供应商 ID、供应价格、供应日期、供应量等 库存信息：商品 ID、仓库 ID、库存量、日期等
销售	销售单 ID	基本信息：销售单 ID、销售地址等 销售信息：客户 ID、商品 ID、销售单 ID、销售价格、销售时间、销售数量等
客户	客户 ID	基本信息：客户 ID、客户姓名、地址、联系电话等 经济信息：客户 ID、收入信息等

度量是客户发生事件或动作的事实记录。例如客户购买商品，度量指标有购买次

数、购买商品的金额、购买商品的数量等。度量变量的取值可以是离散的数值，也可以是连续的数值，还可以在某个元素集合内取值。例如：客户对公司服务质量评价可以是"优""良""中""差"中的一个，客户购买商品的金额是连续的数值，客户购买商品次数是离散的数值。

事实表是星形模型或雪花模型中用来记录业务事实并进行相应指标统计的表，事实表有如下特征：记录数量多，因此事实表应当尽量减小一条记录的长度，避免因事实表过大而难于管理；事实表中除度量变量外，其余字段都是维表或者中间表（雪花模型）的关系；如果事实相关的维度很多，则事实表中的字段会比较多。

按照事实表中度量的可加性情况，可以把事实表及其包含的事实分为 4 种类型。

（1）事务事实。以组织事件的单一事务为基础，通常只包含事实的次数。

（2）快照事实。以组织在某一特定时间和特殊状态为基础，即某一段时间内才出现的结果。

（3）线性项目事实。这类事实通常用来存储关于企业组织经营项目的详细信息。包括表现与企业相关的个别线性项目所有关键性能指标，如销售数量、销售金额、成本等。

（4）事件事实。通常表示事件发生与否及一些非事实本身具备的细节。它所表现的是一个事件发生后的状态变化，如产品在促销期间的销售状态（卖出还是没有卖出）。

在事实表模型设计中还需要注意派生事实。派生事实主要有两种。一种是可以用同一事实表中的其他事实计算得到的，例如销售中的商品销售均价可以用商品的销售总金额和销售数量计算得到；另一种是非加性事实，例如各种商品的利润率等。例如，某公司的销售事实表模型见表 4-5。

表 4-5 某公司销售事实表模型

销售事实表
客户 ID
商品 ID
销售单 ID
时间 ID
区域 ID
销售数量
销售金额
商品利润
……

3）维度表模型设计

数据仓库是用于决策支持的。管理人员经常需要用一个对决策活动有重要影响的因素进行决策分析。这些决策分析的角度或决策分析的出发点就构成了数据仓库中的维度，数据仓库中的数据就靠这些维度来组织，维度就是数据仓库识别数据的索引。数据仓库中的维度一般具有层次性，其水平层次由维度层次结构中具有相同级别的字段值构成，垂直层次则由维度层次结构中具有不同级别的字段值构成。在数据仓库设计中根据需求获取数据仓库的维度，构成数据仓库的模型。

维度建模的目的是在为用户提供一组全局数据视图的基础上进行某一主题的业务分析。因为在数据仓库的维度建模技术中，主要从用户需求范围出发，考虑指标和维度及其各种主题下的分析参数。例如，根据某公司销售情况分析，其指标和维度及其各种主题下的分析参数可综合如下：

某些商品是否仅仅在某一地区销售？

每种类型商品各个时间段销售量及销售金额是多少？

每个客户购买商品次数是多少？

客户及时付款了吗？

各类型商品预算收入是多少？

各销售员销售业绩如何？

……

根据以上问题的关联维度，形成某公司销售情况分析的维度模型，见表 4-6。

表 4-6　某公司销售情况分析的维度模型

时　间　维	区　域　维	产　品　维	客　户　维	销　售　员　维
时间 ID	区域 ID	产品 ID	客户 ID	雇员 ID
年	国家	产品类别	区域 ID	姓名
季	省州	产品名称	收入	区域 ID
月	城市	……	信用	子区域 ID
日	销售点		……	……
……	……			

在这个模型中，某公司有些决策管理者想要按照年、季、月、日的时间层次了解公司的销售情况，有些决策管理者想要按照产品名称、产品类别了解公司的销售情况，有些决策管理者想要按照销售员所在的区域层次了解公司的销售情况，有些决策管理者想要按照国家、省州、城市、销售点的区域层次了解公司的销售情况，有些决策管理者想要按照客户信用、客户收入等层次了解公司的销售情况。这样，就可以建立销售情况分析的逻辑模型，如图 4-32 所示。

最后，对逻辑模型进行评审，并编写逻辑模型的文档，其内容包括：主题域分析报告，数据粒度划分模型，数据分割策略，指标实体、维实体与详细类别实体的关系模式和数据抽取模型。对逻辑模型的评审主要集中在主题域是否可以正确地反映用户的决策分析需求，其内容包括：根据用户对概括数据的要求，评审数据粒度的划分和数据分割策略是否可以满足用户决策分析的需要，为提高数据仓库的运行效率是否需要对关系模式进行反规范化处理，数据的抽取模型是否正确地建立了数据源与数据仓库的对应关系，数据的约束条件和业务规则是否在这些模型中得到了正确的反映等。

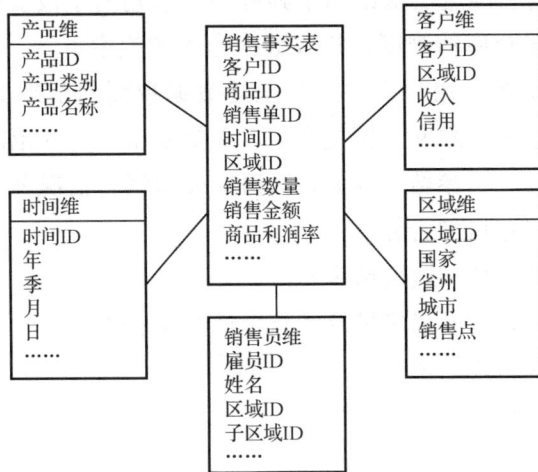

图 4-32 某公司销售情况分析的逻辑模型

4．数据仓库的物理模型

1）物理模型的设计要点

数据仓库的物理模型就是依照逻辑模型，在数据库中建立表、索引等，是在数据仓库中的物理实现模式。物理模型就像大厦的基础架构，数据仓库的数据量不等，无论支撑这些数据的 RDBMS 多么强大，都不可避免地要考虑到数据库的物理设计。物理模型包括逻辑模型中各种实体表的具体化，例如表的数据结构类型、索引策略、数据存放位置以及数据存储分配等。在进行物理模型设计时，要考虑 I/O 存取时间、空间利用率和维护代价。

根据数据仓库的数据量大及数据相对稳定的特点，可以设计索引结构来提高数据存取效率。数据仓库中的表通常比 OLTP 环境中的表有更多的索引。通常表的最大索引数与表规模成正比。数据仓库是只读环境，建立索引对提高性能和灵活性都很有利。但是表索引如果太多，则会使数据加载时间延长。因此，一般按主关键字和大多数外部关键字建立索引。

确定数据仓库的物理模型，设计人员必须做好以下几方面工作：

（1）确定项目资源，定义数据标准。

（2）确定软硬件配置。

（3）全面了解所选用的数据库管理系统，特别是存储结构和存取方法。

（4）根据具体使用的数据库管理系统，将实体和实体特征物理化。

（5）了解数据环境、数据的使用频率和使用方式、数据规模及响应时间要求。

（6）了解外部存储设备的特征等。

2）数据仓库物理模型的存储结构

在设计物理模型时，常常要按数据的重要性、使用频率及对响应时间的要求进行分类，并将不同类型的数据分别存储在不同的存储设备中。重要性高、经常存取并对反应时间要求高的数据存放在高速存储设备上。存取频率低或对存取响应时间要求低的数据则可以存放在低速存储设备上。另外，在设计时还要考虑数据在特定存储介质上的布局。在设计数据的布局时要遵循以下原则。

（1）不要把经常需要连接的几张表放在同一存储设备上，这样可以利用存储设备的并行操作功能加快数据查询的速度。

（2）如果几台服务器之间的连接会造成严重的网络业务量问题，则要考虑服务器复制表格，因为不同服务器之间的数据连接会给网络带来沉重的数据传输负担。

（3）考虑把整个企业共享的细节数据放在主机或其他集中式服务器上，提高这些共享数据的使用速度。

（4）不要把表格和它们的索引放在同一设备上。一般可以将索引存放在高速存储设备上，而表格则存放在一般存储设备上，以加快数据的查询速度。

（5）在对服务器进行处理时往往要等待磁盘数据，此时，可以在系统中使用 RAID（Redundant Array of Inexpensive Disk，廉价冗余磁盘阵列）。

3）数据仓库物理模型的索引构建

在数据仓库中，设计人员可以考虑对各个数据存储建立专用的索引和复杂的索引，以获取较高的存取效率，虽然建立它们需要付出一定的代价，但建立后一般不需要过多地维护。例如，某公司销售订单按销售订单号做 B-Tree 索引，如图 4-33 所示。

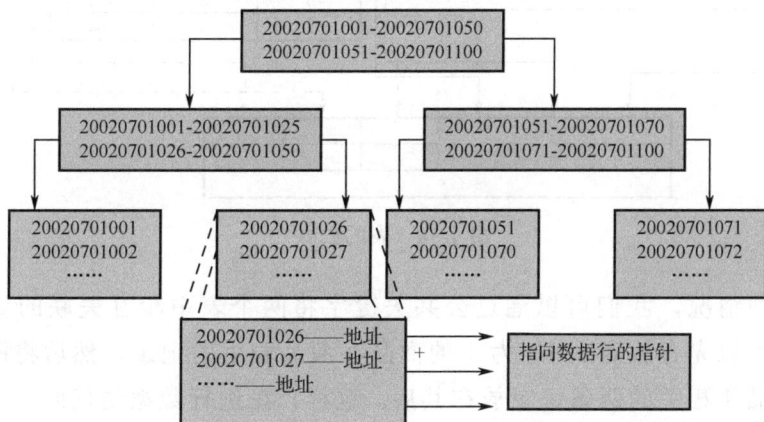

图 4-33　某公司销售订单按销售订单号做 B-Tree 索引

在建立索引时，可以按照索引使用的频率由高到低逐步添加，直到某一索引加入后，使数据加载或重组表的时间过长，就结束索引的添加。

一般都按主关键字和大多数外部关键字建立索引，通常不要添加很多的其他索引。在表建立大量的索引后，对表进行分析等具体使用时，可能需要许多索引，这会导致表的维护时间也随之增加。如果从主关键字和外部关键字着手建立索引，并按照需要添加其他索引，就会避免首先建立大量的索引带来的后果。如果表格过大，而且需要另外增加索引，那么可以将表进行分割处理。如果一个表中所有用到的列都在索引文件中，就不必访问事实表，只要访问索引就可以达到访问数据的目的，以此来减少 I/O 操作。如果表太大，并且经常要对它进行长时间的扫描，那么就要考虑添加一张概括表以减少数据的扫描任务。

4）设计存储策略

确定数据的存储结构和表的索引结构后，需要进一步确定数据的存储位置和存储策略，以提高系统的 I/O 效率。下面介绍几种常见的存储优化方法。

（1）表的归并。当几个表的记录分散存放在几个物理块中时，多个表的存取和连接操作的代价会很大。这时可以将需要同时访问的表在物理上顺序存放，或者直接通过公共关键字将相互关联的记录放在一起。如图 4-34 所示，商品表和商品存储关系表是两个经常需要同时访问的表，在对存储关系表进行查询后，需要通过商品 ID 到商品表中获取商品的其他基本属性，以比较直观的方式显示给最终用户。

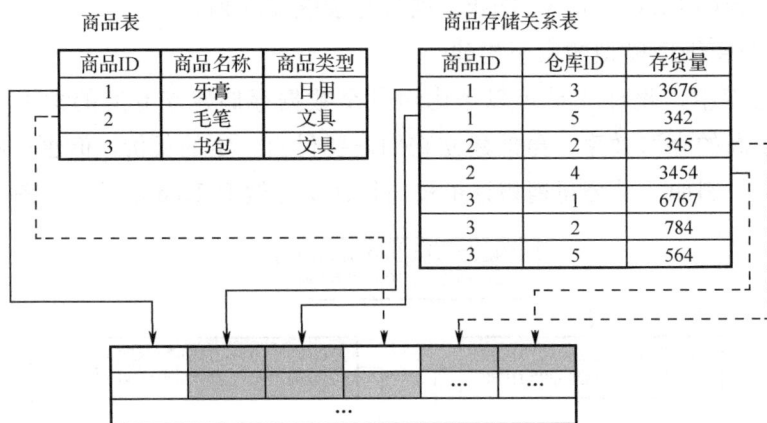

图 4-34 表的归并

对于这种情况，我们可以通过公共关键字将两个表中相互关联的记录放在一起。设计时可以先存放商品 ID 为 1 的商品在商品表中的记录，然后将商品存储关系表中同商品 1 相关的两条记录放在其后。这样，在进行数据访问时，就可以提高 I/O 的效率。

表的归并只有在访问序列经常出现或者表之间具有很强的访问相关性时才有较好的效果，对于很少出现的访问序列和没有强相关性的表，使用表的归并没有效果。

（2）引入冗余。一些表的某些属性可能在许多地方都要用到，将这些属性复制到多个主题中，可以减少处理时存取表的个数。

例如，在图 4-34 中的商品存储关系表中增加"商品名称"和"商品类型"等用户常用的字段。这样通过在逻辑设计中引入冗余数据来达到提高更新和访问速度的目的。

（3）建立数据序列。按照某一固定的顺序访问并处理一组数据记录。将数据按照处理顺序存放到连续的物理块中，形成数据序列。

（4）表的物理分割（分区）。每个主题中的各个属性存取频率是不同的。将一张表按各属性被存取的频率分成两个或多个表，将具有相似访问频率的数据组织在一起。分区是指根据一定的规则，把一个表分解成多个更小、更易管理的部分，逻辑上只有一个表或一个索引，但是实际上该表可能由数个物理分区对象组成，每个分区都是一个独立的对象，每个分区可以独自处理，也可以作为表的一部分处理。分区对应用是完全透明的。

传统的分库、分表都在应用层实现，拆分后都要对原有系统进行很大的调整以适应拆分后的库或表，比如实现一个 SQL 中间件、原本的联表查询改成两次查询、实现一个全局主键生成器等。MySQL 分区是在数据库层面进行的，MySQL 自己的分表功能，在很大程度上降低了分表的难度。

对用户来说，分区是一个独立的逻辑表，但是底层由多个物理子表实现。也就是说，对原表分区后，应用层可以不改动，无须改变原有的 SQL 语句，相当于 MySQL 帮我们实现了传统分表后的 SQL 中间件，当然，MySQL 分区的实现要复杂很多。另外，在创建分区时可以指定分区的索引文件和数据文件的存储位置，所以可以把数据表的数据分布在不同的物理设备上，从而高效地利用多个硬件设备。

（5）生成派生数据。在原始数据的基础上进行总结或计算，生成派生数据，可以在应用中直接使用这些派生数据，减少 I/O 次数，免去计算或汇总步骤，在更高级别上建立公用数据源，避免不同用户重复计算可能产生的偏差。

以上完成了数据仓库从概念模型到物理模型的整个设计过程。下一步的工作就是创建数据仓库。由于数据仓库本身是由 DBMS 管理的，因此可以像创建普通的数据库一样创建设计好的数据仓库。

【思考题】

1. 大数据存储和传统的数据存储有何不同？
2. 常用的数据存储方法有哪些？
3. 什么是分布式文件系统？

4．云存储的架构由哪些部分组成？

5．大数据存储方式有哪些？

6．数据仓库有哪些主要特点？

7．数据仓库模型设计原则是什么？

8．简要说明数据仓库模型设计步骤。

第 5 章　大数据分析

大数据分析是指对规模巨大的数据进行分析。未来，越来越多的应用涉及大数据，只有通过对大数据进行分析才能获取很多智能、深入、有价值的信息。大数据的分析方法在大数据领域就显得尤为重要，可以说是决定最终信息是否有价值的主要因素。

5.1　大数据分析概述

2017 年 5 月 27 日，世界围棋第一人柯洁九段对战 AlphaGo 的三番棋落下帷幕，柯洁以 0 : 3 惨败，他赛前的豪言壮志与赛后绝望的泪水令网友动容，也使得"人工智能"瞬间成为微博上热议的话题。该话题引起了千万级别的评论与转发，到底是哪些人对人工智能感兴趣呢？为了形象直观地了解关注者群体的年龄、性别比例、职业等，我们需要对数据进行描述性分析，平均数、中位数、分位数、方差等统计指标可以帮助我们粗略了解数据分布，峰度、偏度等则描述了更细致的特征。关注程度上，很多人仅仅是转发，而有的用户则是有感而发，年龄、职业等因素是否会影响对该话题的关注程度呢？回归分析、方差分析等大数据分析方法则可以帮助我们解开这个疑惑。

简单的统计分析可以帮助我们了解数据，如果希望对大数据进行更深层次的探索，总结出规律和模型，则需要更加智能的基于机器学习的数据分析方法。柯洁与 AlphaGo 对战引起了围棋和人工智能两类群体的密切关注，一些聚类分析的方法可以高效准确地将关注者聚为两类。针对人工智能，乐观派认为会使得人类生活更加美好，也有悲观的人认为技术失控则高度危险。许多分类方法可以帮助我们鉴别用户观点与情感，如图 5-1 所示。

微博的关注是典型的社会网络，许多研究表明社会网络的许多独特性质可以帮助我们设计更加高效的算法。例如，社会网络中的聚类被称为社区发现，许多精心设计的高效算法可以很好地处理上亿用户的大规模网络。微博上每个用户的言论、转发内容等都蕴藏着用户个人的兴趣、话题等信息，对文字内容本身的智能分析理解也是数据分析领域长久以来孜孜不倦追求的目标。微博中出现的"强化学习""神经网络"等词语可以帮助我们迅速定位这条微博大概率属于"人工智能"话题，词向量和语言模型则是近些年自然语言处理新浪潮的基础。

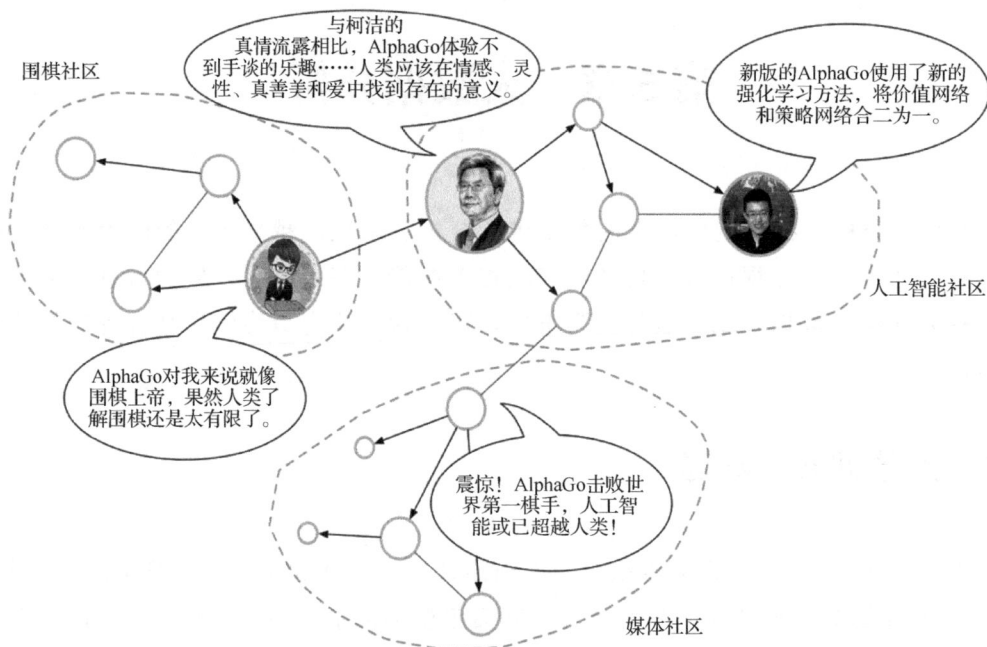

图 5-1　许多分类方法可以帮助我们鉴别用户观点与情感

5.1.1　数据分析的概念和分类

1．数据分析的概念

所谓数据分析，是指用适当的统计分析方法，对收集来的大量数据进行分析，提取有用信息和形成结论，从而对数据加以详细研究和概括总结的过程。在实际应用中，数据分析可帮助人们做出判断，以便采取适当行动。

2．数据分析的成功表现

数据分析帮助政府实现市场经济调控、公共卫生安全防范、灾难预警、社会舆论监督。

数据分析帮助城市预防犯罪，实现智慧交通，提升紧急应急能力。

数据分析帮助医疗机构建立患者的疾病风险跟踪机制，帮助医药企业提升药品的临床使用效果，帮助艾滋病研究机构为患者提供定制的药物。

数据分析帮助航空公司节省运营成本，帮助电信企业实现售后服务质量提升，帮助保险企业识别欺诈骗保行为，帮助快递公司监测分析运输车辆的故障险情以提前预警维修，帮助电力公司有效识别即将发生故障的设备。

数据分析帮助电商公司向用户推荐商品和服务，帮助旅游网站为旅游者提供心仪的旅游路线，帮助二手市场的买卖双方找到最合适的交易目标，帮助用户找到最合适的商品购买时期、商家和优惠价格。

数据分析帮助企业提升营销的针对性，降低物流和库存的成本，减少投资的风险，以及帮助企业提升广告投放精准度。

数据分析帮助娱乐行业预测歌手、歌曲、电影、电视剧的受欢迎程度，并为投资者评估拍一部电影投入多少钱最合适，否则就有可能收不回成本。

数据分析帮助社交网站提供更准确的好友推荐，为用户提供更精准的企业招聘信息，向用户推荐可能喜欢的游戏以及适合购买的商品。

其实，这些还远远不够，未来数据分析的身影应该无处不在，虽然无法准确预测大数据最终会将人类社会带到哪种形态，但我们相信只要发展脚步在继续，因大数据而产生的变革浪潮将很快淹没地球的每一个角落。

比如，Amazon 的最终期望是："最成功的书籍推荐应该只有一本书，就是用户要买的下一本书。"Google 也希望当用户在搜索时，最好的体验是搜索结果只包含用户所需要的内容，而这并不需要用户给予 Google 太多的提示。

当物联网发展到一定规模时，借助条形码、二维码、RFID 等能够唯一标识产品，传感器、可穿戴设备、智能感知、视频采集、增强现实等技术可实现实时的信息采集和分析，这些数据能够支撑智慧城市、智慧交通、智慧能源、智慧医疗、智慧环保的建设。

未来的大数据除了将更好地解决社会问题、商业营销问题、科学技术问题，还有一个可预见的趋势是以人为本的大数据方针。人才是地球的主宰，大部分的数据都与人类有关，要通过大数据解决人的问题。

比如，建立个人数据中心，将每个人的日常生活习惯、身体体征、社会网络、知识能力、爱好性情、疾病嗜好、情绪波动等存储下来，这些数据可以被充分地利用：

医疗机构将实时监测用户的身体健康状况。

教育机构更有针对性地制订用户喜欢的教育培训计划。

服务行业为用户提供即时健康的符合用户生活习惯的食物和其他服务。

社交网络能为用户提供合适的交友对象，并为志同道合的人群组织各种聚会活动。

政府能在人们的心理健康出现问题时有效地干预，防范自杀、刑事案件的发生。

金融机构能帮助用户进行有效的理财管理，为用户的资金提供合理的使用建议和规划。

道路交通、汽车租赁及运输行业可以为用户提供更合适的出行线路和路途服务安排。

……

3．数据分析的分类

1）统计学领域的分类

在统计学领域，有些人将数据分析划分为描述性统计分析、探索性数据分析和验证性数据分析。

探索性数据分析是指为了形成值得假设的检验而对数据进行分析的一种方法，是对传统统计学假设检验手段的补充。该方法由美国著名统计学家约翰·图基（John Tukey）命名。

探索性数据分析侧重于在数据之中发现新的特征，而验证性数据分析则侧重于已有假设的证实或证伪。

2）数据科学领域的分类

瑞典统计学家 Hans Rosling 认为：分析能辅助开发有价值的见解，很有必要用一些工具来让人们了解分析所起的作用。其中一种工具是分析四维图。简单来说，分析可被划分为 4 个重要的类别。

（1）描述型——发生了什么。

这是最常见的一种。在业务中，它向分析师们提供业务的重要衡量标准的概览。例如，每月的利润和损失账单。类似地，分析师可以获得大批客户的数据。了解客户（如 30%的客户是自雇型的）的地理信息也可认为是"描述型分析"。充分利用可视化工具能增加描述型分析所带来的信息。

（2）诊断型——为什么会发生。

这是描述型分析的下一步。通过评估描述型数据，借助诊断分析工具使得分析师们能够深入分析问题的核心原因。

（3）预测型——可能发生什么。

预测型分析主要是预测某事件在将来发生的可能性，预测一个可量化的值，或者估计事情可能发生的某个时间点，这些都可以通过预测模型完成。

预测模型通常运用各种可变数据来做出预测。数据成员的多样化与可能预测的目标是相关联的（例如，人的年龄越大，越可能发生心脏病，我们可以说年龄与心脏病风险是线性相关的）。随后，这些数据被放在一起，产生分数或预测。在一个充满不确定性因素的世界里，预测能使人们做出更好的决定。预测模型在很多领域都有应用。

（4）指导型——需要做什么。

指导型模型基于"发生了什么""为什么会发生"以及一系列"可能发生什么"的分析，帮助用户确定要采取的最好的措施。很显然，指导型分析不是一个单独的行为，实际上它是其他很多行为的主导。

交通应用是一个很好的例子，它帮助人们选择最好的回家路线，考虑到了每条路线的距离、在每条路上的速度以及目前的交通限制。另一个例子是生成考试时间表，不让任何学生的时间表发生冲突。

总之，不同类型的分析能提供不同的商业价值，每一种分析都有自己的用处。

5.1.2 大数据存在模式与结构大数据

1. 大数据存在模式

大数据是什么？在投资者眼里是资产。比如，Facebook 上市时，评估机构评定的有效资产中大部分都是其社交网站上的数据。如果把大数据比作一种产业，那么这种产业实现盈利的关键在于提高对数据的"加工能力"，通过"加工"实现数据的"增值"。

Target 超市以 20 多种怀孕期间孕妇可能会购买的商品为基础，将所有用户的购买记录作为数据来源，通过构建模型分析购买者的行为相关性，能准确地推断出孕妇的具体临盆时间，这样 Target 的销售部门就可以有针对性地在每个怀孕顾客的不同阶段寄送相应的产品优惠券。Target 的例子是一个很典型的案例，它印证了维克托·迈尔·舍恩伯格提过的一个很有指导意义的观点：通过找出一个关联物并监控它，就可以预测未来。Target 通过监测顾客购买商品的时间和品种来准确预测顾客的孕期，这就是对数据的二次利用的典型案例。我们通过采集驾驶员手机的 GPS 数据，就可以分析出当前哪些道路正在堵车，并可以及时发布道路交通提醒；通过采集汽车的 GPS 位置数据，就可以分析城市的哪些区域停车较多，这也代表该区域有着较为活跃的人群，这些分析数据适合卖给广告投放商。

不管大数据的核心价值是不是预测，基于大数据形成决策的模式已经为不少的企业带来了盈利和声誉。从大数据的价值链条来分析，存在以下三种模式。

（1）手握大数据。

虽然手握大数据，但没有利用好，比较典型的是金融机构、电信行业、政府机构等。

（2）没有数据。

虽然没有数据，但是知道如何帮助有数据的人利用它。比较典型的是 IT 咨询和服务企业，如埃森哲、IBM、Oracle 等。

（3）既有数据，又有大数据思维。

比较典型的是 Google、Amazon、Mastercard 等。

未来在大数据领域最有价值的是：拥有大数据思维的人，这种人可以将大数据的潜在价值转化为实际利益；以及还未被大数据触及过的业务领域。沃尔玛作为零售行业的巨头，他们的分析人员会对每个阶段的销售记录进行全面的分析。有一次他们无意中发现了虽不相关但很有价值的数据，在美国的飓风来临季节，超市的蛋挞和抵御飓风的物品竟然销量都有大幅增加，于是他们做了一个明智的决策，就是将蛋挞的销售位置移到了抵御飓风物品销售区域旁边，看起来是为了方便用户挑选，但是没有想到蛋挞的销量因此又提高了很多。

2．结构大数据

首先，大数据就是互联网发展到现今阶段的一种表象或特征，在以云计算为代表的技术创新大幕的衬托下，这些原本很难收集和使用的数据开始被利用起来了，通过各行各业的不断创新，大数据会逐步为人类创造更多的价值。

其次，想要系统地认知大数据，必须全面而细致地分解它，大数据的细分如图 5-2 所示。

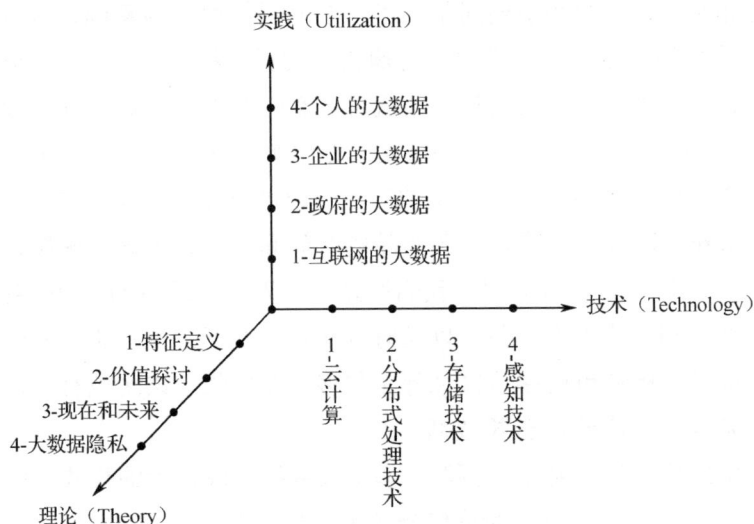

图 5-2　大数据的细分

第一层面是理论，理论是认知的必经途径，也是被广泛认同和传播的基线。从大数据定义理解行业对大数据的整体描绘和定性，从对大数据价值的探讨来深入解析大数据的珍贵所在，从大数据的现在和未来去洞悉大数据的发展趋势，从大数据隐私这个特别而重要的视角审视人和数据之间的长久博弈。

第二层面是技术，技术是大数据价值体现的手段和前进的基石。分别从云计算、分布式处理技术、存储技术和感知技术的发展来说明大数据从采集、处理、存储到形成结果的整个过程。

第三层面是实践，实践是大数据的最终价值体现。分别从互联网的大数据、政府的大数据、企业的大数据和个人的大数据四个方面来描绘大数据已经展现的美好景象及即将实现的蓝图。

5.1.3　大数据分析与数据分析的区别

1．大数据分析

大数据是指无法在可承受的时间范围内用常规软件工具进行捕捉、管理和处理的数据集合，需要新处理模式才能具有更强的决策力、洞察发现力和流程优化能力。

在维克托·迈尔·舍恩伯格及肯尼斯·库克耶编写的《大数据时代》中，大数据分析指不用随机分析法（抽样调查）这样的捷径，而对所有数据进行分析处理，因此不用考虑数据的分布状态（抽样数据需要考虑样本分布是否有偏，是否与总体一致），也不用考虑假设检验，这点是大数据分析与一般数据分析的一个区别。

2．数据分析

数据分析是指用适当的统计分析方法对收集来的大量数据进行分析，提取有用信息和形成结论，从而对数据加以详细研究和概括总结的过程。

大数据分析与数据分析最核心的区别是处理的数据规模不同，由此导致两个方向从业者的技能也是不同的。在 CDA 人才能力标准中，从理论基础、软件工具、分析方法、业务分析、可视化五个方面对数据分析师与大数据分析师进行了定义。

3．对数据分析师和大数据分析师的要求

由于大数据分析和数据分析两者存在较大的区别，因此对分析师的要求也有所不同，见表 5-1。

表 5-1　对数据分析师和大数据分析师的要求

序 号	要　求	数据分析师	大数据分析师
1	理论基础	统计学、概率论和数理统计、多元统计分析、时间序列、数据挖掘	统计学、概率论和数据库、数据挖掘、Java 基础、Linux 基础
2	软件工具	必要：Excel、SQL 可选：SPSS Modeler、Python、SAS 等	必要：SQL、Hadoop、HDFS、MapReduce、Mahout、Hive、Spark 可选：Hadoop、HBase、Zookeeper 等
3	分析方法	除掌握基本数据处理及分析方法以外，还应掌握高级数据分析及数据挖掘方法（多元线性回归法、贝叶斯、神经网络、决策树、聚类分析法、关联规则、时间序列、支持向量机、集成学习等）和可视化技术	熟练掌握 Hadoop 集群搭建；熟悉 NoSQL 数据库的原理及特征，并会运用在相关的场景；熟练运用 Mahout、Spark 提供的进行大数据分析的数据挖掘算法，包括聚类、分类（贝叶斯算法、随机森林算法）、主题推荐（基于物品的推荐、基于用户的推荐）等算法的原理和使用范围
4	业务分析	可以将业务目标转化为数据分析目标；熟悉常用算法和数据结构，熟悉企业数据库建设；针对不同分析主体，可以熟练地	熟悉 Hadoop+Hive+Spark 进行大数据分析的架构设计，并能针对不同的业务提出大数据架构的解决思路。掌握 Hadoop+Hive+Spark+Tableau 平台

序 号	要 求	数据分析师	大数据分析师
4	业务分析	进行维度分析，能够从海量数据中收集并提取信息；通过相关数据分析方法，结合一个或多个数据分析软件完成对海量数据的处理和分析	上 Spark MLlib、SparkSQL 的功能与应用场景，根据不同的数据业务需求选择合适的组件进行分析与处理，并对基于 Spark 框架提出的模型进行对比分析与完善
5	可视化	报告体现数据挖掘的整体流程，层层阐述信息的收集、模型的构建、结果的验证和解读，对行业进行评估、优化和决策	报告能体现大数据分析的优势，能清楚地阐述数据采集、大数据处理过程及最终结果的解读，同时提出模型的优化和改进之处，以利于提升大数据分析的商业价值

5.1.4 大数据分析的背景及挑战

1．大数据分析产生的背景

（1）互联网、传感技术及其应用的迅猛发展产生了各种各样的海量数据，它们的存储和处理很多都是未研究过的。

（2）社会和生产性服务业（包括物质、精神等方面）爆炸式发展产生了海量数据。

（3）智能社区、交通、通信、物流、医疗、能源、信息化、机器人等应用中产生了大量的数据。

2．数据分析的挑战

数据分析是整个大数据处理流程的核心，大数据的价值产生于分析过程。从异构数据源抽取和集成的数据构成了数据分析的原始数据，根据不同应用的需求可以从这些数据中选择全部或部分进行分析。传统的分析技术如数据挖掘、机器学习、统计分析等在大数据时代需要做出调整，这些技术在大数据时代面临着一些新的挑战：

（1）数据量大并不一定意味着数据价值的增加。

（2）大数据时代的算法需要进行调整。

（3）数据结果好坏的衡量。

5.2 大数据分析工具及方法

5.2.1 大数据分析工具及手段

1．大数据分析的 6 种工具

1）Hadoop

Hadoop 是一个能够对大量数据进行分布式处理的软件框架。Hadoop 是可靠的，因为它假设计算元素和存储会失败，所以它维护多个工作数据副本，确保能够针对失败的节点重新分布处理。Hadoop 是高效的，因为它以并行的方式工作，通过并行处理加快处理速度。Hadoop 还是可伸缩的，能够处理 PB 级数据。此外，Hadoop 依赖于社区服务器，因此它的成本比较低，任何人都可以使用。

Hadoop 是一个能够让用户轻松架构和使用的分布式计算平台。用户可以轻松地在 Hadoop 上开发和运行处理海量数据的应用程序。它主要有以下几个优点：

（1）高可靠性。Hadoop 按位存储和处理数据的能力值得人们信赖。

（2）高扩展性。Hadoop 是在可用的计算机集簇间分配数据并完成计算任务的，这些集簇可以方便地扩展到数以千计的节点中。

（3）高效性。Hadoop 能够在节点之间动态地移动数据，并保证各个节点的动态平衡，因此处理速度非常快。

（4）高容错性。Hadoop 能够自动保存数据的多个副本，并且能够自动将失败的任务重新分配。

Hadoop 带有用 Java 语言编写的框架，因此运行在 Linux 生产平台上是非常理想的。Hadoop 上的应用程序也可以使用其他语言编写，比如 C++。

2）HPCC

HPCC 是 High Performance Computing and Communications（高性能计算与通信）的缩写。1993 年，美国科学、工程、技术联邦协调理事会向国会提交了"重大挑战项目：高性能计算与通信"报告，也就是被称为 HPCC 计划的报告，即美国总统科学战略项目，其目的是通过加强研究与开发解决一批重要的科学与技术挑战问题。HPCC 的主要目标是：开发可扩展的计算系统及相关软件，以支持太位级网络传输性能，开发千兆比特网络技术，扩展研究、教育机构及网络连接能力。该项目主要由以下五部分组成。

（1）高性能计算机系统（HPCS），内容包括今后几代计算机系统的研究、系统设计工具、先进的典型系统及原有系统的评价等。

（2）先进软件技术与算法（ASTA），内容有巨大挑战问题的软件支撑、新算法设计、软件分支与工具、计算技术及高性能计算研究中心等。

（3）国家科研与教育网（NREN），内容有中继站及 10 亿位级传输的研究与开发。

（4）基本研究与人类资源（BRHR），内容有基础研究、培训、教育及课程教材。

（5）信息基础结构技术和应用（IITA），目的在于保证美国在先进信息技术开发方面的领先地位。

3）Storm

Storm 是自由的开源软件，是一个分布式的、容错的实时计算系统。Storm 可以非常可靠地处理庞大的数据流，如处理 Hadoop 的批量数据。 Storm 很简单，支持许多种编程语言。Storm 由 Twitter 开源而来，其他知名的应用企业包括 Groupon、淘宝、支付宝、阿里巴巴、乐元素、Admaster 等。

Storm 有许多应用领域：实时分析、在线机器学习、不停顿的计算、分布式 RPC（远程调用协议，通过网络从远程计算机程序上请求服务）、ETL 等。

Storm 的处理速度惊人：经测试，每个节点每秒钟可以处理 100 万个数据元组。

Storm 可扩展、容错，很容易设置和操作。

4）Drill

为了帮助企业用户加快 Hadoop 数据查询，Apache 软件基金会发起了一项名为 Drill 的开源项目。Drill 实现了 Google's Dremel。据 Hadoop 厂商 MapR Technologies 公司产品经理 Tomer Shiran 介绍，Drill 已经作为 Apache 孵化器项目来运作，将面向全球软件工程师持续推广。该项目将会创建出开源版本的谷歌 Dremel Hadoop 工具（谷歌使用该工具来为使用 Hadoop 数据分析工具的互联网应用提速）。而 Drill 将有助于 Hadoop 用户实现更快查询海量数据集的目的。Drill 项目从谷歌的 Dremel 项目中获得了灵感：该项目帮助谷歌实现海量数据集的分析处理，包括分析抓取 Web 文档、跟踪安装在 Android Market 上的应用程序数据、分析垃圾邮件、分析谷歌分布式构建系统上的测试结果等。通过开发 Drill 开源项目，组织机构将有望建立 Drill 所属的 API 接口和灵活强大的体系架构，从而支持广泛的数据源、数据格式和查询语言。

5）RapidMiner

RapidMiner 是世界领先的数据挖掘解决方案。它的数据挖掘任务涉及范围广泛，能简化数据挖掘过程的设计和评价。其功能和特点如下：

- 免费提供数据挖掘技术和库；
- 100%用 Java 编写；
- 数据挖掘过程简单、强大和直观；
- 内部 XML 保证了以标准化的格式来表示交换数据挖掘过程；
- 可以用简单脚本语言自动运行大规模进程；
- 多层次的数据视图确保有效和透明的数据；
- 图形用户界面的互动原型；
- 命令行（批处理模式）自动大规模应用；
- Java API（应用编程接口）；
- 简单的插件和推广机制；
- 强大的可视化引擎，高维数据的可视化建模；
- 400 多个数据挖掘运营商支持。

6）Pentaho

Pentaho 平台不同于传统的 BI 产品，它是一个以流程为中心的面向解决方案的框架。其目的在于将一系列企业级 BI 产品、开源软件、API 等组件集成起来，方便商务智能应用的开发。它的出现，使得一系列的面向商务智能的独立产品，如 Jfree、Quartz 等，能够集成在一起，构成复杂、完整的商务智能解决方案。

Pentaho 平台是以流程为中心的，因为其中枢控制器是一个工作流引擎。工作流引擎使用流程定义来定义在 BI 平台上执行的商业智能流程。流程很容易定制，也可以添加新的流程。平台包含组件和报表，用以分析这些流程的性能。目前，Pentaho 的主要组成元素包括报表生成、分析、数据挖掘和工作流管理等。这些组件通过 J2EE、Web Service、SOAP、HTTP、Java、JavaScript、Portals 等技术集成到 Pentaho 平台中。Pentaho 的发行主要以 Pentaho SDK 的形式进行。

Pentaho SDK 共包含五个部分：Pentaho 平台、Pentaho 数据库、可独立运行的 Pentaho 平台、Pentaho 解决方案示例和一个预先配制好的 Pentaho 网络服务器。其中 Pentaho 平台是最主要的部分，囊括了 Pentaho 平台源代码的主体；Pentaho 数据库为 Pentaho 平台的正常运行提供数据服务，包括配置信息、Solution 相关的信息等，对于 Pentaho 平台来说它不是必需的，通过配置是可以用其他数据库服务取代的；可独立运行的 Pentaho 平台是 Pentaho 平台的独立运行模式的示例，它演示了如何使 Pentaho 平台在没有应用服务器支持的情况下独立运行；Pentaho 解决方案示例是一个 Eclipse 工程，用来演示如何为 Pentaho 平台开发相关的商业智能解决方案。

Pentaho 平台构建于服务器、引擎和组件之上。

2．正确选择大数据分析工具

大数据的规模越来越大，但并不是所有数据都是平等的。有时候，利用数据就像在街角的商店里执行一项小而关键的任务，在其他时候，你可以悠闲地逛一逛仓库，仔细查看一下库存。与分析数据处理所需的工具相比，处理事务性数据所需的技术是完全不同的，为这项工作选择合适的大数据分析工具，了解运营数据与分析数据之间的差异非常重要。

操作或事务数据处理的重点是响应时间和处理并发请求，可能会涉及一些实时分析，但它们通常仅限于与最终用户的即时决策过程相关的一小部分变量。这些信息可能显示在一个简单的仪表板上，该仪表板允许业务用户基于自己的需求和经验水平运行标准或自定义报告。数据事务最重要的特性之一是可靠性。

相比之下，分析通常涉及使用复杂查询结构处理大数据吞吐量的能力。虽然流式分析可能是特定用例的一个特性，但对于许多企业来说，分析仍然主要集中于回顾历史数据，以便进行更长期的规划和预测。例如，企业可能希望分析上一季度的销售情况，或者使用机器学习来查看给定情况下客户购买的产品。在最具挑战性的情况下，企业可能并不确切知道他们在寻找什么，或者他们可能有意尝试不同的方法来从现有的数据存储中获取价值。

3.9 种数据分析手段

1）分类

分类是一种基本的数据分析方式。根据其特点，可将数据对象划分为不同的部分和类型，再进行分析，这样能够进一步挖掘事物的本质。

2）回归

回归是一种运用广泛的统计分析方法，可以通过规定因变量和自变量来确定变量之间的因果关系，建立回归模型，并根据实测数据来求解模型的各参数，然后评估回归模型是否能够很好地拟合实测数据，如果能够很好地拟合，则可以根据自变量做进一步的预测。

3）聚类

聚类是根据数据的内在性质将数据分成一些聚合类，每一个聚合类中的元素尽可能具有相同的特性，不同聚合类之间的特性差别尽可能大的一种分类方法，其与分类分析不同，所划分的类是未知的，因此，聚类分析也称无监督学习。

数据聚类是分析静态数据的一门技术，在许多领域得到广泛应用，包括机器学习、数据挖掘、模式识别、图像分析以及生物信息。

4）相似匹配

相似匹配是指通过一定的方法来计算两个数据的相似程度，相似程度通常会用一个百分比来衡量。相似匹配算法被用在很多不同的计算场景中，如数据清洗、用户输入纠错、推荐统计、剽窃检测系统、自动评分系统、网页搜索和 DNA 序列匹配等领域。

5）频繁项集

频繁项集是指事例中频繁出现的项的集合，Apriori 算法是一种挖掘关联规则的频繁项集算法，其核心思想是通过候选集生成和情节的向下封闭检测两个阶段来挖掘频繁项集，已被广泛应用在商业、网络安全等领域。

6）统计描述

统计描述是根据数据的特点，用一定的统计指标和指标体系，表明数据所反馈的信息，是数据分析的基础处理工作，主要方法包括：平均指标和变异指标的计算、资料分布形态的图形表现等。

7）链接预测

链接预测是一种预测数据之间本应存有的关系的方法，链接预测可分为基于节点属性的链接预测和基于网络结构的链接预测，基于节点属性的链接预测包括分析节点自身的属性和节点之间属性的关系等信息，利用节点信息知识集和节点相似度等方法得到节点之间隐藏的关系。与基于节点属性的链接预测相比，网络结构数据更容易获得。在复杂网络中，个体的特质没有个体间的关系重要。因此，基于网络结构的链接预测受到越来越多的关注。

8）数据压缩

数据压缩是指在不丢失有用信息的前提下，缩减数据量以减少存储空间，提高其传输、存储和处理效率，或按照一定的算法对数据进行重新组织，减少数据冗余和存储空间的一种技术。数据压缩分为有损压缩和无损压缩。

9）因果分析

因果分析是利用事物发展变化的因果关系来进行预测的方法，运用因果分析进行市场预测，主要采用回归分析方法。

5.2.2　大数据分析方法

数据分析即从数据、信息到知识的过程，数据分析需要数学理论、行业经验以及计算机工具三者结合。

1. 大数据分析的方法理论

大数据分析方法在大数据领域显得尤为重要，可以说是决定最终信息是否有价值的主要因素。基于此，大数据分析的方法理论有以下几种。

1）可视化分析（Analytic Visualizations）

数据可视化是对数据分析工具最基本的要求。可视化可以直观地展示数据，让数据"自己说话"，让用户直接看到结果。

2）数据挖掘算法（Data Mining Algorithms）

借助机器等工具，利用数据挖掘中的集群、分割、孤立点分析及其他算法可深入数据内部，挖掘有价值的信息。

3）预测性分析能力（Predictive Analytic Capabilities）

数据挖掘可以让用户更好地理解数据，而预测性分析可以让用户根据可视化分析和数据挖掘的结果做出一些预测性的判断。

4）语义引擎（Semantic Engines）

非结构化数据的多样性带来了数据分析新的挑战，需要一系列工具去解析、提取、分析数据。语义引擎设计成能够从"文档"中智能提取信息。

5）数据管理和数据质量（Data Management and Master Data Quality）

通过标准化的流程和工具对数据进行处理，保证高质量的分析结果。

2. 数据分析标准流程

数据分析本身不是目标，目标是使业务能够做出更好的决策。数据分析的标准流程如图 5-3 所示。

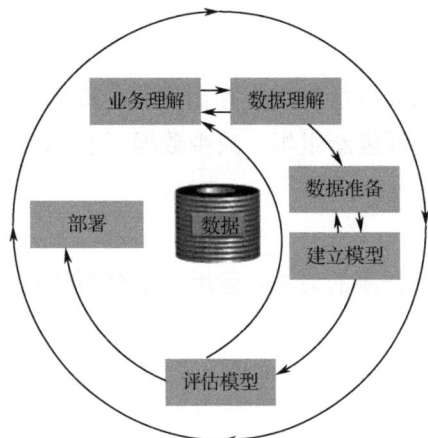

图 5-3 数据分析的标准流程

1）业务理解（Business Understanding）

确定目标、明确分析需求，在项目早期能为项目提供方向，避免无意义的数据分析。例如，目标是提高客户留存率，其中一个指标可以为客户更新他们的订阅率，业务可以通过更新页面的设计、时间和内容来设置提醒邮件和特别促销活动。

理解业务背景：数据分析的本质是服务于业务需求，如果没有业务理解，缺乏业务指导，会导致分析无法落地。

评估业务需求：判断分析需求是否可以转换为数据分析项目，某些需求是不能有效转换为数据分析项目的。

2）数据理解（Data Understanding）

撒一张数据的大网，收集更多数据，建立更好的模型，找到更多可行的方案。大数据经济意味着个人记录往往是无用的，每个记录可供分析才可以提供真正的价值。公司密切检测他们的网站来跟踪用户点击和鼠标移动，通过射频识别（RFID）技术来跟踪用户的行动。

数据收集：抽取的数据必须能够正确反映业务需求，否则分析结论会对业务造成误导。

数据清洗：原始数据中存在数据缺失和坏数据，如果不处理会导致模型失效，因此要对数据"去噪"，从而提取出有效数据。

3）数据准备（Data Preparation）

探索数据：运用统计方法对数据进行探索，发现数据内部规律。

数据转换：为了达到模型的输入数据要求，需要对数据进行转换，包括生成衍生变量、一致化、标准化等。

4）建立模型（Modeling）

综合考虑业务需求精度、数据情况、花费成本等因素，选择最合适的模型。具体包括选择建模技术、参数调优、生成测试计划、构建模型。

在实践中，对于一个分析目的往往运用多个模型，然后通过后续的模型评估，进行优化、调整，以寻求最合适的模型。

5）评估模型（Evaluation）

建模过程评估包括对模型的精度、准确性、效率和通用性进行评估。

模型结果评估包括：评估是否有遗漏的业务，模型结果是否回答了当初的业务问题，需要结合业务专家进行评估。

6）部署（Deployment）

结果应用：将模型应用于业务实践，才能实现数据分析的真正价值，产生商业价值和解决业务问题。

模型改进：对模型应用效果及时跟踪和反馈，以便后期调整和优化模型。

综上所述，数据分析的框架如图 5-4 所示。

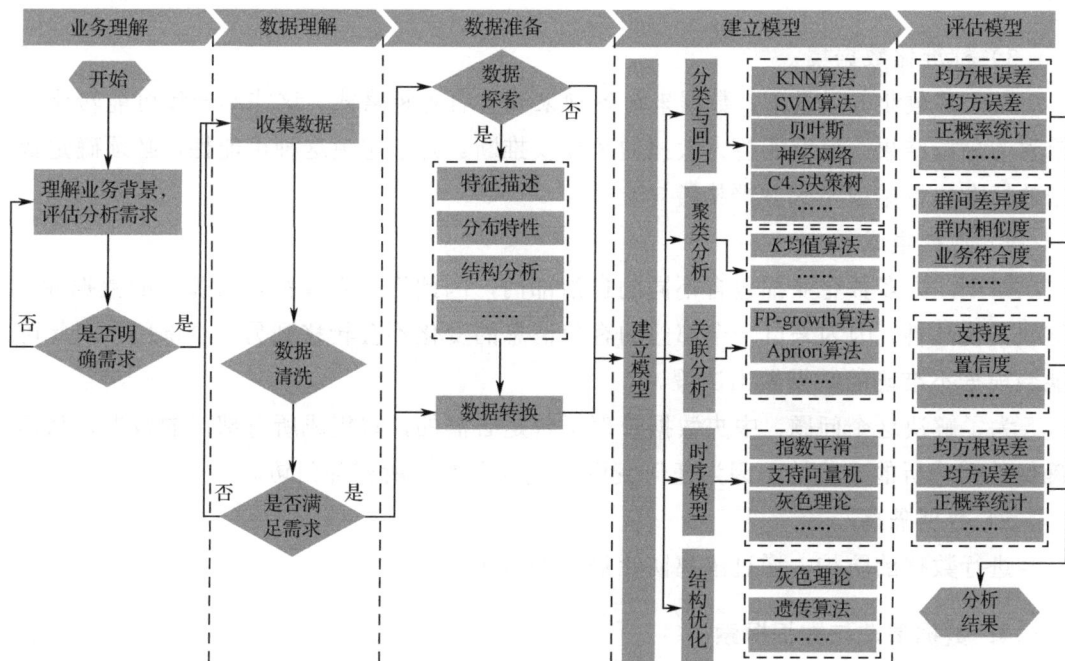

图 5-4　数据分析的框架

3．大数据分析技巧

近年来，越来越多的公司已经意识到数据分析可以带来价值。实际上，现在所有的一切都在被监控和测量，创造了大量的数据流。问题是，根据定义，大数据很大，因此数据收集中的小差异或错误可能导致重大问题、错误信息和不准确的推论。

有一些技术可以优化大数据分析，并最大限度地减少可能渗入这些大型数据集的"噪声"。

1）优化数据收集

数据收集是事件链中的第一步，确保收集的数据与业务感兴趣的指标的相关性非常重要。

存储和管理数据是数据分析中重要的一步，必须保持数据质量和分析效率。

2）把"垃圾"带出去

"肮脏"的数据是大数据分析的祸害。这包括不准确、冗余或不完整的数据，可能会对算法造成严重破坏并导致分析结果不佳。基于"脏"数据做出决策是一个有问题的场景。

清理数据至关重要，必须丢弃无关数据，仅保留高质量、最新、完整和相关的数据。

3）标准化数据集

在大多数业务场景下，数据来自各种来源且有各种格式。这些不一致可能转化为错误的分析结果，这可能会大大扭曲统计及推断。为了避免这种可能性，必须确定数据的标准化框架或格式并严格遵守它。

4）数据集成

如今，大多数企业都包含不同的自治部门，因此许多企业都拥有孤立的数据库。这很具挑战性，因为来自一个部门的客户信息的变化不会转移到另一个部门，因此可能会根据不准确的数据做出决策。

为了解决这个问题，中央数据管理平台是必需的，它集成所有部门的数据，从而确保数据分析的准确性，因为任何变更都可以立即被所有部门访问。

5）数据隔离

进行数据的防护，通过隔离防止病毒的攻击。

4．数据清洗与数据探索

现实世界的数据一般是不完整、有噪声和不一致的。数据清理试图填充缺失的值、光滑噪声并识别离群点，纠正数据中的不一致。

通过数据探索，初步发现数据特征、规律，为后续数据建模提供输入依据，常见的数据探索方法有特征描述、概率分布、结构优化等，如图 5-5 所示。

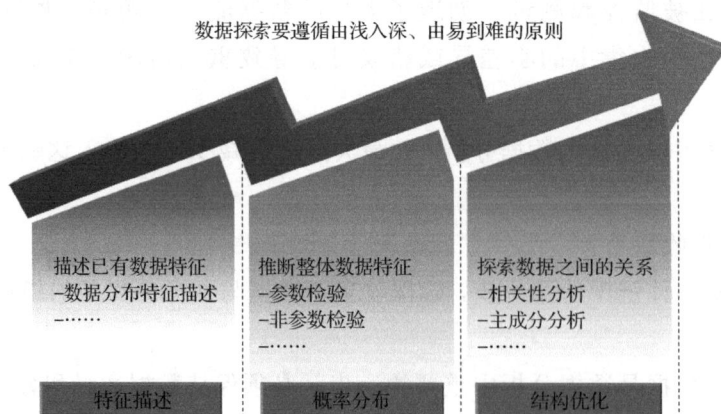

数据探索要遵循由浅入深、由易到难的原则

描述已有数据特征
－数据分布特征描述
－……

推断整体数据特征
－参数检验
－非参数检验
－……

探索数据之间的关系
－相关性分析
－主成分分析
－……

特征描述　　概率分布　　结构优化

图 5-5　数据探索

数据清洗和数据探索通常交互进行，数据探索有助于选择数据清洗方法，数据清洗后可以更有效地进行数据探索，两者的关系如图 5-6 所示。

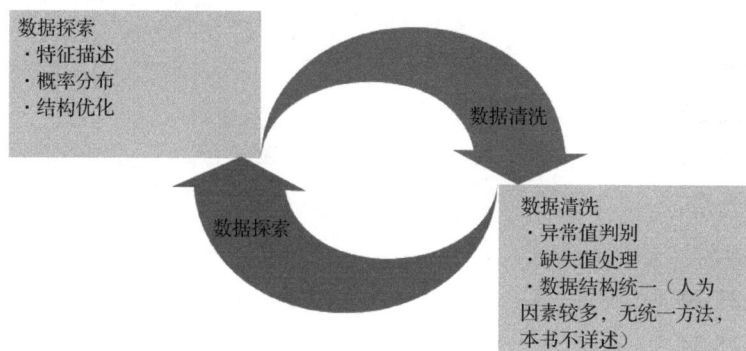

图 5-6　数据清洗和数据探索的关系

1）缺失值处理

（1）忽略元组：当缺少类标号时通常这样做。除非元组有多个属性缺少值，否则该方法不是很有效。

（2）人工填写缺失值：一般情况下，该方法很费时。

（3）使用一个全局常量填充缺失值：将缺失值用同一个常量替换。如果缺失值都用"Unknown"替换，则挖掘程序可能误认为它们形成了一个概念，因为它们都具有相同的值"Unknown"。因此此方法虽然简单但不可靠。

（4）使用属性的均值填充缺失值：例如，假定顾客的平均收入为 56000 美元，则使用该值替换收入中的缺失值。

（5）使用与给定元组属于同一类的所有样本的属性均值：例如，将顾客按 credit_risk 分类，则用具有相同信用度给定元组的顾客的平均收入替换收入中的缺失值。

（6）使用最可能的值填充缺失值：可以用回归、贝叶斯形式化的基于推理的工具或决策树归纳确定。例如，利用数据集中其他顾客的属性，可以构造一棵决策树来预测收入的缺失值。

2）噪声数据处理

噪声（Noise）是被测量的变量的随机误差或方差。给定一个数值属性（如 price），怎样才能光滑数据，去掉噪声？下面介绍数据光滑技术。

（1）分箱（Binning）：分箱方法通过考察数据的"近邻"来光滑有序数据的值。由于分箱方法考察近邻的值，因此是对数据进行局部光滑。

例如：price 排序后数据（美元）为 4,8,15,21,21,24,25,28,34

划分为箱：

箱 1：4,8,15

箱 2：21,21,24

箱 3：25,28,34

用箱均值光滑：

箱 1：9,9,9

箱 2：22,22,22

箱 3：29,29,29

用箱边界光滑：

箱 1：4,4,15

箱 2：21,21,24

箱 3：25,25,34

（2）回归：可以用一个函数（如回归函数）拟合数据来光滑数据。

（3）聚类：可以通过聚类检测离群点，将类似的值组织成群或簇。落在簇集合之外的值视为离群点。

3）数据不一致的处理

作为一位数据分析人员，应当警惕编码使用的不一致问题和数据表示的不一致问题（如日期"2018/12/25"和"25/12/2018"）。字段过载（Field Overloading）是另一种错误源，通常由如下原因导致：开发者将新属性的定义挤压到已经定义的属性的未使用部分。

当数据缺失严重时，会对分析结果造成较大影响，因此对剔除的异常值以及缺失值，要采用合理的方法进行填补，常见的方法有平均值填充、最近距离法、回归法、极大似然估计法等。

数据概率分布可以表述随机变量取值的规律，是掌握数据变化趋势和范围的一个重要手段，如图 5-7 所示。

将数据转换或统一成适合挖掘的形式，通常的做法有数据泛化、标准化、属性构造等。

5．分类与回归

1）分类

分类是指按照某种指定的属性特征将数据归类。需要确定类别的概念描述，并找出类判别准则。分类的目的是获得一个分类函数或分类模型（也称分类器），该模型能把数据集合中的数据项映射到某一个给定类别。

分类是利用训练数据集通过一定的算法而求得分类规则的，是模式识别的基础。分类可用于提取描述重要数据类的模型或预测未来的数据趋势，分类实例如图 5-8 所示。

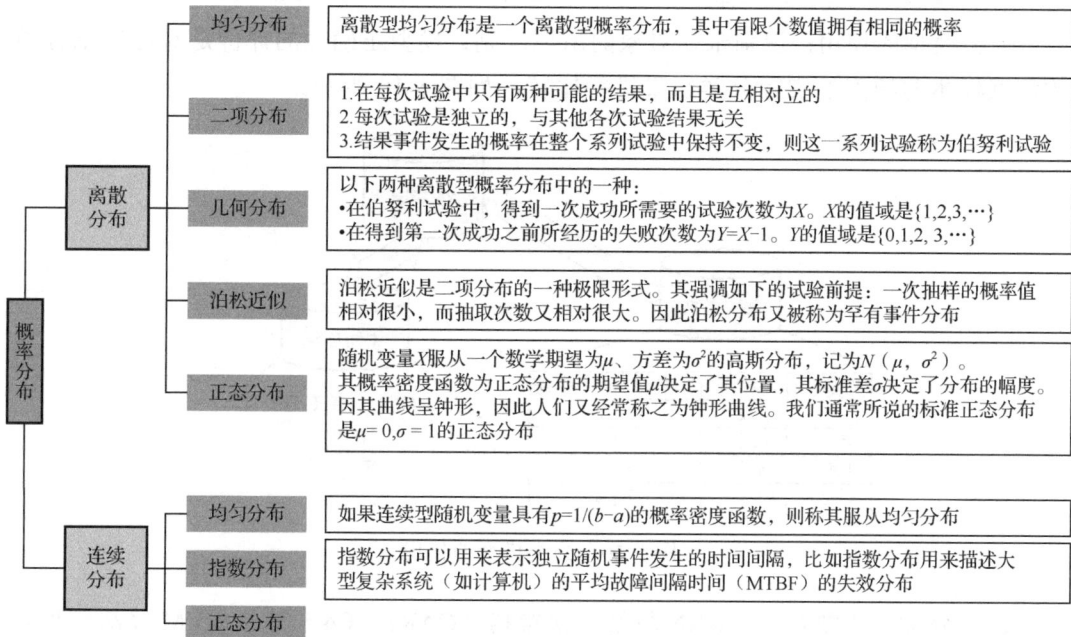

离散 分布	均匀分布	离散型均匀分布是一个离散型概率分布，其中有限个数值拥有相同的概率
	二项分布	1.在每次试验中只有两种可能的结果，而且是互相对立的 2.每次试验是独立的，与其他各次试验结果无关 3.结果事件发生的概率在整个系列试验中保持不变，则这一系列试验称为伯努利试验
	几何分布	以下两种离散型概率分布中的一种： •在伯努利试验中，得到一次成功所需要的试验次数为X。X的值域是$\{1,2,3,\cdots\}$ •在得到第一次成功之前所经历的失败次数为$Y=X-1$。Y的值域是$\{0,1,2,3,\cdots\}$
	泊松近似	泊松近似是二项分布的一种极限形式。其强调如下的试验前提：一次抽样的概率值相对很小，而抽取次数又相对很大。因此泊松分布又被称为罕有事件分布
	正态分布	随机变量X服从一个数学期望为μ、方差为σ^2的高斯分布，记为$N(\mu,\sigma^2)$。其概率密度函数为正态分布的期望值μ决定了其位置，其标准差σ决定了分布的幅度。因其曲线呈钟形，因此人们又经常称之为钟形曲线。我们通常所说的标准正态分布是$\mu=0,\sigma=1$的正态分布
连续 分布	均匀分布	如果连续型随机变量具有$p=1/(b-a)$的概率密度函数，则称其服从均匀分布
	指数分布	指数分布可以用来表示独立随机事件发生的时间间隔，比如指数分布用来描述大型复杂系统（如计算机）的平均故障间隔时间（MTBF）的失效分布
	正态分布	

图 5-7　数据概率分布

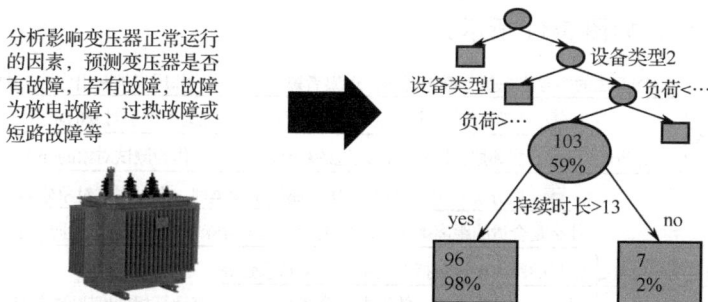

图 5-8　分类实例

（1）分类的实现。

分类模型的构建：对每个样本进行类别标记，训练集构成分类模型，分类模型可表示为分类规则、决策树或数学公式，如图 5-9 所示。

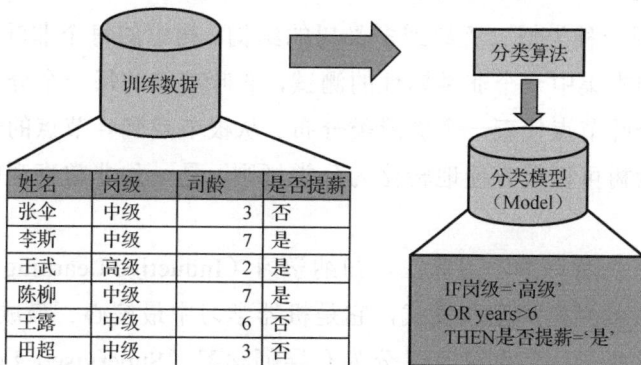

图 5-9　分类模型的构建

分类模型的使用：识别未知对象的所属类别；模型正确性的评价是对已标记分类的测试样本与模型的实际分类结果进行比较，如图 5-10 所示。

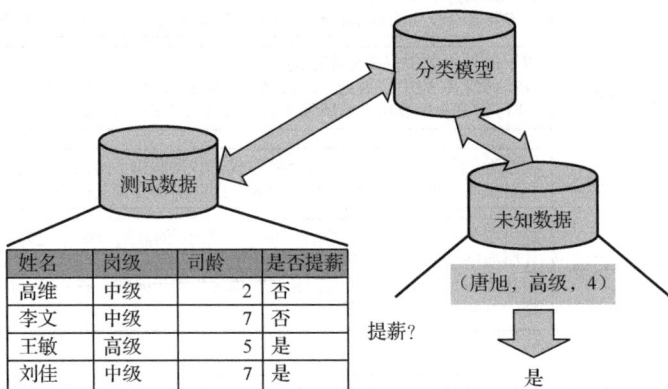

图 5-10　分类模型的使用

（2）分类的主要算法：KNN 算法、决策树（CART、C4.5 等）、SVM 算法、贝叶斯算法、BP 神经网络等。

① KNN 算法，如图 5-11 所示。

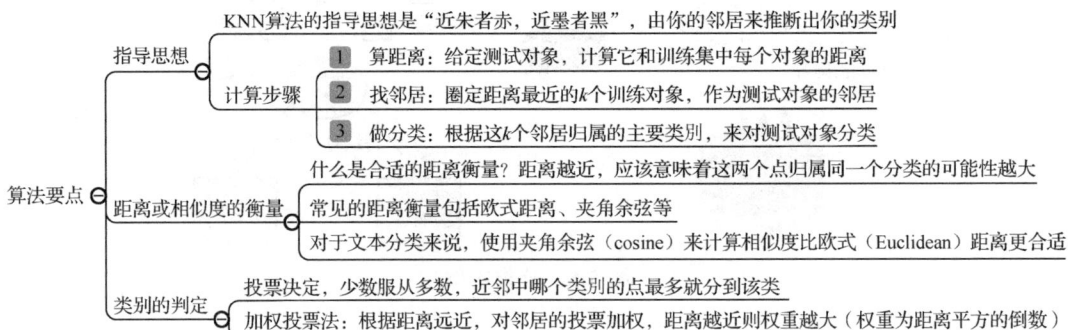

图 5-11　KNN 算法

② C4.5 算法。

C4.5 算法采用一种类似二叉树或多叉树的结构。树中的每个非叶节点（包括根节点）对应于训练样本集中一个非类属性的测试，非叶节点的每一个分支对应属性的一个测试结果，每个叶节点代表一个类或类分布。从根节点到叶节点的一条路径形成一条分类规则。决策树可以很方便地转化为分类规则，是一种非常直观的分类模型的表示形式。

C4.5 算法属于一种归纳学习算法。归纳学习（Inductive Learning）旨在从大量经验数据中抽取一般的判定规则和模式，它是机器学习中最核心、最成熟的一个分支。

根据有无导师指导，归纳学习又分为有导师学习（Supervised Learning，又称示例学习）和无导师学习（Unsupervised Learning）。

C4.5 算法属于有导师的学习算法，算法特点是：模型直观清晰，分类规则易于解释；解决了连续数据值的学习问题；提供了将学习结果决策树转换到等价规则集的功能。

③ 贝叶斯算法。

设每个数据样本用一个 n 维特征向量来描述 n 个属性的值，即：$X=\{x_1, x_2, \cdots, x_n\}$，假定有 m 个类，分别用 $C_1, C_2, \cdots, C_m$ 表示。给定一个未知的数据样本 X（即没有类标号），用朴素贝叶斯分类法将未知的样本 X 分配给类 C_i，则一定是

$$P(C_i|X)>P(C_j|X), \quad 1 \leqslant j \leqslant m, \ j \neq i$$

根据贝叶斯定理，由于 $P(X)$ 对于所有类为常数，最大化后验概率 $P(C_i|X)$ 可转化为最大化先验概率 $P(X|C_i)P(C_i)$。如果训练数据集有许多属性和元组，计算 $P(X|C_i)$ 的开销可能非常大，为此，通常假设各属性的取值互相独立，这样先验概率 $P(x_1|C_i)$，$P(x_2|C_i), \cdots, P(x_n|C_i)$ 可以从训练数据集求得。

根据此方法，对一个未知类别的样本 X，可以先分别计算出 X 属于每一个类别 C_i 的概率 $P(X|C_i)P(C_i)$，然后选择其中概率最大的类别作为其类别。

朴素贝叶斯算法成立的前提是各属性之间互相独立。当数据集满足这种独立性假设时，分类的准确度较高，否则可能较低。另外，该算法没有分类规则输出。

贝叶斯方法是一个非常通用的推理框架，其核心理念可以描述成：通过合成来分析。

④ BP 神经网络。

BP 神经网络是 1986 年由 Rumelhart 和 McCelland 等科学家提出的，是一种按误差逆传播算法训练的多层前馈网络，是目前应用最广泛的神经网络模型之一。BP 神经网络能学习和存储大量的输入/输出模式映射关系，而无须事前揭示描述这种映射关系的数学方程。它的学习规则使用最速下降法，通过反向传播来不断调整网络的权值和阈值，使网络的误差平方和最小。BP 神经网络模型拓扑结构包括输入层、隐藏层和输出层，如图 5-12 所示。

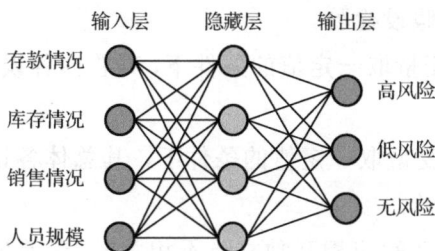

图 5-12　BP 神经网络拓扑结构

BP 神经网络学习过程如下。

● 正向传播：输入样本→输入层→各隐藏层→输出层。

- 判断是否转入反向传播阶段。
- 若输出层的实际输出与期望输出不符，则误差反传，修正各层单元的权值。
- 网络输出的误差降低到可接受的程度或达到预先设定的学习次数则停止。

BP 神经网络的不足：首先，由于学习速率是固定的，因此网络的收敛速度慢，需要较长的训练时间。其次，BP 神经网络可以使权值收敛到某个值，但并不保证其为误差平面的全局最小值。再次，网络隐藏层的层数和单元数的选择尚无理论上的指导，一般是根据经验或者通过反复试验确定。最后，网络的学习和记忆具有不稳定性。也就是说，如果增加了学习样本，训练好的网络就需要从头开始训练，对于以前的权值和阈值是没有记忆的。

2）回归

（1）产生：英国统计学家法兰西斯·高尔顿和其学生卡尔·皮尔逊观察了 1078 对夫妇，每对夫妇的平均身高为 X，他们成年的儿子的身高为 Y，得到如下经验方程：

$$Y=33.73+0.516X$$

（2）定义：假定同一个或多个独立变量存在相关关系，寻找相关关系的模型。模型的因变量是随机变量，而自变量是可控变量。分为线性回归和非线性回归。

线性回归算法寻找属性与预测目标之间的线性关系。通过属性选择与去掉相关性，去掉与问题无关的变量或存在线性相关的变量。在建立回归模型之前，可先进行主成分分析，消除属性之间的相关性。最后通过最小二乘法，得到各属性与目标之间的线性系数。

线性回归可分为一元线性回归（只有一个变量 X 与因变量 Y 有关，X 与 Y 都是连续型变量，因变量 Y 或其残差必须服从正态分布）、多元线性回归（分析多个变量与因变量 Y 的关系，X 与 Y 都是连续型变量，因变量 Y 或其残差必须服从正态分布）和 Logistic 线性回归（分析多个变量与因变量 Y 的关系，Y 通常是离散型或定性变量，该模型对因变量 Y 的分布无要求）3 种类型。

正态性假设：总体误差项须服从正态分布，否则最小二乘估计不再是最佳无偏估计，不能进行区间估计和假设检验。

零均值性假设：在自变量取一定值的条件下，其总体各误差项的条件平均值为零，否则无法得到无偏估计。

等方差性假设：在自变量取一定值的条件下，其总体各误差项的条件方差为一常数，否则无法得到无偏估计。

独立性假设：误差项之间应相互独立（不相关），误差项与自变量之间应相互独立，否则最小二乘估计不再是有效估计。

6．聚类分析

聚类分析对具有共同趋势或结构的数据进行分组，将数据项分成多个簇（类），簇之间的数据差别应尽可能大，簇内的数据差别应尽可能小，即"最小化簇间的相似性，最大化簇内的相似性"。

K-Means 算法是一种广泛使用的聚类算法，主要思想是：首先将各个聚类子集内的所有数据样本的均值作为该聚类的代表点，然后把每个数据点划分到最近的类别中，使得评价聚类性能的准则函数达到最优，从而使同一个类中的对象相似度较高，而不同类之间的对象相似度较低。

K-Means 聚类算法应用实例如图 5-13 所示。

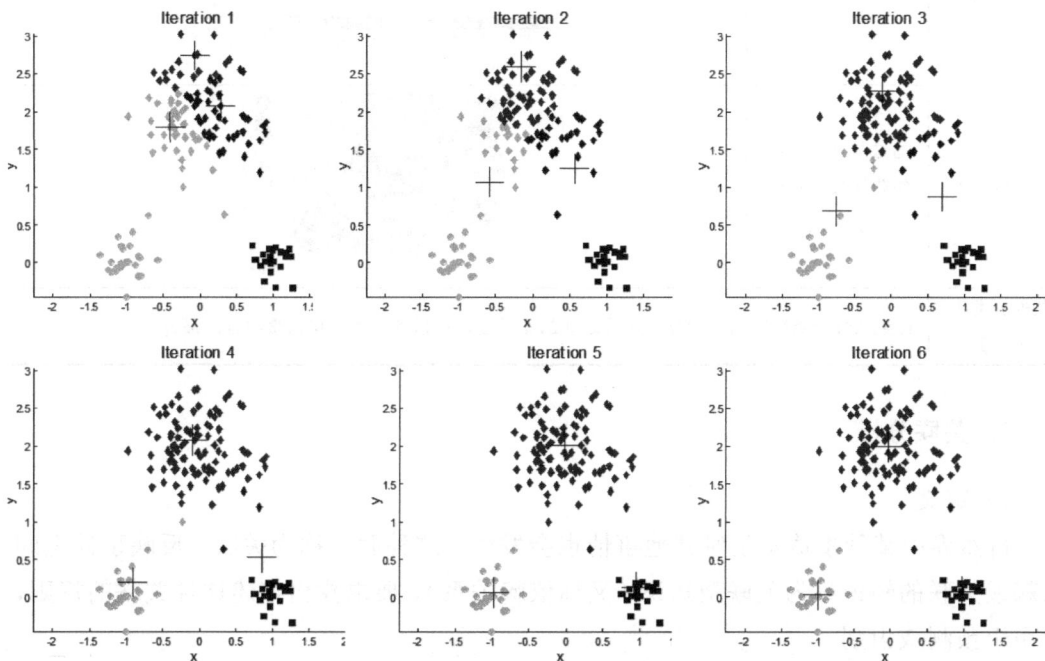

图 5-13　K-Means 聚类算法应用实例

基本思路：首先，随机选择 K 个数据点作为聚类中心；然后，计算其他点到这些聚类中心点的距离，通过对簇中距离平均值的计算，不断改变这些聚类中心的位置，直到这些聚类中心不再变化为止。

聚类模型评估指标有凝聚度、分离度、轮廓系数、相似度矩阵、共性分类相关系数等，见表 5-2。

表 5-2　聚类模型评估指标

评 估 指 标	定　　义	图　　示
凝聚度	衡量一个簇内对象凝聚情况	

续表

评估指标	定　义	图　　　示
分离度	衡量簇与簇之间的差异	
轮廓系数	综合了凝聚度和分离度	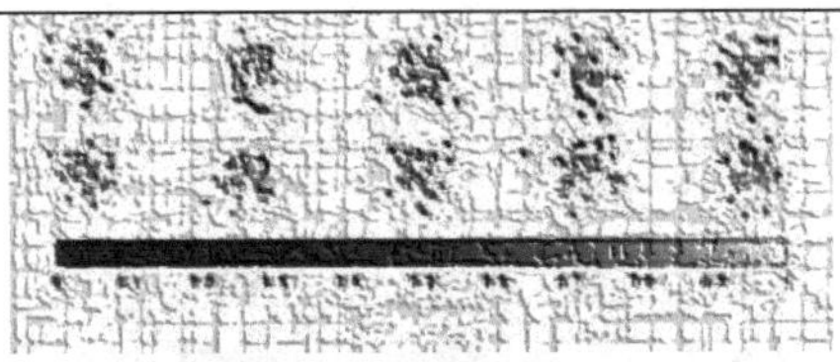
相似度矩阵	通过与理想相似矩阵比较，看聚类效果	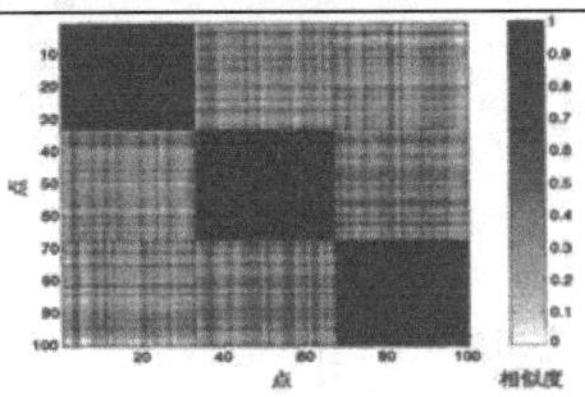
共性分类相关系数	衡量共性分类矩阵与原相异度矩阵之间的相关度，用以评估哪种层次聚类方法最好	

7．关联分析

1）定义

自然界中某种事情发生时其他事情也会发生，这种联系称为关联。反映事件之间依赖或关联的知识称为关联型知识（又称依赖关系）。要求找出描述这种关联的规则，并用于预测或识别。

关联分析是一种简单、实用的分析技术。关联分析的目的是找出数据集合中隐藏的关联网，这是离散变量因果分析的基础。

例如，通过发现顾客放入其购物篮中不同商品之间的联系，分析顾客的购买习惯。通过了解哪些商品频繁地被顾客同时购买，可以帮助零售商组织营销策略。在同一次购物中，顾客购买牛奶的同时，也购买面包的可能性有多大？这种信息可以引导销售，可以帮助零售商有选择地经销和安排货架。将牛奶和面包尽可能放近一些，可以进一步刺激顾客去商店同时购买这些商品。

例如：豆奶、橙汁、尿布和啤酒是超市中的商品，分别为其编号，豆奶为 0，橙汁为 1，尿布为 2，啤酒为 3，见表 5-3。商品交易可能集合数如图 5-14 所示。

表 5-3　商品交易信息

交　易　号　码	商　　品	编　　码
001	豆奶，橙汁	0，1
002	尿布，啤酒	2，3

续表

交 易 号 码	商　　品	编　　码
003	橙汁，豆奶，尿布，啤酒	0，1，2，3
004	橙汁，豆奶，啤酒	0，1，3
005	尿布，啤酒	2，3

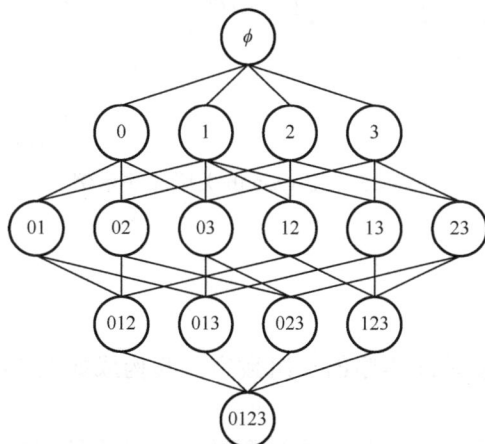

图 5-14　商品交易可能集合数

2）关联算法

主要的关联算法有 Apriori 关联算法、FP-growth 关联算法等。

（1）Apriori 关联算法。

Apriori 算法是最基本的一种关联规则算法，它利用逐层搜索的方法挖掘频繁项集。

（2）FP-growth 关联算法。

FP-growth 关联算法是韩嘉炜等人在 2000 年提出的关联分析算法，是直接生成频繁项集的频繁模式增长算法，该算法采用分而治之的策略：在第一次扫描数据库之后，把数据库中的频繁项集压缩到一棵频繁模式树（FP-tree）中，形成投影数据库，同时保留其中的关联信息，随后继续将 FP-tree 分成一些条件树，对这些条件树分别进行挖掘。

基本思路：不断地迭代 FP-tree 的构造和投影过程。

算法描述如下：对于每个频繁项，构造它的条件投影数据库和投影 FP-tree；对每个新构建的 FP-tree 重复这个过程，直到构造的新 FP-tree 为空，或者只包含一条路径；当构造的 FP-tree 为空时，其前缀即频繁模式；当只包含一条路径时，通过枚举所有可能组合并与此树的前缀连接即可得到频繁模式。FP-growth 关联算法示例如图 5-15 所示。

交易编号	所有购物项	（排序后的）频繁项
100	f,a,c,d,g,i,m,p	f,c,a,m,p
200	a,b,c,f,l,m,o	f,c,a,b,m
300	b,f,h,j,o	f,b
400	b,c,k,s,p	c,b,p
500	a,f,c,e,l,p,m,n	f,c,a,m,p

其中，最小支持度阈值为3

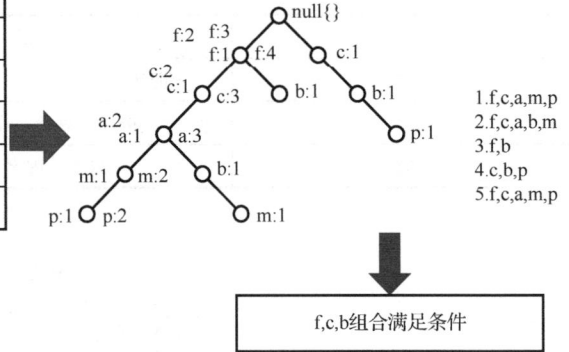

1.f,c,a,m,p
2.f,c,a,b,m
3.f,b
4.c,b,p
5.f,c,a,m,p

f,c,b组合满足条件

图 5-15　FP-growth 关联算法示例

8．时间序列分析

1）简介

所谓时间序列就是按时间排序的一组数字，其构成如图 5-16 所示。

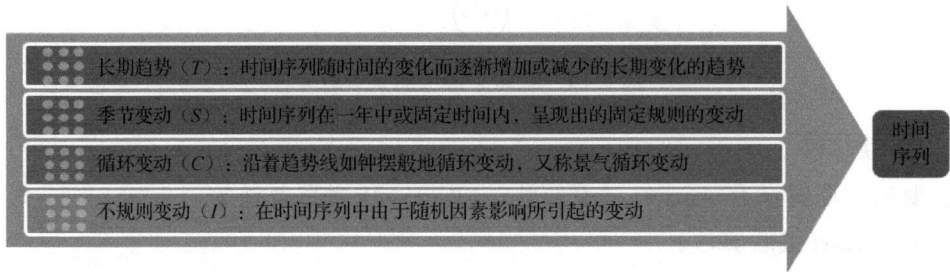

图 5-16　时间序列的构成

2）组合模型

（1）加法模型：假定时间序列是基于 4 种成分相加而成的。长期趋势并不影响季节变动。

$$Y=T+S+C+I$$

（2）乘法模型：假定时间序列是基于 4 种成分相乘而成的。假定季节变动与循环变动为长期趋势的函数，则

$$Y = T \times S \times C \times I$$

3）建模步骤

（1）用观测、调查、统计、抽样等方法取得被观测系统时间序列动态数据。

（2）根据动态数据画相关图，进行相关分析，求自相关函数。相关图能显示出变化的趋势和周期，并能发现跳点和拐点。跳点是与其他数据不一致的观测值，拐点则是指时间序列从上升趋势突然变为下降趋势的点。

（3）辨识合适的随机模型，进行曲线拟合，即用通用随机模型去拟合时间序列的

观测数。短的或简单的时间序列，可用趋势模型和季节模型加上误差来进行拟合；平稳时间序列，可用通用 ARMA 模型及其特殊情况的自回归模型、滑动平均模型或组合-ARMA 模型等来进行拟合，当观测值多于 50 个时一般采用 ARMA 模型；非平稳时间序列则要先经差分运算转化为平稳时间序列，再用适当模型去拟合这个差分序列。

例如：成本费用收入比单指标（累计值）预测如图 5-17 和表 5-4 所示。

拟合优度：0.7628

平均绝对误差：0.15

平均相对误差：0.00156

标准误差：0.2211

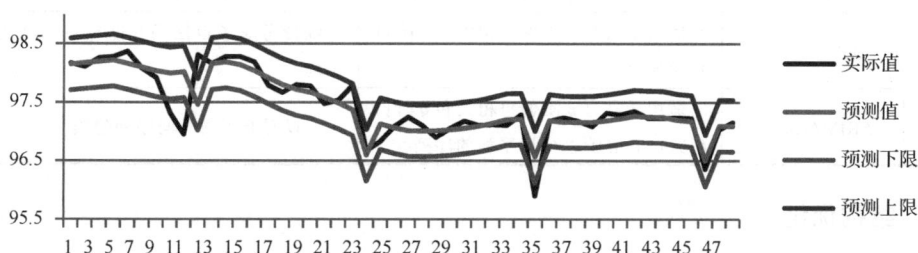

图 5-17　成本费用收入比单指标（累计值）预测

表 5-4　成本费用收入比单指标（累计值）预测

日　　期	实　际　值	预　测　值	下　限　值	上　限　值
2019 年 1 月	96.36	96.503303	96.0609034	96.9457034
2019 年 2 月	97.04	97.098057	96.6556572	97.5404572
2019 年 3 月	97.16	97.097295	96.6548955	97.5396955

4）预测方法

时间序列预测方法分为平滑法和 ARIMA 模型，平滑法通过时间序列的发展趋势来进行预测。ARIMA 模型又称自回归求积移动平均模型，是存在序列相关的非平稳时间序列建模方法，通过时间序列的自相关性来预测。这两类方法的适用范围和特点见表 5-5。

表 5-5　两类方法的适用范围和特点

预 测 方 法		适 用 范 围	特　　点
平滑法	简单移动平均	没有明显的趋势和季节性	—
	加权移动平均	没有明显的趋势和季节性	考虑了不同时刻对预测值影响权重不同
	单指数平滑	适用于无线性趋势、无季节因素的序列	考虑了各期数据对预测值的影响

	预测方法	适用范围	特点
	双指数平滑	适用于有线性趋势、无季节因素的序列	加入了线性趋势项
	Winter 无季节	适用于有线性趋势、无季节因素的序列	与双指数平滑类似，双指数平滑只用了一个参数，Winters 无季节用了两个参数
	Winter 加法	适用于有线性趋势和不变季节因素的序列	加入了季节变动的因素
	Winter 乘法	适用于有线性趋势和变化季节因素的序列	加入了季节变动的因素
ARIMA 模型	AR(p)	适用于具有 p 阶偏自相关的序列	通过自回归来预测
	MA(q)	适用于具有 q 阶自相关的序列	通过随机扰动项的移动平均来预测
	ARMA(p,q)	适用于具有 p 阶偏自相关和 q 阶自相关的序列	综合考虑了自回归和随机扰动项的移动平均
	ARIMA(p,d,q)	适用于具有 p 阶偏自相关和 q 阶自相关，且 d 阶差分后平稳的序列	可以对非平稳时间序列建模

9. 结构优化

1）遗传算法

遗传算法（图 5-18）是计算机科学人工智能领域中用于解决最优化的一种搜索启发式算法，是进化算法的一种。这种启发式算法通常用来生成有用的解决方案来解决搜索问题。进化算法最初是借鉴进化生物学中的一些现象而发展起来的，这些现象包括遗传、突变、自然选择以及杂交等。遗传算法广泛应用在生物信息学、系统发生学、计算科学、工程学、经济学、化学、制造、数学、物理、药物测量学等领域之中。

遗传算法不能直接处理问题空间的参数，必须把它们转换成遗传空间的由基因按一定结构组成的染色体或个体。遗传算法是解决搜索问题的一种通用算法。

遗传算法的特点如下。

（1）遗传算法从问题解的串集开始搜索，而不是从单个解开始。这是遗传算法与传统优化算法的极大区别。传统优化算法是从单个初始值迭代求最优解的，容易陷入局部最优解。遗传算法从串集开始搜索，覆盖面大，利于全局择优。

（2）遗传算法同时处理群体中的多个个体，即对搜索空间中的多个解进行评估，减少了陷入局部最优解的风险，同时算法本身易于实现并行化。

（3）遗传算法不采用确定性规则，而采用概率的变迁规则来指导搜索方向。

（4）具有自组织、自适应和自学习性。遗传算法利用进化过程获得的信息自行组织搜索时，适应度大的个体具有较高的生存概率，并获得更适应环境的基因结构。

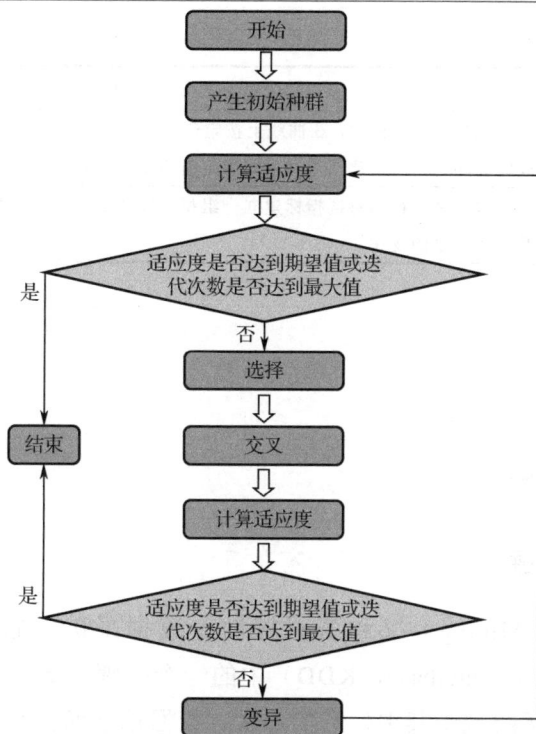

图 5-18 遗传算法

2）灰色系统

灰色系统是指"部分信息已知，部分信息未知"的"小样本""贫信息"的不确定性系统。它通过对部分已知信息的生成、开发去了解、认识现实世界，实现对系统运行行为和演化规律的正确把握和描述。

严格来说，灰色系统是绝对的，而白色与黑色系统是相对的。社会、经济、农业等系统的预测都属于特征性灰色系统的预测。

灰色系统认为：尽管客观系统表象复杂，数据离散，但它们总是有整体功能的，总是有序的，因此，其中必然潜藏着某种内在规律，关键在于要用适当的方式去挖掘它，然后利用它。

灰色系统的应用见表 5-6。

表 5-6 灰色系统的应用

序 号	应 用	说 明
1	数列预测	用观察到的反映预测对象特征的时间序列来构造灰色预测模型，预测未来某一时刻的特征量，或达到某一特征量的时间
2	灾变与异常值预测	通过灰色模型预测异常值出现的时刻，预测异常值什么时候出现在特定时区内
3	季节灾变与异常值预测	通过灰色模型预测灾变值发生在一年内某个特定的时区或季节

续表

序 号	应 用	说 明
4	拓扑预测	用原始数据画曲线，在曲线上按定值寻找该定值发生的所有时点，并以其为框架构成时点序列，然后建立模型预测该定值所发生的时点
5	系统预测	通过对系统行为特征指标建立一组相关联的灰色模型，预测系统中众多变量间的相互协调关系的变化

5.3 数据挖掘

5.3.1 数据挖掘概述

1．什么是数据挖掘

数据挖掘（Data Mining）又称资料探勘、数据采矿。它是数据库知识发现（Knowledge Discovery in Database，KDD）中的一个步骤。数据挖掘一般是指从大量的数据中通过算法搜索隐藏于其中信息的过程。数据挖掘通常与计算机科学有关，并通过统计、在线分析处理、情报检索、机器学习、专家系统（依靠过去的经验法则）和模式识别等诸多方法来实现上述目标。

数据挖掘是近年来伴随数据库系统的大量建立和万维网的广泛应用而发展起来的一门技术。数据挖掘是交叉性学科，它是数据库技术、机器学习、统计学、人工智能、可视化分析、模式识别等多门学科的融合。

2．正确理解数据挖掘

数据挖掘首先是搜集数据，数据越丰富越好，数据量越大越好，只有获得足够的高质量的数据，才能获得确定的判断，才能产生认知模型，这是量变到质变的过程。由此产生经验，经验的积累就能产生有价值的判断。认知模型是渐进发展的模型，当认识深入以后，将生成更加抽象的模型与许多猜想，通过猜想再扩展模型，从而达到深度学习和深度挖掘的目的。

（1）数据挖掘涉及数据融合、数据分析和决策支持等内容。

（2）数据源必须是真实、大量、含有噪声、用户感兴趣的数据。

（3）发现的知识要可接受、可理解、可运用，并不要求发现放之四海而皆准的知识，仅支持特定的问题。

（4）数据是知识的源泉，将概念、规则、模式、规律和约束等视为知识，这就像采矿或淘金一样，从数据中获取知识。

（5）原始数据可以是结构化数据，如关系型数据库中的数据等；也可以是非结构化数据，如文本、图形和图像等；还可以是半结构化数据，如网页等。

（6）挖掘知识的方法可以是数学的方法，也可以是非数学的方法；可以是演绎的方法，也可以是归纳的方法。

（7）挖掘的知识具有应用的价值，可以用于信息管理、查询优化、决策支持和过程控制等，还可以用于数据自身的维护。

（8）数据挖掘是一门交叉学科，将人们对数据的应用从低层次的简单查询，提升到从数据中挖掘知识，提供决策支持。

3．数据挖掘分类

数据挖掘可以分为直接数据挖掘和间接数据挖掘两类。

1）直接数据挖掘

直接数据挖掘的目标是利用可用的数据建立一个模型，利用这个模型对剩余的数据或对一个特定的变量（可以理解成数据库中的属性，即列）进行描述。分类、估值、预测属于直接数据挖掘。

2）间接数据挖掘

间接数据挖掘的目标是在所有的变量中建立起某种关系。相关性分组或关联规则、聚类、描述和可视化属于间接数据挖掘。

4．数据挖掘技术

数据挖掘技术是数据挖掘方法的集合，数据挖掘方法很多。

根据挖掘任务可将数据挖掘技术分为预测模型发现、聚类分析、分类与回归、关联分析、序列模式发现、依赖关系或依赖模型发现、异常和趋势发现、离群点检测等。

挖掘对象可分为关系型数据库、面向对象数据库、空间数据库、时态数据库、文本数据源、多媒体数据库、异质数据库、遗产数据库以及环球网。

挖掘方法可分为机器学习方法、统计方法、神经网络方法和数据库方法。机器学习方法可细分为归纳学习方法（决策树、规则归纳等）、基于范例学习、遗传算法等。统计方法可细分为回归分析（多元回归、自回归等）、判别分析（贝叶斯判别、费歇尔判别和非参数判别等）、聚类分析（系统聚类、动态聚类等）、探索性分析（主元分析法、相关分析法等）等。神经网络方法可细分为前向神经网络、自组织神经网络（自组织特征映射、竞争学习）等。数据库方法主要是多维数据分析或 OLAP 方法，另外还有面向属性的归纳方法。

5.3.2 数据挖掘工具

数据挖掘工具是使用数据挖掘技术从大型数据集中发现并识别模式的计算机软件。

1. SAS

SAS 全称为 Statistics Analysis System，该系统最早由北卡罗来纳大学的两位生物统计学研究生编制，并于 1976 年成立了 SAS 软件研究所，正式推出了 SAS 软件。SAS 是用于决策支持的大型集成信息系统，SAS 由大型机系统发展而来，其核心操作方式是程序驱动，经过多年的发展，现在已成为一套完整的计算机语言，其用户界面也充分体现了这一特点：它采用 MDI（多文档界面），用户在 PGM 窗口中输入程序，分析结果以文本的形式在 OUTPUT 窗口中输出。使用程序方式，用户可以完成所有需要做的工作，包括统计分析、预测、建模和模拟抽样等。

SAS 是一个组合软件系统，它由多个功能模块组合而成，其基本部分是 BASE SAS 模块。SAS 具有灵活的功能扩展接口和强大的功能模块，在 BASE SAS 的基础上，还可以增加不同的模块，从而增加不同的功能：SAS/STAT（统计分析模块）、SAS/GRAPH（绘图模块）、SAS/QC（质量控制模块）、SAS/ETS（经济计量学和时间序列分析模块）、SAS/OR（运筹学模块）、SAS/IML（交互式矩阵程序设计语言模块）、 SAS/FSP（快速数据处理的交互式菜单系统模块）、SAS/AF（交互式全屏幕软件应用系统模块）等，如图 5-19 所示。SAS 有一个智能型绘图系统，不仅能绘制各种统计图，还能绘制地图。SAS 提供多个统计过程，每个过程均含有丰富的选项。

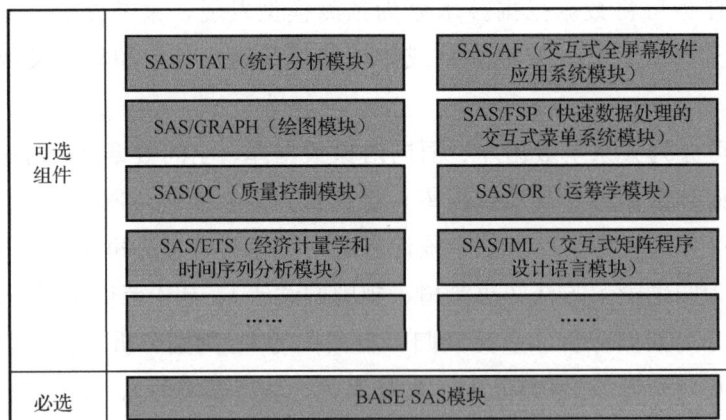

图 5-19　SAS 的模块

2. SPSS Clementine（现已更名为 PASW Modeler）

Clementine 是 ISL（Integral Solutions Limited）公司开发的数据挖掘工具平台。1999

年 SPSS 公司收购了 ISL 公司，对 Clementine 产品进行重新整合和开发，现在 Clementine 已经成为 SPSS 公司的又一亮点。

SPSS Clementine 的图形化操作界面使得分析人员能够看见数据挖掘过程的每一步。通过与数据流的交互，分析人员和业务人员可以合作，将业务知识融入数据挖掘过程。这样数据挖掘人员就可以把注意力集中于知识发现，而不是陷入技术任务，例如写代码，所以他们可以尝试更多的分析思路，更深入地探索数据，揭示更多的隐含关系。

SPSS Clementine 是一款功能强大的数据挖掘软件。该软件结合商业技术还可以快速建立预测性模型，进而应用到商业活动中，帮助人们改进决策过程。强大的数据挖掘功能和显著的投资回报率使其在业界久负盛誉。它功能强大的数据挖掘算法，使数据挖掘贯穿业务流程的始终，在缩短投资回报周期的同时极大地提高了投资回报率。

通过 SPSS Clementine，可以将企业的数据放到软件上分析，利用内置的算法以及图形功能帮助企业预测未来数据的走势，可提前建立项目计划及未来开发的具体流程，并且可以针对分析的结果建立模型或者流程图，方便企业在整个数据挖掘过程中将数据部署到开发计划上，从而完善企业后期的投资计划以及决策。

3．R 系统

R 系统是一套完整的数据处理、计算和制图软件系统。R 系统内置多种统计学及数学分析功能。其功能包括：数据存储和处理，数组运算（向量、矩阵运算功能尤其强大），完整连贯的统计分析工具，优秀的统计制图功能，简便而强大的编程语言，可操纵数据的输入和输出，可实现分支、循环，用户可自定义功能，R 系统如图 5-20 所示。

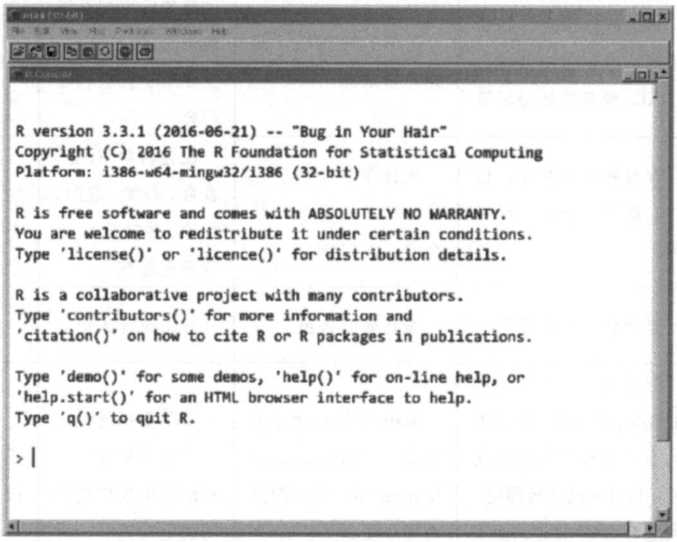

图 5-20　R 系统

R 系统的功能也可以通过安装包增强。R 系统比其他统计学或数学专用的编程语言有更强的面向对象（面向对象程序设计）功能。R 系统的另一强项是绘图功能，可加入数学符号。

虽然 R 系统主要用于统计分析或者开发统计相关的软件，但也有人将其用于矩阵计算。其分析速度可媲美专用于矩阵计算的自由软件 GNU Octave 和商业软件 MATLAB。

4．Stata

Stata 是 Statacorp 于 1985 年开发的统计程序，在全球范围内被广泛应用于企业和学术机构中。作为一个小型的统计软件，其统计分析能力远远超过了 SPSS，在许多方面也超过了 SAS。由于 Stata 在分析时将数据全部读入内存，在计算全部完成后才和磁盘交换数据，因此计算速度极快（一般来说，SAS 的运算速度要比 SPSS 至少快一个数量级，而 Stata 的某些模块和执行同样功能的 SAS 模块比，其速度又比 SAS 快将近一个数量级）。Stata 采用命令行方式来操作，但使用上远比 SAS 简单。其生存数据分析、纵向数据（重复测量数据）分析等模块的功能甚至超过了 SAS。用 Stata 绘制的统计图形相当精美，很有特色。

Stata 主要用于每次对一个数据文件进行操作，难以同时处理多个文件。

Stata 最大的缺点是数据接口太简单，实际上只能读入文本格式的数据文件，其数据管理界面也过于简单。

四种数据分析工具的综合比较见表 5-7。

表 5-7　四种数据分析工具综合比较

项　目		SAS	Stata	SPSS	R 系统
使用范围	典型应用范围	市场需求预测、销售预测、潜在客户开发、CRM、经营绩效分析等	医学、生物统计研究、学术界	典型的应用是民意调查、问卷分析，主要用于社会科学研究	计量经济学、制造、金融、生物医药、学术论文
	适合领域	管理科学（企业、资料、财务、会计、经济等）	统计学、经济学、生物学、医药学、社会学、人口学	社会科学(社会、教育、心理、政治、行政、传播等)，行政管理领域	基本统计学、经济学、生物信息学、生态学、医药学、社会学、地理学
	适合人员	专业研究及编程人员	统计研究人员	应用统计人员	统计研究人员
	扩展性	SAS 语言具有强大的处理数据的能力，但其不具有对新算法的集成功能，因此算法比较固定，须随着 SAS 软件的版本更新才能更新算法	Stata 的编程功能很强大，每期的 Stata Journal 都有最新的模型程序更新	不具备扩展性，无法编写新算法，只能使用软件提供的固定功能	R 系统的扩展功能很强，可以任意实现自己的算法，甚至可以编写游戏

续表

项　目	SAS	Stata	SPSS	R 系统
操作界面	纯编程界面，操作困难	Stata 把菜单和命令编程结合了起来	使用 Windows 的窗口方式展示各种管理和分析数据方法的功能，使用对话框展示各种选项	R 系统的界面非常简洁，只有一个菜单栏和一个默认的控制台
数据兼容	SAS 直接兼容的数据（库）格式较少，对于其他不直接兼容的数据格式，须使用 SAS Access 将数据格式转换为 SAS 数据格式才能使用	通常数据来源于数据库下载，而不是手工录入。Stata 不能直接支持很多格式（Excel、SAS），可以先保存为 CSV 格式后再导入 Stata	能打开 Excel、DaBase、Foxbase、Lotus 1-2-3、Access、文本编辑器等生成的数据文件	基本上各大数据库厂商已有相应的 R 系统企业级应用产品，这些厂商包括 Oracle、IBM、Teradata、Sybase、SAP
数据的处理	数据处理功能非常强大，这是 SAS 语言的优势所在	在数据管理和许多前沿统计方法中的功能是非常强大的	只能利用菜单进行一些数据的常规操作	完美的数据可视化制作工具，丰富的图形函数和外置包，几乎无限的扩展能力，数据处理能力强大
多维数据的图形描述	SAS 的图形功能很强	Stata 的作图模块提供8种基本图形的制作	利用 SPSS 可以生成数十种基本图和交互图。交互图可有不同风格的二维、三维图	R 系统的强项是绘图功能
分析方法	SAS 具有完备的数据存取、数据管理、数据分析和数据展现功能。SAS 系统中提供的主要分析功能包括统计分析、经济计量分析、时间序列分析、决策分析、财务分析和全面质量管理工具等	Stata 的统计功能很强，除传统的统计分析方法外，还收集了近 20 年发展起来的新方法。Stata 具有如下统计分析能力：数值变量资料的一般分析、分类资料的一般分析、等级资料的一般分析、相关与回归分析等	提供很多常用统计方法，但是分析功能仍然有所欠缺	R 系统是一套完整的数据处理、分析、计算和制图软件系统
编程灵活性	在数据预处理、操作方面具有很大的灵活性，但是对于统计分析功能灵活性不大，只能通过设置不同参数来改变输出结果	Stata 具有很强的程序语言功能	几乎是固定的用法，不具备灵活性	它拥有编程语言，其功能能够通过由用户撰写的套件增强

5．MATLAB

MATLAB（矩阵实验室）是 Matrix Laboratory 的缩写，是一款由美国 The MathWorks 公司出品的商业数学软件。MATLAB 是一种用于算法开发、数据可视化、数据分析以及数值计算的高级技术计算语言和交互式环境。除矩阵运算、绘制函数/数据图像等常用功能外，MATLAB 还可以用来创建用户界面及调用其他语言（包括 C、C++和 FORTRAN 语言）编写的程序。

MATLAB 主要应用于工程计算、控制设计、信号处理与通信、图像处理、信号检测、金融建模设计与分析等领域。

软件特点：

（1）高效的数值计算及符号计算功能，能将用户从繁杂的数学运算分析中解脱出来。

（2）具有完备的图形处理功能，实现计算结果和编程的可视化。

（3）友好的用户界面及接近数学表达式的自然化语言，使学习者易于学习和掌握。

（4）功能丰富的应用工具箱（如信号处理工具箱、通信工具箱等）为用户提供了大量方便实用的处理工具。

6．EViews

EViews 是美国 GMS 公司 1981 年发行的第 1 版 Micro TSP 的 Windows 版本，通常称为计量经济学软件包。EViews 是 Econometrics Views 的缩写，它的本意是对社会经济关系与经济活动的数量规律，采用计量经济学方法与技术进行"观察"。计量经济学研究的核心是设计模型、收集资料、估计模型、检验模型、运用模型进行预测、求解模型。正是 EViews 等计量经济学软件包的出现，使计量经济学取得了长足的进步，发展成为实用与严谨的经济学科。使用 EViews 软件包可以对时间序列和非时间序列的数据进行分析，建立序列（变量）间的统计关系式，并用该关系式进行预测、模拟等。

7．MiniTab

MiniTab 是国际上流行的一个统计软件包，其特点是简单易懂，在国外大学统计学系开设的统计软件课程中，MiniTab 与 SAS、BMDP 并列。MiniTab 的容量比 SAS、SPSS 等小得多，但其功能并不弱，特别是它的试验设计及质量控制等功能。MiniTab 提供了对存储在二维工作表中的数据进行分析的多种功能，包括：基本统计分析、回归分析、方差分析、多元分析、非参数分析、时间序列分析、试验设计、质量控制、模拟、绘制高质量三维图形等。从功能来看，MiniTab 除各种统计模型外，还具有许多统计软件不具备的功能——矩阵运算。

8．WEKA

WEKA 的全名是怀卡托智能分析环境（Waikato Environment for Knowledge Analysis），同时也是新西兰的一种鸟名，WEKA 的主要开发者来自新西兰。WEKA 作为一个公开的数据挖掘工作平台，集合了大量能承担数据挖掘任务的机器学习算法，包括预处理、分类、回归、聚类、关联规则以及在新的交互式界面上的可视化。

【思考题】

1．如何对数据分析进行分类？

2．大数据分析与数据分析有何不同？

3．常用的大数据分析工具有哪些？

4．数据分析标准流程是什么？

5．分类的主要算法有哪些？

6．举例说明关联分析。

7．什么是数据挖掘？数据挖掘如何分类？

8．选择题

（1）下列关于聚类挖掘技术的说法中，错误的是（　　　）。

A．不预先设定数据归类类目，完全根据数据本身性质将数据聚合成不同类别

B．要求同类数据的内容相似度尽可能小

C．要求不同类数据的内容相似度尽可能小

（2）按照涉及自变量的多少，可以将回归分析分为（　　　）。

A．线性回归分析　　　　　　　B．非线性回归分析

C．一元回归分析　　　　　　　D．多元回归分析

第6章　大数据可视化

大数据可视化就是将大型数据集中的数据通过图形、图像表示出来，并利用数据分析和开发工具发现其中的未知信息。大数据可视化的实施是一系列数据的转换过程。数据可视化系统并不是为了展示用户已知的数据之间的规律，而是为了帮助用户获取新的发现。

在简化数据和降低大数据应用的复杂性方面，大数据分析发挥着关键的作用。可视化能够帮助用户获得完整的数据视图并挖掘数据的价值。大数据分析和可视化应该无缝连接，这样才能在大数据应用中发挥最大的功效。

6.1　数据可视化概述

1. 数据可视化的含义

数据可视化起源于图形学、计算机图形学、人工智能、科学可视化及用户界面等领域的相互促进和发展，是当前计算机科学的一个重要研究方向，它利用计算机对抽象信息进行直观的表示，以利于人们快速检索信息和增强认知能力。

数据可视化是关于数据视觉表现形式的科学技术研究。这种数据的视觉表现形式被定义为，一种以某种概要形式抽提出来的信息，包括相应信息单位的各种属性和变量。

数据可视化要根据数据的特性，如时间信息和空间信息等，找到合适的可视化方式，如图表（Chart）、图（Diagram）和地图（Map）等，将数据直观地展现出来，以帮助人们理解数据，同时找出包含在海量数据中的规律或信息，如图 6-1 所示为数据可视化示例。数据可视化是大数据生命周期管理的最后一步，也是最重要的一步。

<table>
<tr><td>（a）医疗数据可视化</td><td>（b）销售与库存数据可视化</td></tr>
</table>

图 6-1　数据可视化示例（一）

2．数据可视化的发展

数据可视化的起源，可以追溯到 20 世纪 50 年代计算机图形学的发展早期。当时，人们利用计算机创建出了首批图形和图表。

后来，可视化日益关注数据，包括那些来自商业、财务、行政管理、数字媒体等方面的大型异质性数据集。20 世纪 90 年代初期，人们建立了一个新的被称为"信息可视化"的研究领域，旨在为许多应用领域之中对于抽象的异质性数据集的分析工作提供支持。进入 21 世纪，人们逐渐接受这个同时涵盖科学可视化与信息可视化领域的新生术语——"数据可视化"。

数据可视化是一个处于不断演变之中的概念，其边界在不断地扩大。它主要指的是较为高级的技术方法，而这些技术方法允许利用图形和图像处理、计算机视觉及用户界面，通过表达、建模，以及对立体、表面、属性和动画的显示，对数据加以可视化解释。与立体建模之类的特殊技术方法相比，数据可视化所涵盖的技术方法要广泛得多。

3．数据可视化的基本思想

数据可视化是将数据库中每一个数据项作为单个图元元素表示，大量的数据集构成数据图像，同时将数据的各个属性值以多维数据的形式表示，这样可以从不同的维度观察数据，从而对数据进行更深入的分析，如图 6-2 所示。

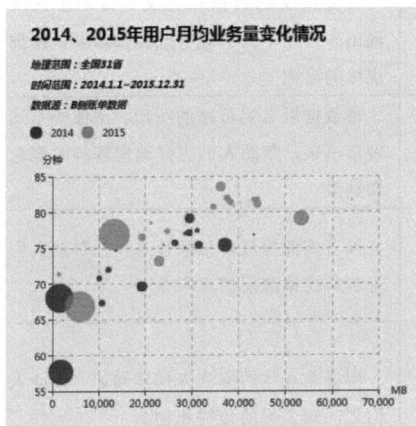

图 6-2　数据可视化示例（二）

4．数据可视化的基本特征

广义的数据可视化是对数据进行采集、分析、治理、管理、挖掘等一系列复杂的处理，然后由设计师设计一种表现形式，最后由工程师创建对应的可视化算法及技术实现手段。这里仅探讨狭义的图表和信息图层次的数据可视化的基本特征。

1）易懂性

可视化可以将碎片化的数据转换为具有特定结构的知识，从而为决策支持提供帮助。

2）片面性

数据可视化的片面性特征体现在不能用可视化模式替代数据本身，只能作为数据表达的一种特定形式。

3）必然性

大数据所产生的数据量必然要求人们对数据进行归纳总结，对数据的结构和形式进行转换处理。

4）专业性

专业性特征体现在人们从可视化模型中提取专业知识的环节，它是数据可视化应用的最后流程。

5．数据可视化的分类

数据可视化的分类见表 6-1。

表 6-1　数据可视化的分类

类　别	研　究　对　象	研　究　目　的	主要技术及表达方式	交互类型
数据可视化	包括空间、非空间数据等各种类型的大数据	将无意义的数据以含义丰富的形式表现出来，便于人们理解或提供启发、挖掘规律的可能	计算机图形、图像	人机交互
科学可视化	一般为具有几何属性的空间数据	将数据以真实可感的图形、图像等方式表示出来，帮助人们更好地理解相关概念和结果		
信息可视化	非空间、抽象、非结构化的数据集合，也可以是信息单元	以直观图像展现抽象信息，并帮助人们理解与挖掘深层信息和含义		
知识可视化	知识经过加工、整合和处理后在人脑中存储为知识结构的信息，可不断更新	用视觉表达的方法来描述知识，推动人们之间知识等的传播和创新	手绘或计算机草稿图、知识图表、视觉隐喻等	人人交互
思维可视化	可不断更新的具有主观想法的知识结构的信息	用视觉表达的方法来描述知识，推动人们之间观点、态度等的传播和创新	手绘或计算机草稿图、思维导图、概念图等	
可视化分析	包括空间、非空间数据等各种类型的大数据	变信息过载为机遇，使分析师或决策者能及时、高效地考察大量数据、信息流并完成分析、推理和决策	计算机图形、图像，用户的知识、经验和主观认知	人机交互

《数据可视化：现代方法》（2007）一书概括了数据可视化的主题：思维导图、新闻的显示、数据的显示、连接的显示、网站的显示、文章与资源、工具与服务。所有这些主题都与图形设计和信息表达密切相关。

Frits H. Post（2002）则从计算机科学的视角，将数据可视化领域划分为如下多个子领域：可视化算法与技术方法、立体可视化、信息可视化、多分辨率方法、建模技术方法、交互技术方法与体系架构。

6．大数据可视化面临的问题与挑战

1）多源、异构、非完整、非一致、非准确数据的集成与接口

大数据可视化的基础是数据，而大数据时代数据的来源众多。对于异构环境，即使获得了数据源，得到的数据的完整性、一致性、准确性也难以保证。数据质量的不确定性将直接影响可视化分析的科学性和准确性。大数据可视化的前提是建立集成的数据接口，并且与可视化分析系统形成松耦合的接口关系，以供各种可视化算法方便地调用，使得可视化分析系统的研发者和使用者不需要关心数据接口背后的复杂机理。

2）可扩展性问题

大数据的数据规模目前已经呈现爆炸式增长。数据量的无限积累与数据的持续演化，导致普通计算机的处理能力难以满足要求，主流显示设备的像素数也难以跟上大数据增长的脚步。而且，大量在较小的数据规模下可行的可视化技术在面临极端大规模数据时无能为力。

所以，大数据可视化分析系统应该具有较好的可扩展性，即感知扩展性和交互扩展性只取决于可视化的精度而不是依赖数据规模的大小，以支持实时的可视化与交互操作。因此，如何实现超高维数据的降维以缩小数据规模，如何结合大规模并行处理方法与超级计算机，如何将目前有价值的可视化算法和人机交互技术扩展到大数据领域，将是未来面临的严峻挑战。

3）可视化与数据挖掘技术之间的松散关系问题

目前，可视化技术运用于数据，一般是作为表达工具，如生成最初的视图，而分析方法本身并不包括可视化。现有的项目插入策略，只是简单地将分析过程和图形可视化交错在一起，这突出了两者的缺陷和限制。例如，由于传统分析过程不能对多媒体数据进行分析，人们只好放弃在可视化数据挖掘环境中研究电影及音乐，而这本是可视化技术的优势所在。更好的可视化数据挖掘策略依赖于将可视化与分析过程紧密结合起来，形成一个统一、强大的可视化数据挖掘工具。

6.2 大数据可视化的实现

6.2.1 数据可视化方式

数据可视化可以让用户快速抓住关键信息。数据可视化一般具备以下几个特点：准确性、创新性和简洁性。下面总结了 5 种常用的数据可视化方式。

1. 面积和尺寸可视化

对同一类图形（如柱状图、圆环图和蜘蛛图等）的长度、高度或面积加以区别，以清晰地表达不同指标值之间的对比。制作这类数据可视化图形时，要用数学公式计算，以表达准确的尺度和比例。

天猫店铺动态评分如图 6-3 所示。天猫店铺动态评分模块右侧的条状图按精确的比例清晰地表达了不同评分用户的占比。

图 6-3　天猫店铺动态评分

某公司能力模型蜘蛛图如图 6-4 所示。通过蜘蛛图使该公司综合实力与同行业平均水平的对比一目了然。

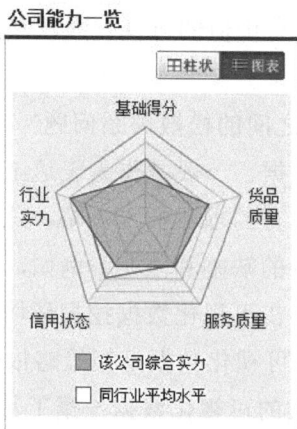

图 6-4　某公司能力模型蜘蛛图

　　如图 6-5 所示，在美国联邦预算剖面图中，用不同高度的货币流清晰地表达了资金的来源和去向，以及每一项所占的比重。

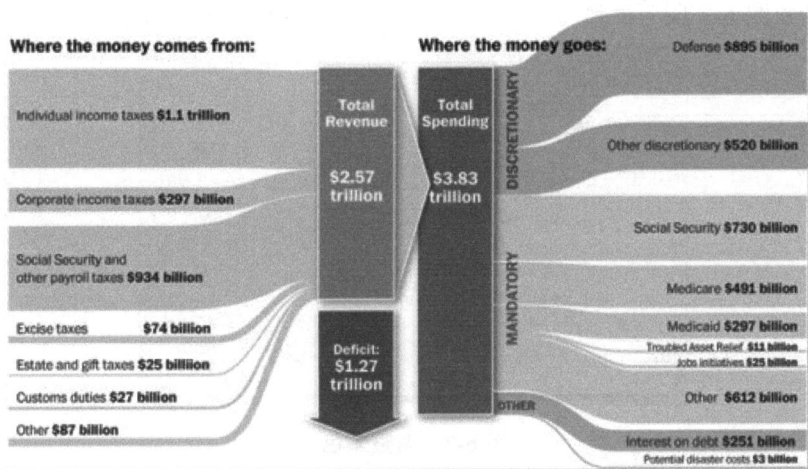

图 6-5　美国联邦预算剖面图

2．颜色可视化

　　通过颜色的深浅来表达指标值的强弱和大小，是数据可视化设计的常用方法，用户一眼便可看出哪些指标更突出。

　　例如，科学家统计了两年内 30 亿条含有地理数据的 Twitter 推文，总结出了如图 6-6 所示的美国手机用户城市分布图。图中用不同的颜色表示用 iPhone 的人和用安卓手机的人。人们分析后发现，在市中心和主干道的人用 iPhone 的居多，而用安卓手机的人大多在郊区。

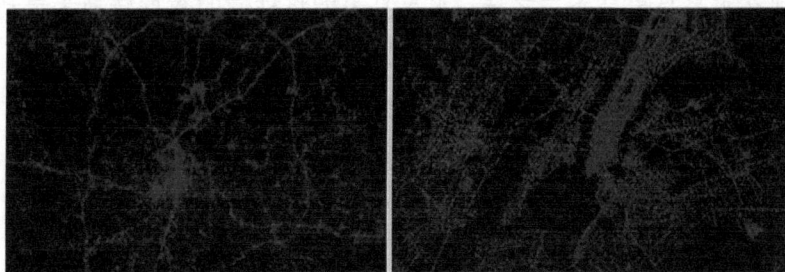

图 6-6　美国手机用户城市分布图

　　信息可视化在通过造型元素明确传达信息的基础上，把握好视觉元素中色彩的运用，能使图形变得更加生动，信息表达得更加明确。色彩可以帮助人们对信息进行深入分类，丰富作品的表现形式，并且给受众带来视觉效果上的享受。

　　1）色相、饱和度、明度

　　色相就是各种色彩的名称和相貌，如红、橙、黄、绿、青、蓝、紫等；饱和度是指颜色的纯度；明度表示颜色的明暗程度和深浅程度。这三者相互关联、相互制约，它们是构成色彩的基本要素。我们在后期处理图片时，调整颜色都是根据这三个要素来处理的，如图 6-7 所示。

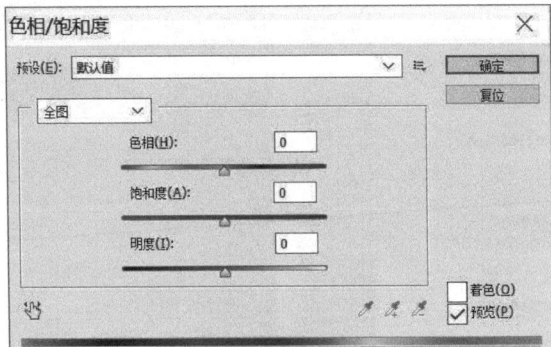

图 6-7　调整颜色

2）暖色和冷色

暖色比冷色看起来占用面积大。因此，即使红色和蓝色占用相同的面积，前者还是会从视觉上压倒后者。暖色看起来距离近，而冷色则看起来距离远。

3）四原色和三原色

青、品红、黄和黑是打印机用来完成四色印刷的四种墨水颜色，这四种颜色按一定比例混合便可得到各种颜色。

红、绿、蓝被混在一起用来显示电脑屏幕上的颜色，色彩成分的范围都是 0～255。

4）水晶易表

如果需要展现的数据结构不是特别复杂，而又要把数据展现得绚丽多彩，而且具有交互性，那么水晶易表是不二之选。水晶易表能将枯燥的数据转换为灵动的决策信息，因此逐渐成为 BI 系统、分析会议、汇报材料等数据分析的首选工具（图 6-8）。

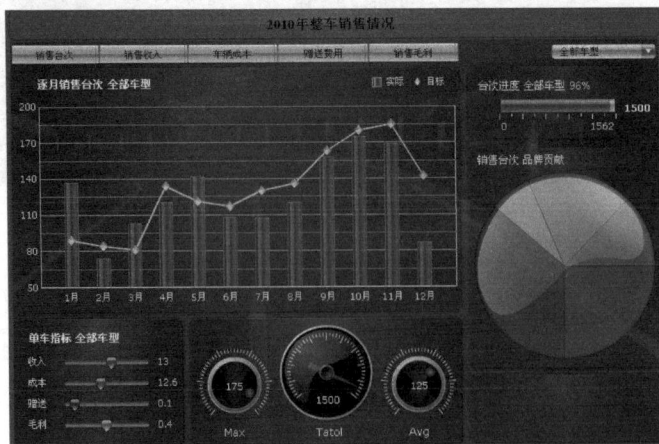

图 6-8　水晶易表示例

水晶易表具有以下优点：

（1）基于矢量的 SWF 图形格式，跨平台流畅播放，空间占用小，可将分析结果直接嵌入 PowerPoint、PDF 文件、Outlook 等。

（2）简单易学，无须额外编程。

（3）美观实用，多个实用性控件和主题可设计出绚丽的报表，演示性、交互性、动态的趋势分析型报表能实现各种交互功能。

3．图形可视化

使用有实际含义的图形，能更加生动地展现数据图表，更便于用户理解图表所要表达的主题。

数据大屏幕适用于大型管理机构，其信息量高度集中，弱化了交互性，强化了展示效果。如图 6-9 所示为某 4S 店汽车大屏案例。

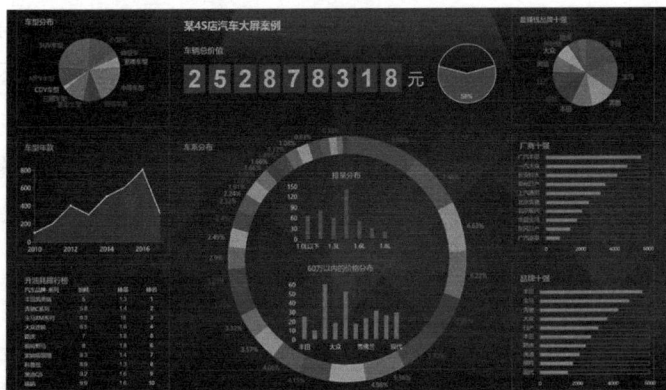

图 6-9　某 4S 店汽车大屏案例

iOS 手机及平板电脑分布如图 6-10 所示。图中以苹果图形作为背景，使用户一眼就可以看出这是在描述苹果公司的设备，直观而清晰。

图 6-10　iOS 手机及平板电脑分布

人人网用户的网购调查如图 6-11 所示。图中直接采用男性和女性的图形，这样的设计让分类一目了然。图中还采用了颜色可视化和面积与尺寸可视化。这些可视化方法的组合使用，大大增强了数据的可理解性。

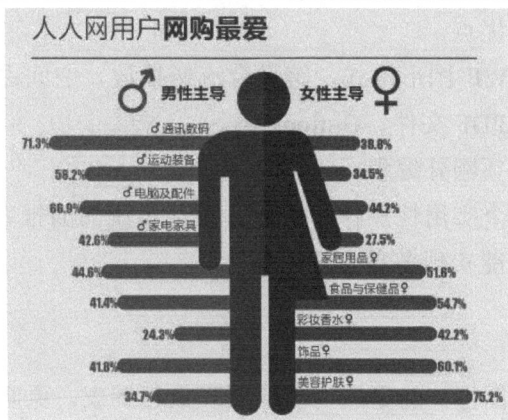

图 6-11 人人网用户的网购调查

大数据分析软件 SmartBI Insight 提供了丰富的 ECharts 图形可视化选择，如（堆积）柱图、（堆积）横条图、散点图、（堆积）面积图、折线图、组合图、瀑布图、饼图、环形图、南丁格尔玫瑰图、油量图、气泡图、雷达图、关系图、热力图、词云图等。

另外，可使用 Excel 完成更为复杂的图形设计，如甘特图、山形图、手风琴图、子弹图、小又多图、迷你图、漏斗图、进度图、复合饼图、多层饼图等，还可对表格设置条件格式（数据条、色阶、图标集）。

4．地域数据可视化

当指标数据要表达的主题跟地域有关联时，一般会选择用地图作为背景。这样用户可以直观地了解整体情况，也可以根据地理位置快速定位到某一地区来查看详细数据。

传统的商业智能（BI）很重视数据可视化技术，通过可视化技术使人们不再局限于通过关系表来观察和分析数据仓库中的数据，而是以更直观的方式来看待数据及其结构关系。虽然传统可视化技术可以将数据的各个属性值以多维数据的形式表示，并从不同的维度进行观察，但是它对空间维度无能为力，而地域数据可视化的出现恰好弥补了这个缺憾。地域数据可视化充分利用了地理信息技术提供的空间数据可视化的能力，将所有的行业信息整合成地理大数据，用地图的形式进行可视化表达，以完美的姿态解决了大数据中的空间位置表达问题；同时，利用地理信息技术的空间分析能力，为地理大数据涉及的大量的空间分析提供了处理能力，在空间维度上初步实现了大数据分析。

使用大数据进行空间可视化的行业众多，如商业、零售、金融、电信、城市规划等。最近，全球领先的地理信息软件公司 Esri 和 Richard Saul Wurman、Radical Media 共同发起了"城市瞭望台"项目，该项目就体现了其平台产品 ArcGIS 与大数据的完美结合。该项目通过对所提供的世界范围内的丰富数据进行分析，直观地同步对比展示影响世界城市的重要因素，包括交通、道路速度、开放空间、年轻人口、老年人口等。通过对"城市瞭望台"项目进一步的分析，我们可以发现 Esri 将其 ArcGIS 产品与大数据平台 Hadoop 进行了集成，提供了 GIS Tools for Hadoop 工具包，用于大数据的空间分析和展示。开发人员可以通过该工具包构建定制化的工作流，并在 ArcGIS 当中执行。对于用户来说，GIS Tools for Hadoop 摆脱了传统的地理处理工作流，它使得在 ArcGIS 中能够对 Hadoop 数据的空间查询和分析结果做进一步的处理和可视化，并且可以创建一个 ArcGIS 平台和大数据环境中的循环工作流。这个新的能力是开发人员和数据分析人员所需要的，因为这在本质上改变了大数据，让它们立刻成为有用的资源。

随着数据的累加和非结构化数据的增多，Hadoop 将成为数据存储和处理的趋势所在。目前像淘宝、百度这样的大型商业网站就利用 Hadoop 来完成每天数以亿计的访问量数据存储、查询统计及用户行为分析等。Esri 已经在流行的开源项目网站 GitHub 上免费共享了 GIS Tools for Hadoop，并鼓励开发人员下载。利用这个免费的开源工具包，用户可以在上亿条的空间数据记录中进行过滤和聚合操作，还可在报告中嵌入大数据地图或作为 Web 地图应用进行发布等。

5. 概念可视化

通过将抽象的指标数据转换成人们熟悉的容易感知的数据，使用户更容易理解图形所要表达的意义。

如图 6-12 所示是厕所里贴在墙上的节省纸张的环保提示，利用概念转换的方法，让用户清晰地感受到员工们一年的用纸量之多。当用户看到用纸的堆积高度比世界最高建筑还高，同时须砍伐 500 多棵树时，自然会想到节省纸张，可见概念转换的方法非常有效。

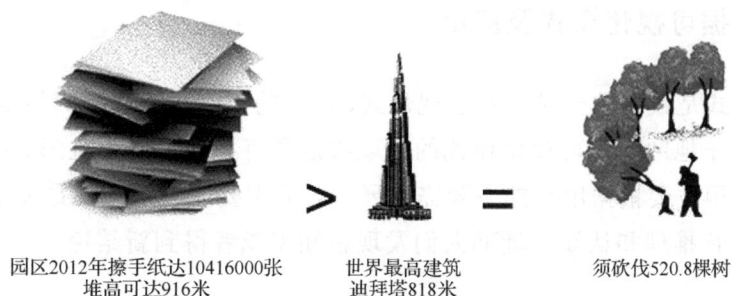

园区2012年擦手纸达10416000张
堆高可达916米

世界最高建筑
迪拜塔818米

须砍伐520.8棵树

图 6-12　厕所提示

Flickr 将云存储空间升至 1TB 确实是让人开心的事情，但相信很多人对这一数量级所代表的含义并不清晰，所以 Flickr 在宣传这一新的升级产品时，采用了概念可视化的方案，如图 6-13 所示。从图中可以看出，用户可以动态地选择图片的大小，之后 Flickr 会采用动态交互的方式计算和显示出 1TB 能容纳多少张对应大小的图片。这样一来，用户便有了清晰的概念，知道 1TB 是什么量级的容量。

图 6-13 Flickr 云存储空间升至 1TB 的可视化描述

此外，还可以利用数学统计的方法，先对数据关系进行分析，得到数据的大体分布信息，再结合其他可视化方法来进行细节数据分析。或者利用数学统计方法对数据中的关系进行映射，通过映射后的图形、图像关系来帮助分析。

以上介绍了常见的数据可视化方法和范例，做数据可视化设计时应注意以下事项。

（1）设计的方案应能够整体展示图形轮廓，让用户能够快速了解图表所要表达的整体概念；之后，以合适的方式对局部的详细数据加以呈现（如鼠标悬浮展示）。

（2）做数据可视化设计时，上述 5 种方法经常是混合使用的，尤其是做一些复杂图形和多维数据的展示时。

（3）做出的可视化图表一定要易于理解，在显性化的基础上越美观越好，切忌华而不实。

6.2.2 大数据可视化模式及应用

可视化模式是数据的一种特殊展现形式，常见的可视化模式有标签云、序列分析、网络结构、电子地图等。可视化模式的选取决定了可视化方案的雏形。

可视化应用主要根据用户的主观需求展开，最主要的应用方式是展示，通过观察和人脑分析进行推理和认知，辅助人们发现新知识或者得到新结论。

6.2.3 大数据可视化方法

1. 文本可视化

正所谓"一图胜千言"，文本可视化能把枯燥的文字变成有趣的图片来帮助人们加深理解。例如，针对一篇文章，文本可视化能更快地告诉我们文章在讲什么；针对社交网络上的发言，文本可视化可以帮我们进行信息归类和情感分析；针对一则新闻，文本可视化可以帮我们理顺事情发展的脉络、每个人物的关系等；针对一系列的文档，我们可以通过文本可视化来找到它们之间的联系等。

1）文本信息的提取

从一段文字变成一张优美的图片，大致要经历以下步骤：提取关键词（去掉冗余的文字）→计算关键词权重（决定哪些词着重显示）→布局（算出每个词摆放的位置）。

第一步中，英文相对于中文来说简单得多，把单词都分开后，去掉一些助词如 the、a、that 等，再把单词的时态和语态还原即可。

第二步最常用的就是计算词频，一个词出现的次数越多，它的权重越大。除此之外，还有用单词在句子中的成分来判断其重要性的、用各种概率模型的，这涉及自然语言处理和文本信息挖掘。总之，方法多种多样。

另外，文本数据挖掘一直也是热门的研究话题，尤其是中文处理这道难以逾越的鸿沟。读者有兴趣可以自行研究。

2）设计

把单词任意排列的表现形式，最早的灵感来自排版印刷。这种看似杂乱无章的排布，恰恰与人类的跳跃思维相契合。而在计算机上，最早的文字可视化其实是"标签云"。

如图 6-14 所示是标签云示例。它将关键词根据词频或其他规则进行排序，按照一定规律进行布局排列，用大小、颜色、字体等图形属性对关键词进行可视化，一般用字号代表关键词的重要性，该技术多用于快速识别网络媒体的主题热度。

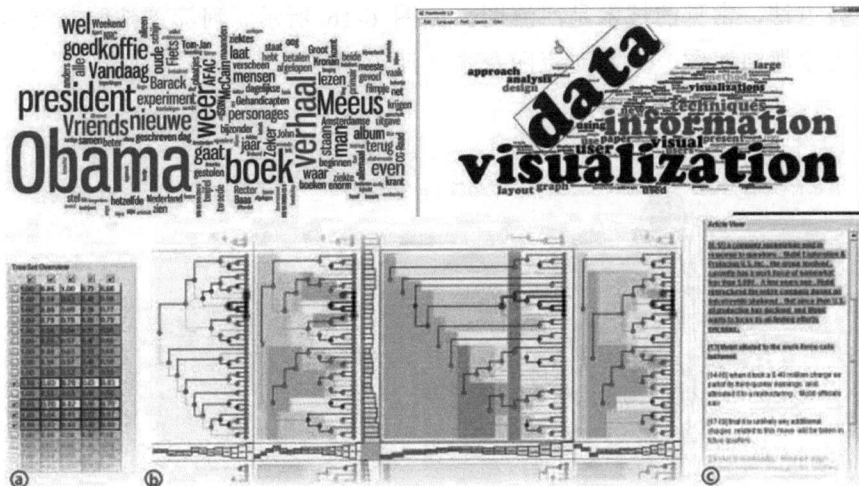

图 6-14　标签云示例

标签云用文字的大小和颜色的深浅来表达文字在文本中的重要性，比单纯看一段文字要直观得多。但它的缺点也很多：同一行如果有一个词字体特别大，则直接导致行距变大，不仅造成空间的浪费，还让整体看起来非常不整齐、不协调；从信息展现的角度来说，字体的深浅和大小不能更好地体现差异。

Wordle 针对这些缺点一一做了改进。首先，它用字体的粗度来强化权重的展示，因为人的视觉对面积的感知比对饱和度的感知要强，所以加粗字体效果拔群；其次，Wordle 用紧凑的布局给人以美的享受。

Wordle 具体采用的算法是贪婪算法，在给定区域内把最重要的单词先摆到某个位置（这个位置可以由用户指定，一般是中心线），然后用下个单词在它的旁边不停地做交叠测试，直到没有交叠。依次迭代，直到每个单词都摆放好，如图 6-15 所示。

图 6-15　Wordle 示例

有些文本的形成和变化过程与时间是紧密相关的，因此，如何对动态变化的文本中与时间相关的模式与规律进行可视化展示，是文本可视化的重要内容。引入时间轴是一类主要方法，常见的技术是河流图，如图 6-16 所示。河流图按照其展示的内容可以划分为主题河流图、文本河流图及事件河流图等。

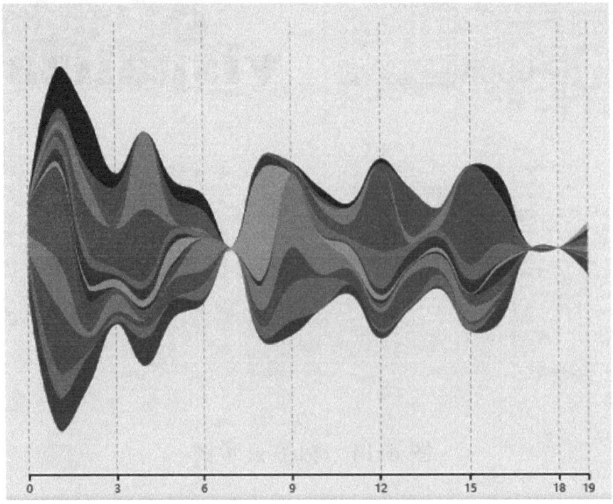

图 6-16　河流图

2. 网络（图）可视化

1）节点链接可视化

节点链接可视化技术是通过节点和边链接的方式来实现层次数据的可视化技术，目前常用的方式主要是基于树形结构的不同布局来实现的可视化方式。

网络关联关系是大数据中最常见的关系，如互联网与社交网络，层次结构也属于网络信息。基于网络节点和链接的拓扑关系，直观地展示网络中潜在的模式关系，例如节点或边聚集性，是网络可视化的主要内容之一。对于具有海量节点和边的大规模网络，如何在有限的屏幕空间中进行可视化，将是大数据时代面临的难点和重点。除了对静态的网络拓扑关系进行可视化，大数据相关的网络往往具有动态演化性，因此，如何对动态网络的特征进行可视化，也是不可或缺的研究内容。

研究者提出了大量网络可视化或图可视化技术，Herman 等人综述了图可视化的基本方法和技术，如图 6-17 所示。经典的基于节点和边的可视化是图可视化的主要形式。图 6-17 中主要展示了具有层次特征的图可视化的典型技术，如 H 状树（H-Tree）、圆锥树（Cone Tree）、气球图（Balloon View）、放射图（Radial Graph）、三维放射图、双曲树（Hyperbolic Tree）等。

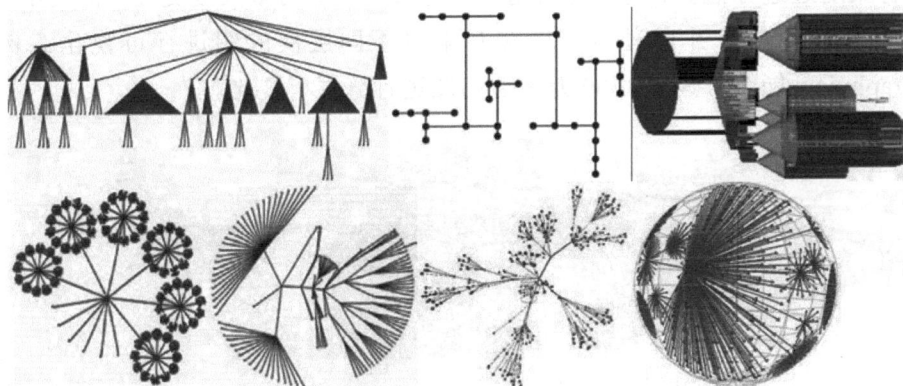

图 6-17　图可视化方法和技术

2）基于空间填充的树图可视化

对于具有层次特征的图，空间填充法也是常用的可视化方法，如树图技术及其改进技术。如图 6-18 所示是基于矩形填充、Voronoi 图填充、嵌套圆填充的树图可视化技术。

Gou 等人集成上述多种图可视化技术，提出了 TreeNetViz，综合了放射图、基于空间填充的树图可视化技术。这些图可视化技术的特点是直观表达了图节点之间的关系，但算法难以支撑大规模图的可视化，并且只有当图的规模在界面像素总数规模范围以内时效果才较好，因此面对大数据中的图，需要对这些方法进行改进，如计算并行化、图聚簇简化可视化、多尺度交互等。

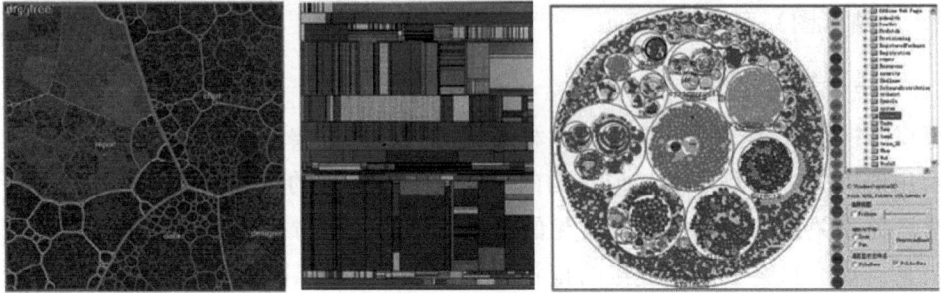

图 6-18　树图可视化技术

3）基于边捆绑的大规模密集图可视化

大规模网络中，随着节点和边的数目不断增多，可视化界面中会出现节点和边大量聚集、重叠和覆盖问题，使得分析者难以辨识可视化效果。图简化（Graph Simplification）方法是处理此类大规模图可视化问题的主要手段，一类简化是对边进行聚集处理，如基于边捆绑（Edge Bundling）的方法，使得复杂网络可视化效果更为清晰，如图 6-19 所示为 3 种基于边捆绑的大规模密集图可视化技术。此外，Ersoy 等人还提出了基于骨架的图可视化技术，主要方法是先根据边的分布规律计算出骨架，再基于骨架对边进行捆绑。另一类简化是通过层次聚类与多尺度交互，将大规模图转化为层次化树结构，并通过多尺度交互来对不同层次的图进行可视化。例如，ASK-Graphview 能够对具有 1600 万条边的图进行分层可视化。

图 6-19　基于边捆绑的大规模密集图可视化技术

3．时空数据可视化

时空数据是指带有地理位置与时间标签的数据。传感器与移动终端的迅速普及，使得时空数据成为大数据时代典型的数据类型。时空数据可视化与地理制图学相结合，重点对时间与空间维度及与之相关的信息对象属性建立可视化表征，对与时间和空间密切相关的模式及规律进行展示。大数据环境下时空数据的高维性、实时性等特点，也是时空数据可视化的重点。

1）流式地图

对于信息对象随时间与空间位置变化所发生的行为变化，通常通过信息对象的属性可视化来展现。流式地图（Flow Map）是一种典型的方法，它将时间事件流与地图进行融合。

2）时空立方体

可视化时空立方体如图 6-20 所示。立方体中的每个条柱都包含条柱位置在指定时间步长间隔内出现的事件数计数。此外，每个条柱中可能还包含一个或多个汇总字段或变量，其中包含这些字段的统计数据。

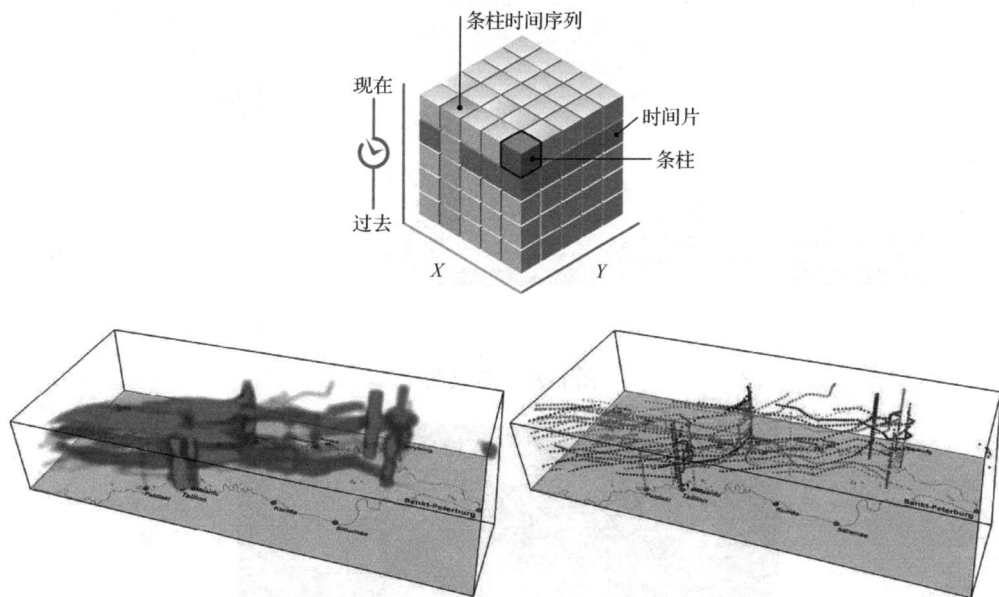

图 6-20　可视化时空立方体

4. 多维可视化

1）散点图

散点图（Scatter Plot）是最为常用的多维可视化方法之一。二维散点图将多维中的两个维度属性值集合映射至两条轴，在二维轴确定的平面内通过图形标记的不同视觉元素来反映其他维度属性值。例如，可通过不同形状、颜色、尺寸等来反映连续或离散的属性值。

如图 6-21（a）所示，二维散点图能够展示的维度十分有限，研究者将其扩展到三维空间，通过可旋转的 Scatter Plot 方块增加了可映射维度的数目，如图 6-21（b）所示。散点图适合对有限数目的较为重要的维度进行可视化，通常不适于需要对所有维度同时进行展示的情况。

2）投影

投影（Projection）是能够同时展示多维的可视化方法之一，如图 6-22 所示。VaR 将各维度属性列集合通过投影函数映射到一个方块形图形标记中，并根据维度之间的关联度对各个小方块进行布局。基于投影的多维可视化方法，既反映了维度属性值的分布规律，也直观展示了多维度之间的语义关系。

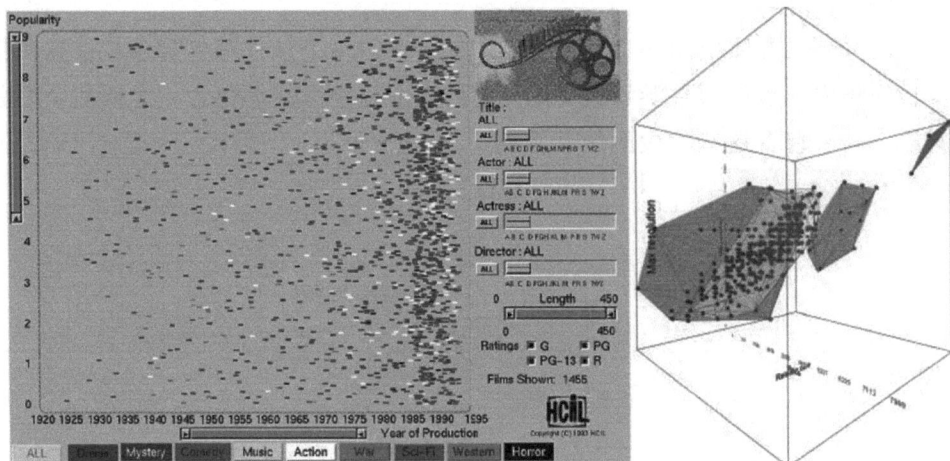

<table>
<tr><td>（a）二维散点图</td><td>（b）三维散点图</td></tr>
</table>

图 6-21　散点图

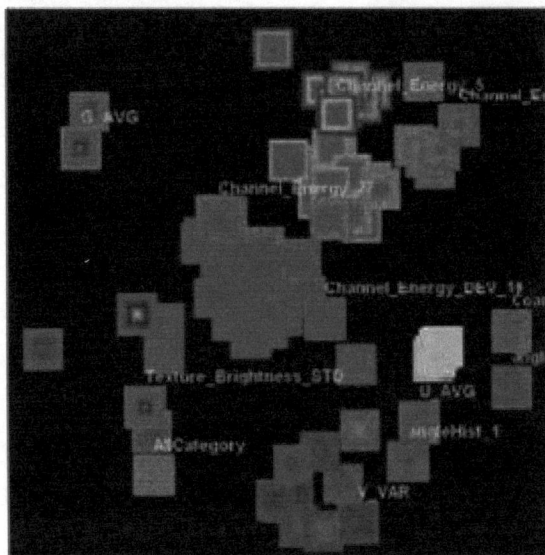

图 6-22　基于投影的多维可视化

3）平行坐标

作为多维可视化技术中最常见的一种可视化技术，平行坐标常用于对高维几何数据和多元数据的可视化呈现。通常用 N 条相互平行的坐标轴来映射 N 维数据集，一个 N 维的点被映射为一条折线，这条折线上的每个拐点对应 N 维数据的一个点。平行坐标图可以表示超高维数据。平行坐标的一个显著优点是其具有良好的数学基础，其射影几何解释和对偶特性使它很适合用于可视化数据分析。

简言之，平行坐标是将维度与坐标轴建立映射，在多个平行轴之间以直线或曲线映射表示多维信息，如图 6-23 所示。

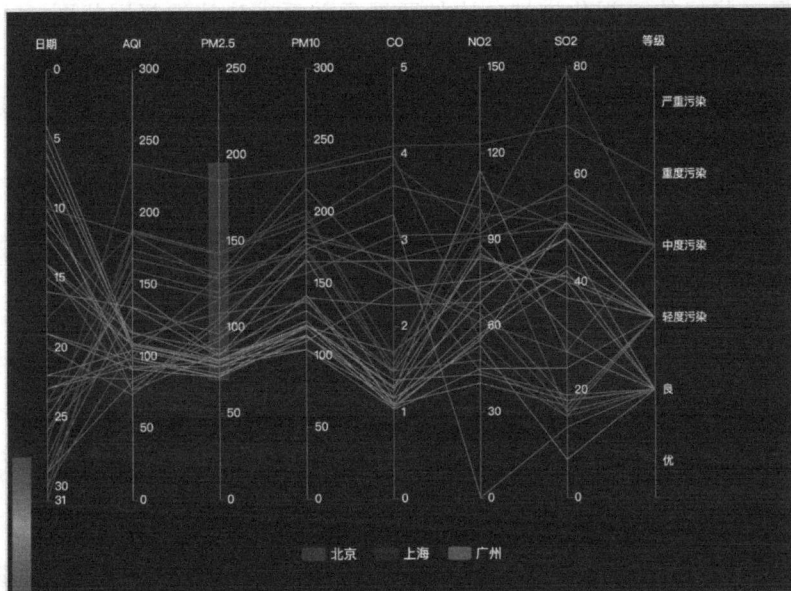

图 6-23　平行坐标

6.2.4　大数据可视化的设计

1．可视化=故事+数据+设计

做可视化设计之前，要弄清楚进行可视化设计的目的是什么，想讲什么样的故事，以及打算跟谁讲。有了故事，还需要找到数据，并且具有对数据进行处理的能力。如图 6-24 所示为一个可视化参考模型，它反映的是一系列数据转换过程。

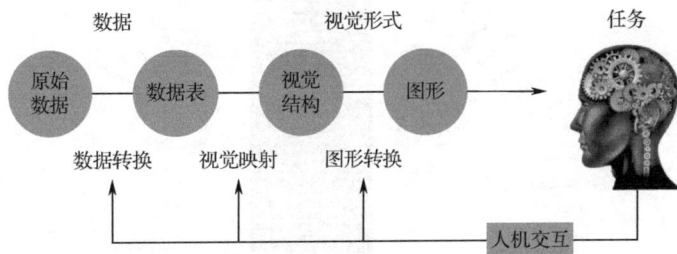

图 6-24　可视化参考模型

（1）通过对原始数据进行标准化、结构化的处理，把它们整理成数据表。

（2）将数据转换成视觉结构（包括形状、位置、尺寸、值、方向、色彩、纹理等），通过视觉的方式把它表现出来。

（3）将视觉结构进行组合，把它们转换成图形传递给用户，用户通过人机交互的方式进行反向转换，以更好地了解数据背后有什么问题和规律。

（4）选择一些好的可视化方法。比如要展示关系，建议选择网状图；或者通过距离来反映关系，关系近的距离近，关系远的距离也远。

总之，有个好的故事，并且有大量的数据进行处理，加上一些设计方法，就构成了可视化。

2．可视化的设计流程

可视化的设计流程包含分析数据、匹配图形、优化图形、检查测试，如图 6-25 所示。

（1）在了解需求的基础上分析要展示哪些数据，包含元数据、数据维度、查看的视角等。

（2）利用可视化工具，根据一些已固化的图表类型快速画出各种图表。

（3）优化图形。

（4）检查测试。

图 6-25　可视化的设计流程

3．案例：白环境虫图可视化设计

如果手上只有单纯的电子表格，要想找到其中 IP、应用和端口的访问模式必须花费很长时间，而用虫图呈现之后，虽然增加了很多数据，但读者的理解程度反而提高了，如图 6-26 所示。

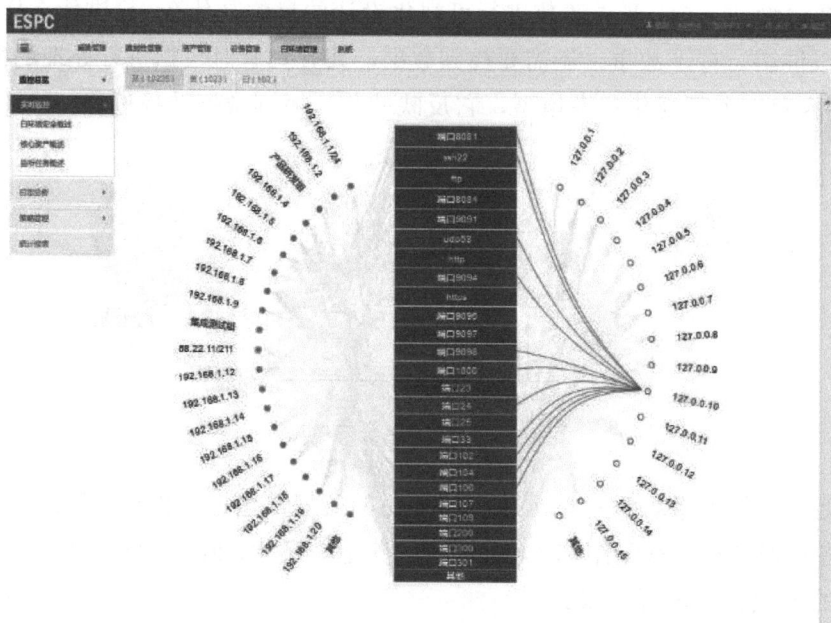

图 6-26　白环境虫图可视化设计

1）整体项目分析

该案例的主要目标是帮助用户监测访问内网核心服务器的异常流量，概括为两个关键词：内网资产和访问关系，整体的图形结构将围绕这两个核心点来展开布局。

2）分析数据

案例中的元数据是事件，维度有时间、源 IP、目的 IP 和应用，查看的视角主要是关联视角和微观视角，如图 6-27 所示。

3）匹配图形

根据以往的经验，带有关系的数据一般使用和弦图和力导向布局图。最初我们采用的是和弦图，圆点内部是主机，用户要通过 3 个维度去寻找事件的关联。通过

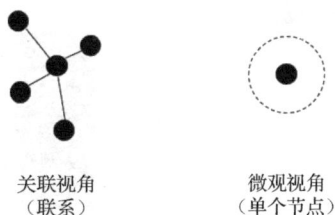

关联视角　　　　微观视角
（联系）　　　　（单个节点）

图 6-27　查看的视角

测试发现，用户很难理解，因此选择了力导向布局图（虫图）。第一层级展示全局关系，第二层级通过对 IP 或端口的钻取进一步展现相关性。

4）优化图形

如图 6-28 所示，优化图形时，我们对很多细节进行了调整。

（1）考虑到太密或太疏时用户的感受，只展示了 TOP N。

（2）对弧度、配色进行优化，与用户界面风格相一致。

（3）IP 名称超长时省略处理。

（4）微观视角中，源和目的分别为蓝色和紫色，同时在线上增加箭头，箭头向内为源，向外是目的，方便用户理解。

（5）交互上，通过单击钻取到单个端口和 IP 的信息；鼠标滑过时相关信息高亮展示，这样既能让画面更加炫酷，又能让人方便地识别。

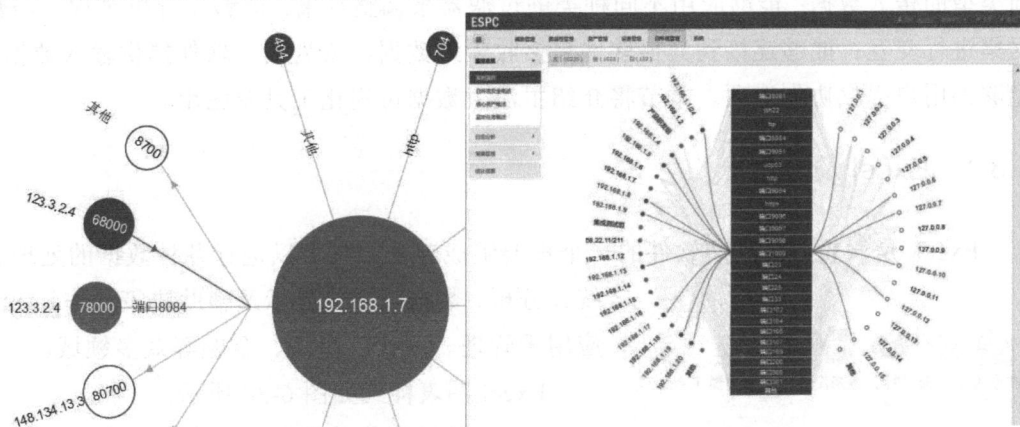

图 6-28　优化图形

5）检查测试

通过调研发现，用户对企业内部的数据流向非常清楚，视觉导向清晰，获取信息

方便，色彩、动效等细节的优化能帮助用户快速定位问题，提升了安全运维效率，如图 6-29 所示。

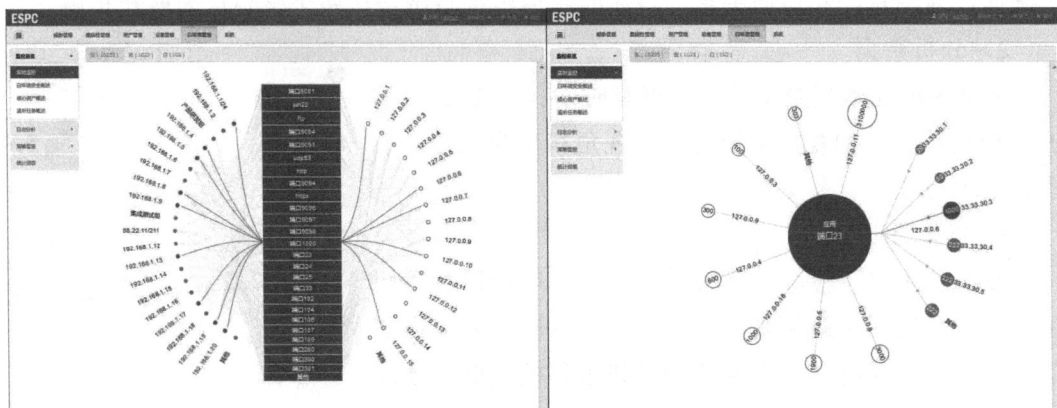

图 6-29　检查测试

总之，借助大数据网络安全的可视化设计，人们能够洞悉信息与网络安全的态势，更加主动、弹性地应对新型复杂的威胁和未知多变的风险。在可视化设计的过程中，还需要注意以下几点：整体考虑，顾全大局；保证细节的匹配、一致性；充满美感，对称和谐。

6.3　主流大数据可视化工具及应用

为了满足并超越用户的期望，大数据可视化工具应该具备以下特征：能够处理不同类型的传入数据；能够应用不同种类的过滤器来调整结果；能够在分析过程中与数据集进行交互；能够连接到其他软件来接收输入数据，或为其他软件提供输入数据；能够为用户提供协作选项。本节将介绍主流大数据可视化工具及应用。

6.3.1　Excel 及应用

Excel 是微软办公套装软件的一个重要组成部分，它可以进行各种数据的处理、统计分析、数据可视化显示及辅助决策操作，广泛应用于管理、统计、财经、金融等众多领域。

Excel 图表样式如图 6-30 所示。

Excel 的图形化功能并不强大。作为一个入门级工具，Excel 是快速分析数据的理想工具，也能创建供内部使用的数据图，但是 Excel 在颜色、线条和样式上可选择的范围有限，这也意味着用 Excel 很难制作出符合专业出版物和网

图 6-30　Excel 图表样式

站要求的数据图。但是作为一个高效的内部沟通工具，Excel 应当是你百宝箱中必备的工具之一。利用 Excel 的可视化规则实现数据的可视化展示如图 6-31 所示，利用 Excel 图表中的折线图制作的"工资"和"年龄"数据展示图如图 6-32 所示。

图 6-31 利用 Excel 的可视化规则实现数据的可视化展示

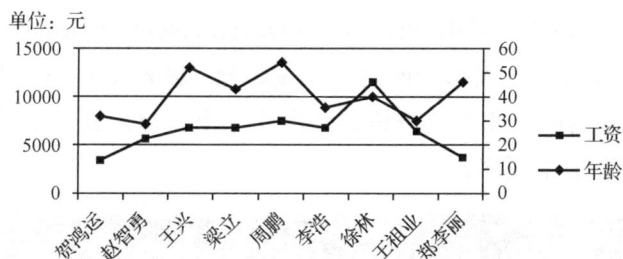

图 6-32 利用 Excel 图表中的折线图制作的"工资"和"年龄"数据展示图

6.3.2 Processing 及应用

1. Processing 软件简介

Processing 在 2001 年诞生于麻省理工学院（MIT）的媒体实验室，Processing 的最初目标是开发图形的 Sketchbook 和环境，用来形象地教授计算机科学的基础知识。之后，它逐渐演变成了可用于创建图形可视化专业项目的一种环境。如今，围绕它已经形成了一个专门的社区，致力于构建各种库，以便用这种环境进行动画、可视化、网络编程等。Processing 在数据可视化领域有着广泛的应用，只需要编写一些简单的代码，然后编译成 Java，即可制作信息图形、统计图形等。

Processing 可运行于 Linux、Mac OS X 和 Windows 系统之上，并且支持将图像导出成各种格式。对于动态应用程序，甚至可以将 Processing 应用程序作为 Java Applet 导出以用在 Web 环境内。

目前还有一个 Processing.js 项目，可以让网站在没有 Java Applet 的情况下更容易地使用 Processing。由于端口支持 Objective-C，用户也可以在 iOS 上使用 Processing。虽然 Processing 是一个桌面应用，但它几乎可以在所有平台上运行。此外，经过数年发展，Processing 社区目前已拥有大量实例和代码。

Processing.js 是一个基于可视化编程语言的 JavaScript 库。作为一种面向 Web 的 JavaScript 库，Processing.js 能够有效进行网页格式图表处理，这使它成为了一种非常好的交互式可视化工具。Processing.js 需要一个兼容 HTML5 的浏览器来实现这一功能。

2. Processing 环境和图形环境

首先，安装 Processing 环境。可以从 processing.org 下载安装文件。请注意，本节中的例子使用的是 Processing V1.2.1。

其次，要确保 Java 可用。在 Ubuntu 中，只需输入"sudo apt-get install openjdk-6-jdk"。安装完成后，转到之前解压缩时创建的 processing-1.2.1 目录并尝试输入"./processing"。系统会弹出 Processing Development Environment（PDE）窗口，如图 6-33 所示。占此窗口较大部分的是文本编辑器。输入图 6-33 中所示的两行代码，然后单击 Run（左上角的三角形）按钮，会出现一个窗口，显示结果。单击 Stop（左上角的方框）按钮可退出程序。

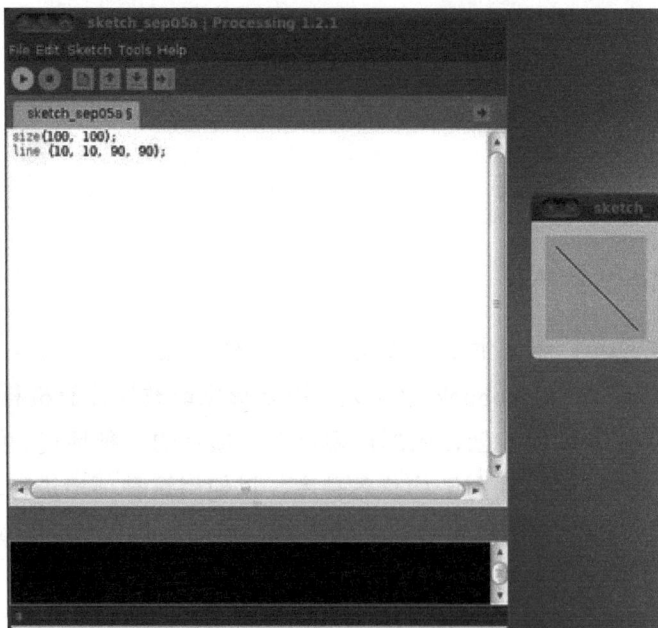

图 6-33　PDE 窗口

2D 图形的坐标系如图 6-34 所示。size 关键字以像素为单位定义了显示窗口的大小。

size 关键字指定显示窗口的坐标。line 关键字则会在两个像素点之间绘制一条线。请注意，超出屏幕边界（size 定义的边界）画线并非不允许，只是被忽略了而已。

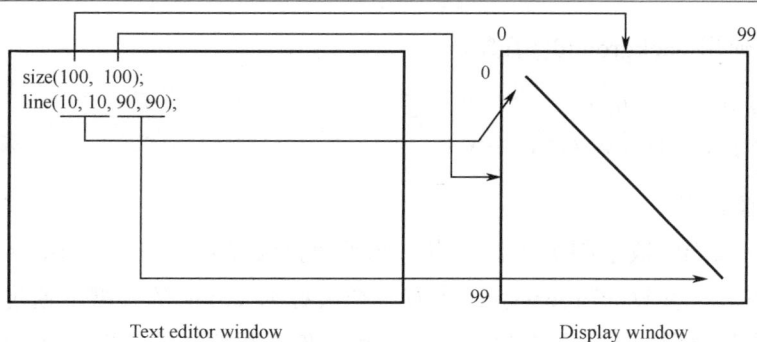

图 6-34　2D 图形的坐标系

3．Processing 语言

Processing 是用 Java 语言编写的，Java 语言中的很多特性已被集成到 Processing 中。

之所以选择 Java 语言，是因为 Processing 应用程序被翻译成 Java 代码执行。选择 Java 语言简化了这种翻译，并让开发和执行可视化程序变得十分简单和直观。

4．图形原语

Processing 包含了大量各种各样的几何形状，以及这些形状的控件。下面介绍一些基本的图形原语。

1）背景和颜色

background()函数被用来设置显示窗口的颜色。此函数可以使用各种不同的参数（来定义一个灰度值或 RGB 颜色）。代码 1 的输出结果如图 6-35（a）所示。

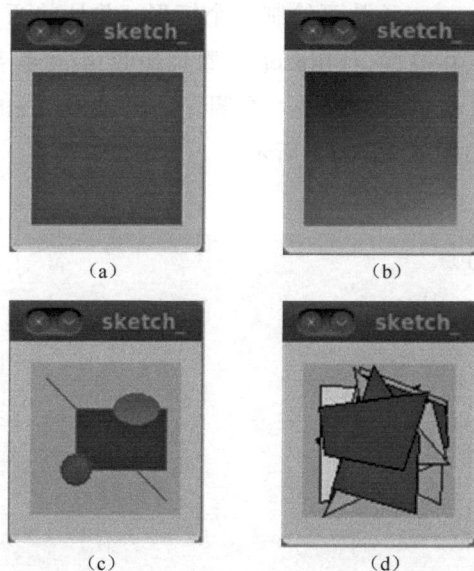

（a）　　　　　（b）

（c）　　　　　（d）

图 6-35　代码 1～4 的输出结果

代码 1：使用 background()函数。

```
size(100, 100);
background( 0, 128, 0 );
```

2）绘制像素点

可以使用 set()函数绘制单个像素点。此函数接收显示窗口内的 x、y 坐标，以及作为颜色的第三个参数。Processing 中有一个被称为 color 的类型，通过它可以定义用于某个操作的颜色。代码 2 创建了一个颜色实例并用它来设置显示窗口内的某个像素点，输出结果如图 6-35（b）所示。

代码 2：设置像素点和颜色。

```
size(100, 100);
for (int x = 0 ; x < 100 ; x++) {
for (int y = 0 ; y < 100 ; y++) {
color c = color( x*2, y*2, 128 );
set(x, y, c);
}
}
```

3）绘制形状

在 Processing 中使用单个函数绘制形状十分简单。要设置在绘制形状时使用何种颜色，可以利用 stroke()函数。此函数可接收一个单独的灰度值参数或三个 RGB 参数。此外，还可以用 fill()定义这个形状的填充色。

代码 3 显示了如何绘制线、矩形、圆及椭圆。line()函数接收 4 个参数，代表的是要在其间绘制线条的点。rect()函数可绘制一个矩形，并且前两个参数定义位置，后面两个参数则分别定义宽度和高度。ellipse()函数也接收 4 个参数，分别定义位置和宽度、高度。当宽度和高度相等时，就是一个圆。还可以使用 ellipseMode()函数绘制椭圆。代码 3 的输出结果如图 6-35（c）所示。

代码 3：线和形状。

```
size(100, 100);
stroke(0, 128, 0);
line(10, 10, 90, 90);

fill(20, 50, 150);
rect(30, 30, 60, 40);

fill(190, 0, 30);
ellipse(30, 70, 20, 20);
```

```
fill(0, 150, 90);
ellipse(70, 30, 30, 20);
```

4）绘制四边形

在 Processing 中使用 quad() 可以很容易地绘制有 4 条边的多边形。四边形接收 8 个参数，代表的是这个四边形的 4 个顶点。

代码 4 创建了 10 个随机的四边形。此代码还会为每个四边形创建一个随机的灰度值。

代码 4：绘制四边形。

```
size(100, 100);

for (int i = 0 ; i < 10 ; i++) {

int x1 = (int)random(50);
int y1 = (int)random(50);
int x2 = (int)random(50) + 50;
int y2 = (int)random(50);
int x3 = (int)random(50) + 50;
int y3 = (int)random(50) + 50;
int x4 = (int)random(50);
int y4 = (int)random(50) + 50;

fill( color((int)random(255) ) );

quad( x1, y1, x2, y2, x3, y3, x4, y4 );
}
```

代码 4 的输出结果如图 6-35（d）所示。调用 smooth() 函数对代码 4 的输出结果进行平滑处理，结果如图 6-36 所示。此函数提供了去掉边缘锯齿的功能，虽然牺牲了速度，却改进了图像的质量。

5．Processing 应用程序的结构

至此，通过几个简单的脚本，读者已经对 Processing 语言有了大致的了解，但这些脚本是一些非结构化的代码，只提供了应用程序的一些简单元素。Processing 应用程序是有一定结构的，这一点在开发能够持续运行且随时更改显示窗口

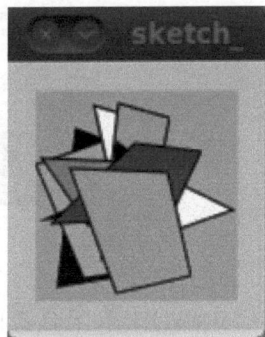

图 6-36　平滑处理后的结果

的图形应用程序（如动画）时非常重要。在这种情况下，就凸显了 setup()和 draw()这两个函数的重要性。

setup()函数用于初始化，在 Processing 运行时执行一次。通常，setup()函数包含size()函数（用于定义窗口的边界），以及在操作期间要使用的变量的初始化。Processing运行时会不断执行 draw()函数。每次 draw()函数执行结束后，就会在显示窗口中绘制一个新的画面。默认的绘制速度是每秒 60 个画面，也可以通过调用 frameRat()函数来更改这个速度。

此外，还可以使用 noLoop()和 draw()来控制在何时绘制画面。noLoop()函数会导致绘制停止，而使用 loop()函数则可以重新开始绘制。通过调用 redraw()可以控制 draw()在何时被调用。了解了如何开发一个 Processing 应用程序后，下面来看一个展示文本使用的简单例子。

Processing 不仅支持显示窗口内的文本，还支持控制台形式的用于调试的文本。要在显示窗口内使用文本，需要一种字体。所以，第一步是创建一种字体（使用 PDE的 Tools 选项）。选择了要创建的字体后，字体文件（VLW）就会显示在项目的 data 子目录内。之后，就可以使用 loadFont()函数加载这个文件，再使用 textFont()将它定义为默认。这两个步骤在如图 6-37 所示的 setup()函数内有所显示。请注意，我们已经将画面绘制速度降为每秒 1 个画面。

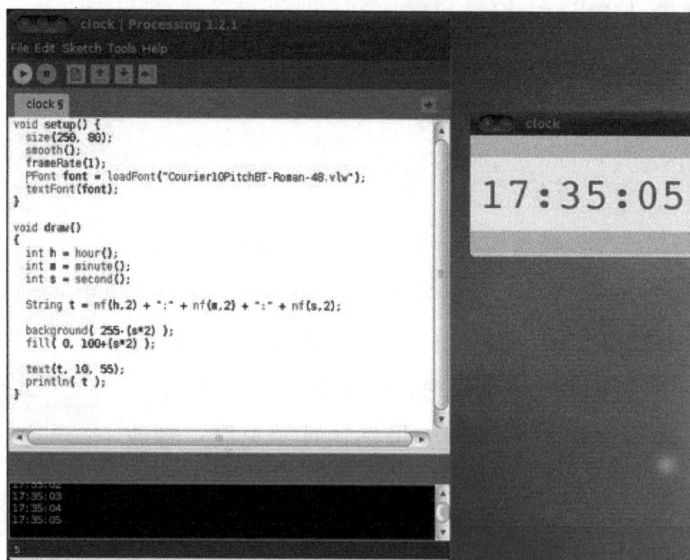

图 6-37　在 Processing 应用程序内使用文本

draw()函数中有之前没有见过的其他一些函数。首先是时间函数，它返回的是时钟的小时、分和秒。存储时间数据后，就可以使用 nf()函数创建一个字符串，它可以将数字转变为字符串。为了添加一些花样，可以使用 background()和 fill()函数处理背景和时钟的颜色。背景的颜色范围是从 255（白）到 137（淡灰）。fill()函数可用于给文本上色，范围是从 100（淡灰）到 218（接近于黑色）。颜色设好后，text()函数就会将时间字符串发送到显示窗口中已定义的坐标位置。也可以使用 println()函数将字符串发到控制台（参见图 6-37 左下角）。

6．构建简单的应用程序

下面我们来看几个用 Processing 构建的应用程序。

1）案例 1：森林火灾模型的 2D 元胞自动机实现

这个模型来自 Chopard 和 Dro 的 "物理系统的元胞自动机建模"，它提供了一个简单系统，展示了树的生长及由雷击导致的大火的蔓延。这个模型包含了一组简单规则，定义如下：

（1）在一个空场地（灰色）上，一棵树以 pGrowth 的概率成长。

（2）如果其相邻树中至少有一棵树正在燃烧，那么这棵树也会成为一棵燃烧树（红色）。

（3）一棵燃烧树（红色）最后会成为一个空场地（灰色）。

（4）如果周围没有任何燃烧树，那么这棵树成为燃烧树的可能性为 pBurn。比如由雷击导致的燃烧，就是其中的一种可能。

这些规则的代码可以在 update()函数（参见代码 5）内找到，它迭代 2D 空间以决定根据已定义的规则，状态如何转换。请注意这个 2D 空间实际上是 3D 的，因为保存了此空间的两个副本：一个针对的是当前迭代，另一个针对的是上一次迭代。这么做是为了避免后续更改对空间的破坏。此空间之后会成为一个显示空间（被显示的东西）和一个计算空间（规则的应用）。

这个应用程序使用了极少的 Processing 图形关键字。stroke()用来更改颜色，point()用于绘制像素点。使用 Processing 模型，draw()函数调用 update()以应用规则；返回后，draw()将这个更新了的空间发到显示窗口。

代码 5：元胞自动机森林火灾模型。

```
int[][][] pix = new int[2][400][400];
int toDraw = 0;

int tree = 0;
int burningTree = 1;
int emptySite = 2;

int x_limit = 400;
int y_limit = 400;
```

```
color brown = color(80, 50, 10); // brown
color red   = color(255, 0,  0); // red;
color green = color(0, 255, 0); // green

float pGrowth = 0.01;
float pBurn = 0.00006;

boolean prob( float p )
{
if (random(0, 1) < p) return true;
else return false;
}

void setup()
{
size(x_limit, y_limit);
frameRate(60);

/* Initialize to all empty sites */
for (int x = 0 ; x < x_limit ; x++) {
for (int y = 0 ; y < y_limit ; y++) {
  pix[toDraw][x][y] = emptySite;
  }
 }
}

  void draw()
  {
  update();

  for (int x = 0 ; x < x_limit ; x++) {
    for (int y = 0 ; y < y_limit ; y++) {

    if       (pix[toDraw][x][y] == tree) {
      stroke( green );
    } else if (pix[toDraw][x][y] == burningTree) {
      stroke( red );
    } else stroke( brown );

    point( x, y );
```

```
        }
      }
    toDraw = (toDraw == 0) ? 1 : 0;
  }


  void update()
  {
  int x, y, dx, dy, cell, chg, burningTreeCount;
  int toCompute = (toDraw == 0) ? 1 : 0;


  for (x = 1 ; x < x_limit-1 ; x++) {
  for (y = 1 ; y < y_limit-1 ; y++) {


    cell = pix[toDraw][x][y];


    // Survey area for burning trees
    burningTreeCount = 0;
    for (dx = -1 ; dx < 2 ; dx++) {
      for (dy = -1 ; dy < 2 ; dy++) {
        if ((dx == 0) && (dy == 0)) continue;
        else    if    (pix[toDraw][x+dx][y+dy]    ==    burningTree)
burningTreeCount++;
      }
    }


    // Determine next state
    if      (cell == burningTree) chg = emptySite;
    else if ((cell == emptySite) && (prob(pGrowth))) chg = tree;
    else if ((cell == tree) && (prob(pBurn))) chg = burningTree;
    else if ((cell == tree) && (burningTreeCount > 0)) chg =
burningTree;
    else chg = cell;
    pix[toCompute][x][y] = chg;
    }
  }
  }
```

　　如图 6-38 所示为这个元胞自动机森林火灾模型的输出。Time 0 包含的只有树木在其中生长的空间。从 Time 40 开始可以看到大火在燃烧并最终占据整个空间。在 Time 100，树木生长更为明显；但在 Time 120，起火的树木更多，上述过程开始循环。

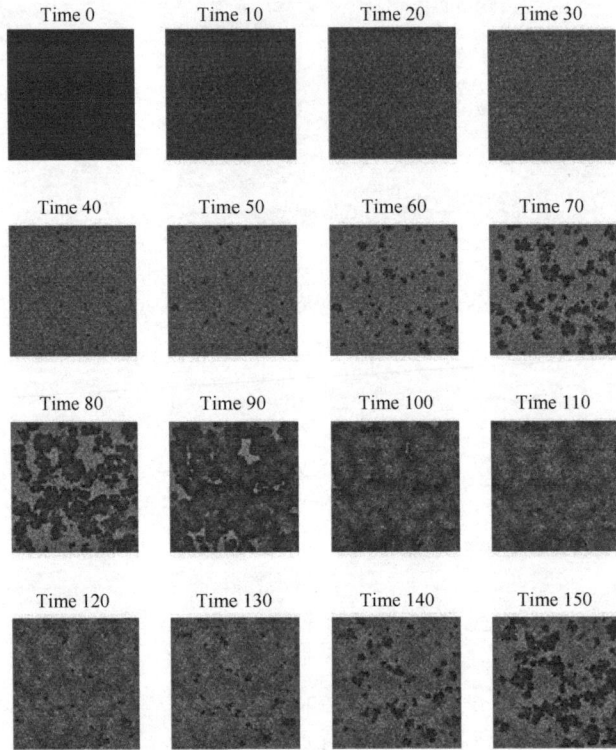

图 6-38　元胞自动机森林火灾模型的输出

2）案例 2：易染/感染/免疫模型

易染/感染/免疫（SIR）模型模拟的是疾病在医院内的蔓延。与森林火灾模型类似，SIR 模型也是通过一套简单规则实现的，只不过增加了一些复杂性和有趣的行为。在这个模型中，有一个由病人占据的病床组成的网格。在 Time 0，所有病人都是某一种新疾病的易染人群，这意味着这些病人从未患过这种疾病，因此才有可能被感染。如果在某个病人的东、南、西、北的四个邻居中有一个患了这种疾病，那么该病人受感染的可能性为 tau。一个受感染的病人的患病时间为 k 天，在此期间这个病人有感染其他病人的可能性。在 k 天后，该病人康复并有了对这种疾病的免疫力。

正如之前的例子所示，setup()函数先初始化这个医院及所有易染病人，只有最中心的这个病人是已经患病的。在该模型中，0 表示易染病人，1～k 表示感染病人，-1 表示免疫病人。draw()函数将这种几何分布发到显示窗口，update()实施这些 SIR 规则。与之前一样，可以用一个 3D 数组保存当前的几何分布。具体代码如下。

代码 6：Processing 中的 SIR 模型。

```
int[][][] beds = new int[2][200][200];
int toDraw = 0;


int x_limit = 200;
```

```
int y_limit = 200;

color brown = color(80, 50, 10); // brown
color red = color(255, 0, 0); // red;
color green = color(0, 255, 0); // green

int susceptible = 0;
int recovered = -1;

float tau = 0.2;
int k = 4;

boolean prob( float p )
{
if (random(0, 1) < p) return true;
else return false;
}

void setup()
{
size(x_limit, y_limit);
frameRate(50);

for (int x = 0 ; x < x_limit ; x++) {
 for (int y = 0 ; y < y_limit ; y++) {
  beds[toDraw][x][y] = susceptible;
  }
}
beds[toDraw][100][100] = 1;
}

void draw()
{
update();

for (int x = 0 ; x < x_limit ; x++) {
 for (int y = 0 ; y < y_limit ; y++) {

  if (beds[toDraw][x][y] == recovered) stroke( brown );
   else if (beds[toDraw][x][y] == susceptible) stroke( green );
```

```
    else if (beds[toDraw][x][y] < k) stroke( red );


    point( x, y );
      }
    }


  toDraw = (toDraw == 0) ? 1 : 0;
  }


  boolean sick( int patient )
  {
  if ((patient > 0) && (patient < k)) return true;
  return false;
  }


  void update()
  {
  int x, y, cell;
  int toCompute = (toDraw == 0) ? 1 : 0;


  for (x = 1 ; x < x_limit-1 ; x++) {
  for (y = 1 ; y < y_limit-1 ; y++) {


    cell = beds[toDraw][x][y];


    if (cell == k) cell = recovered;
    else if (sick(cell)) cell++;
    else if (cell == susceptible) {
      if (sick(beds[toDraw][x][y-1]) || sick(beds[toDraw][x][y+1]) ||
         sick(beds[toDraw][x-1][y]) || sick(beds[toDraw][x+1][y])) {
        if (prob(tau)) cell = 1;
        }
      }


    beds[toCompute][x][y] = cell;


      }
    }
  }
```

Processing 中 SIR 模型的输出如图 6-39 所示。由于病症会持续 4 天，且相邻病人患病的可能性为 20%，因此，这种疾病会随机地在整个医院传播，感染很多病人，但也有数群未被感染的病人。

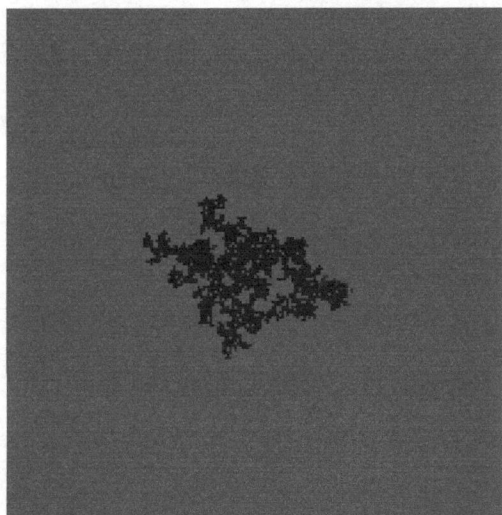

图 6-39　Processing 中 SIR 模型的输出

7. 数据的可视化展示

下面通过表 6-2 所示的简单实例来了解如何利用 Processing 实现数据的可视化展示。

表 6-2　美国各州 GDP 增长率（数据随机生成）

州　名	x	y	值
Alabama（AL）	439	270	0.1
Alaska（AK）	94	325	−5.3
Arizona（AZ）	148	241	3
Arkansas（AR）	368	247	7
California（CA）	56	176	11
Colorado（CO）	220	183	1.5
Washington（WA）	92	38	2.2
West Virginia（WV）	496	178	5.4
Wisconsin（WI）	392	103	3.1
Wyoming（WY）	207	125	-6

第一步，声明（初始化）变量，代码如下：

```
PImage mapImage;
Table locationTable;
```

```
Table nameTable;
int rowCount;

Table dataTable;
float dataMin = MAX_FLOAT;
float dataMax = MIN_FLOAT;
```

第二步，初始化画布，加载（生成）数据，代码如下：

```
void setup() {
  size(640, 400);
  mapImage = loadImage("map.png");                //加载地图
  locationTable = new Table("locations.tsv");     //加载位置信息
  nameTable = new Table("names.tsv");             //加载名称信息
  rowCount = locationTable.getRowCount();

  dataTable = new Table("random.tsv");            //加载随机数据
  for (int row = 0; row < rowCount; row++) {
    float value = dataTable.getFloat(row, 1);
    if (value > dataMax) {
      dataMax = value;
    }
    if (value < dataMin) {
      dataMin = value;
    }
  }
  PFont font = loadFont("Univers-Bold-12.vlw");
  textFont(font);

  smooth();
  noStroke();
}
```

第三步，调用绘图函数绘制图形，代码如下：

```
void draw() {
  background(255);
  image(mapImage, 0, 0);

  for (int row = 0; row < rowCount; row++) {
    String abbrev = dataTable.getRowName(row);
    float x = locationTable.getFloat(abbrev, 1);
```

```
    float y = locationTable.getFloat(abbrev, 2);
    drawData(x, y, abbrev);
  }
}


void drawData(float x, float y, String abbrev) {
  float value = dataTable.getFloat(abbrev, 1);
  float radius = 0;
  if (value >= 0) {
    radius = map(value, 0, dataMax, 1.5, 15);
    fill(#333366);  // blue
  } else {
    radius = map(value, 0, dataMin, 1.5, 15);
    fill(#ec5166);  // red
  }
  ellipseMode(RADIUS);
  ellipse(x, y, radius, radius);

  if (dist(x, y, mouseX, mouseY) < radius+2) {
    fill(0);
    textAlign(CENTER);
    String name = nameTable.getString(abbrev, 1);
    text(name + " " + value, x, y-radius-4);
  }
}
```

6.3.3 NodeXL 及应用

NodeXL 不仅具备常见的分析功能,如计算中心性、Page Rank 值、网络连通度、聚类系数等,还能对暂时性网络进行处理。在布局方面,NodeXL 主要采用力导引布局方式。

NodeXL 的一大特色是可视化交互能力强,具有图像移动、变焦和动态查询等交互功能。其另一特色是可直接与互联网相连,用户可通过插件或直接导入 E-mail 或网页中的数据。

NodeXL 是一个非常易用且功能强大的社会网络分析软件,只要会用 Excel,用 NodeXL 就基本上没困难。

1. 准备数据

在开始之前,先准备一组数据(表 6-3)。

表 6-3　数据表

作 品 名 称	内 容 类 别	图 形 类 别
Neighborhoood Visualizer	地理信息	地图
Citydashboard	地理信息	地图
Centennia Historical Atlas	地理信息	地图
Barefoot World Atlas	地理信息	地图
交互式媒体地图	数据新闻	地图
1000 个囚犯是怎么死的	数据新闻	地图
The Facebook Offering: How It Compares	数据新闻	气泡图
英国政府内阁办公室开销	公共数据	树图
飞行模式	公共数据	轨迹

数据准备好后，打开 NodeXL，会出现一个 NodeXL 模板，如图 6-40 所示。其中，左侧是数据，右侧是可视化图形。在界面左下方，第一个工作表是边（Edges），第二个工作表是节点（Vertices），这是后面要用到的两个工作表。

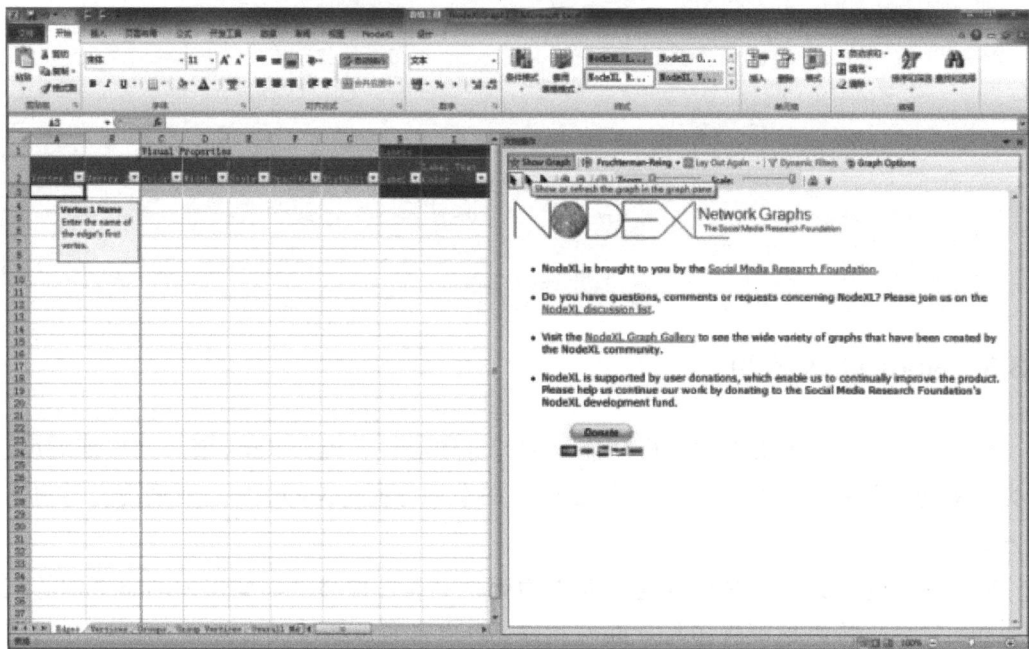

图 6-40　NodeXL 模板

现在将表 6-3 中每一个作品名称和类别分别作为一个节点填入 Vertices 工作表中，将每组关系作为一条边（实际就是一组相互连接的节点）填入 Edges 工作表中，如图 6-41（a）所示。除了填好节点的名称，还可以设置每个作品的图作为节点的"头像"，在 Vertices 工作表的 Visual Properties→Shape 中选择 Image，然后在 Image File

中输入图片地址，可以是本地地址，也可以是网络地址，如图 6-41（b）所示。作品分类等节点没有图片，可以在 Shape 中选个普通的图形。

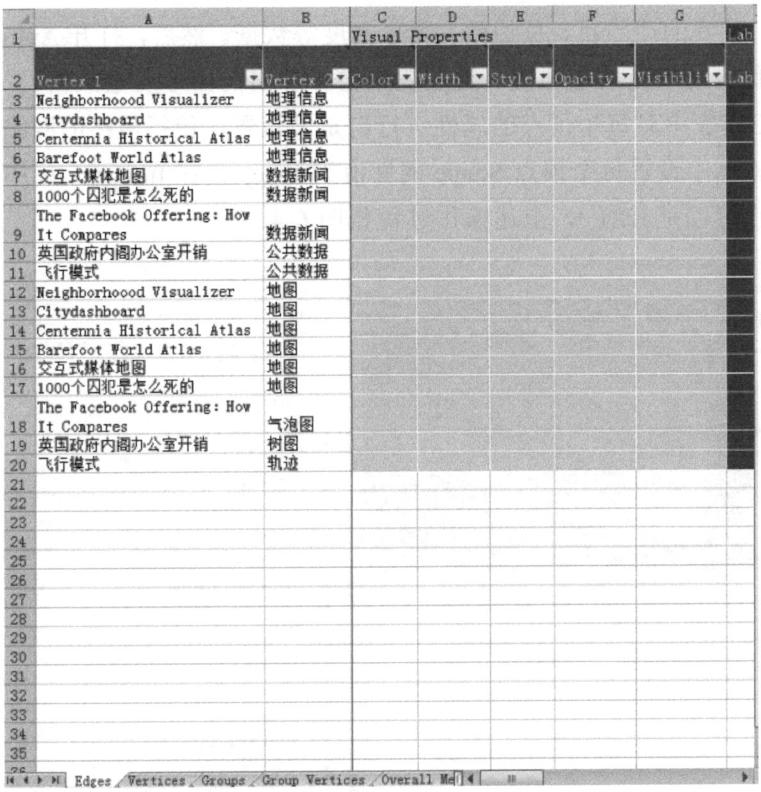

（a）将原始数据填入工作表

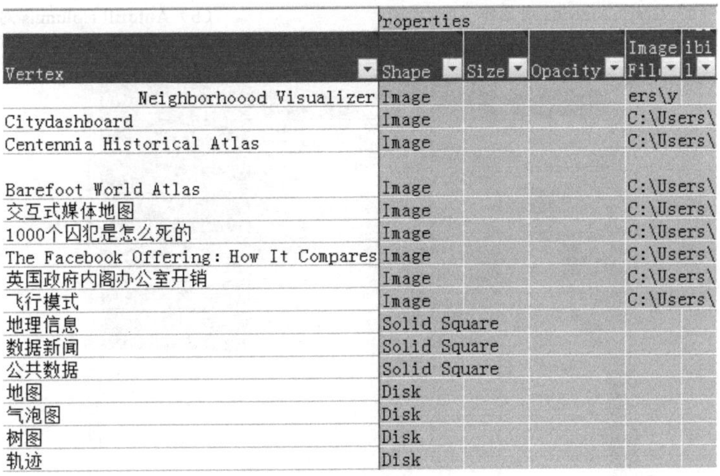

（b）设置图片及图片地址

图 6-41　输入数据信息

2．生成顶点

在 Edges 工作表中输入边的信息后，打开 Graph Metrics 对话框，勾选所有可选项，单击 Calculate Metri 按钮。此时系统会自动识别出所有的顶点信息，并将其记录在 Vertices 工作表中，同时还可以得到图形度量方面的有关数据，如图形类型、顶点个数、边数目、重复的边数目、总边数、图形密度等数据。然后，打开 Autofill Columns 对话框，设置自动填充的选项值（这些值来自计算出的图形度量数据）。用户也可以在 Vertices 工作表中对每个顶点的属性进行自定义设置，使得最终的网络图呈现出不同的样式。本例中设置每个顶点 Shape 属性值为 Image，在 Image File 中输入顶点的图片地址（也可以是 URL），上述操作过程如图 6-42 所示。

（a）Graph Metrics 对话框 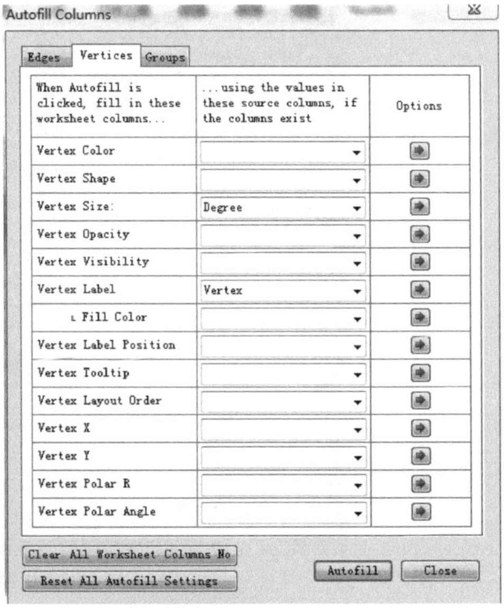　　　　　　　　（b）Autofill Columns 对话框

（c）系统生成的 Vertices 工作表数据

图 6-42　生成顶点

3．生成网络图

上述两个步骤设置完毕后，单击 Refresh Graph 按钮即可看到网络图，如图 6-43（a）所示。在 Graph Options 对话框中可以统一设置边和节点的颜色、粗细（大小）、被选时的颜色、阴影、透明度等显示属性，如图 6-43（b）所示。更改布局类型为 Harel-Koren Fast Multiscale，拖动个别节点，细调布局，如图 6-43（c）所示。全选节点和边，拖到中间位置，形成最终的网络图，如图 6-43（d）所示。

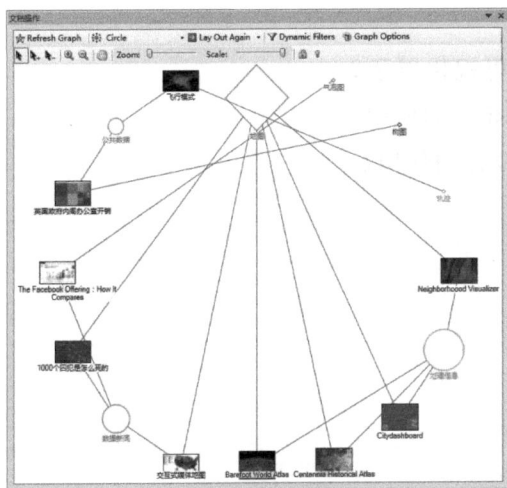

（a）最初的网络图 　　　　　　　　（b）设置显示属性

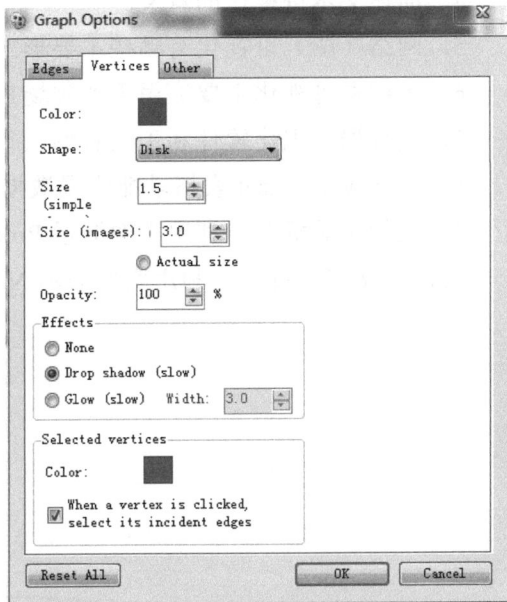

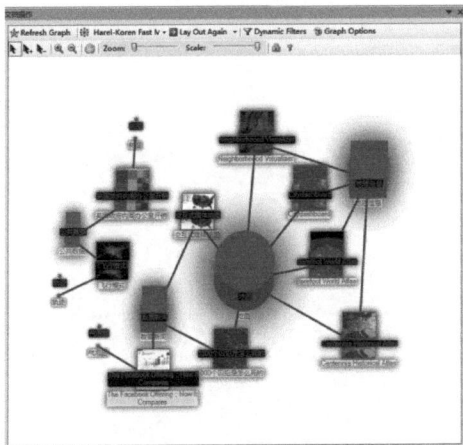

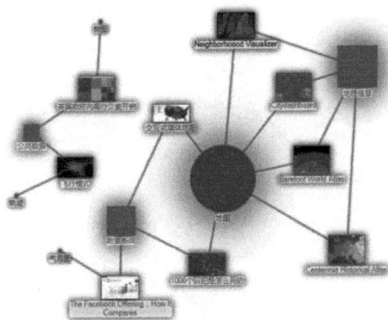

（c）细调布局 　　　　　　　　（d）最终的网络图

图 6-43　生成网络图

【思考题】

1. 数据可视化有哪些基本特征？

2. 数据可视化对数据的综合运用有哪几个步骤？

3. 简述数据可视化的应用。

4. 简述文本可视化的意义。

5. 网络（图）可视化有哪些主要形式？

6. 大数据可视化主要应用于哪种场景？

7. 大数据可视化软件和工具有哪些？

8. 如何应用 Excel 表格功能实现数据的可视化展示？

9. 查阅相关资料，利用实例演示 Processing 的使用。

10. 查阅相关资料，利用实例演示 NodeXL 的使用。

参 考 文 献

[1] 刘鹏. 大数据[M]. 北京：电子工业出版社，2017.

[2] 张尧学，胡春明.大数据导论[M]. 北京：机械工业出版社，2018.

[3] 陈志泊，韩慧. 数据仓库与数据挖掘[M]. 2 版. 北京：清华大学出版社，2017.